Barbara Bierach/Heiner Thorborg
Oben ohne

Barbara Bierach/Heiner Thorborg

OBEN OHNE

Warum es keine Frauen
in unseren Chefetagen gibt

Econ

Ein überaus gelungenes Buch, das mit Sachverstand, viel Witz und großer Offenheit – scharfsinnig analysierend – einen lebhaften Beitrag zur Debatte um die Rolle der Frau in Führungspositionen leistet.

Maria-Elisabeth Schaeffler
Gesellschafterin der INA-Holding Schaeffler KG

In diesem Buch wird endlich einmal aufgeräumt mit der Selbstlüge vieler Frauen, dass jede Frau Karriere machen möchte und wir alle doch nur von irgendetwas ausgebremst werden – von nicht vorhandenen Kindergartenplätzen, zu wenig Geld oder von Männern. Nur nicht von uns selbst ...

Christiane zu Salm
Medienunternehmerin

Inhaltsverzeichnis

Frauen dringend gesucht!

Alle Jahre wieder im Januar sieht die Menschheit Fernsehbilder vom World Economic Forum in Davos, wo sich die Lenker der Weltwirtschaft versammeln, um über wichtige, die Zukunft bestimmende Fragen zu diskutieren. Im Winter 2006 ging es dabei unter anderem auch um einen als bedrohlich empfundenen Engpass an Führungskräften. Mercer Delta Executive – ein großer amerikanischer Anbieter von Weiterbildungs- und Coaching-Maßnahmen für Konzerne auf der ganzen Welt – veröffentlichte in den Schweizer Bergen die Ergebnisse einer Befragung von 233 Vorstandsvorsitzenden und Finanzvorständen aus 44 Nationen und 17 verschiedenen Branchen. Ergebnis: Eine Mehrheit fürchtet, dass die Knappheit an Top-Entscheidern die Leistungskraft ihrer Unternehmen einschränkt, insbesondere die Fähigkeit der Organisationen, Risiken einzuschätzen und mit ihnen richtig umzugehen.

Gleichzeitig ergab diese Untersuchung, dass Unternehmen, die über ein vernünftiges System zur Führungskräfteentwicklung verfügen und dieses auch regelmäßig mit den Veränderungen im Markt und der Branche abgleichen, erfolgreicher sind und schneller wachsen als die Konkurrenz, die nicht über solche Strukturen verfügt. David Dotlich, President von Mercer Delta, betont in seiner Analyse der Daten, dass das Zeitalter des eindimensionalen Chefs vorbei sei. Heute käme es beim Führen nicht mehr nur auf den Kopf an – also auf kognitive Fähigkeiten und strategisches Denken –, sondern auch auf das Herz: emotionale Intelligenz, Teamfähigkeit und den Bauch – also auf die richtigen Werte und Integrität. Er sagt:»Unserer Erfahrung nach haben die Unternehmen jede Menge Nachschub an Kopf-Entscheidern, die strategisch und analytisch gut sind, aber einen Mangel an Führungskräften, die ebenso stark mit dem Herzen und dem Bauch agieren, um einerseits junge Talente zu entwickeln und andererseits den Mut haben, in kritischen Zeiten das Richtige zu tun.« Für mich war das nichts Neues. Ich bin Personalberater, und das schon ziemlich lange. So ist mir der Zusammenhang zwischen erstklassigen Führungskräften und Unternehmenserfolg seit Jahren aus engster Anschauung vertraut. Auch dass der schlauste Mann im Raum nicht gleichzeitig der beste Vorstandsvorsitzende ist, weiß ich schon geraume Zeit. Dennoch hat mich diese Studie gewissermaßen verblüfft, denn in ihr ist von allen möglichen Themen die Rede, aber nicht von »Diversity« – ein vor allem in Amerika gängiger Begriff, der für eine möglichst diverse, also gemischte Belegschaft steht, in der Männer und Frauen ebenso selbstverständlich zusammenarbeiten wie Angehörige verschiedener Religionen, Ethnien und Altersgruppen. Frauen wurden in der Studie mit keiner Silbe erwähnt. Eine große Führungskräfte-Coaching-Agentur vergisst in einer Studie über knappes Führungstalent die Hälfte der Menschheit!

Das ist ebenso bemerkenswert, wie es leider typisch ist. Für die Amerikaner übrigens weniger als für die Deutschen: In den so genannten Fortune 500 – das sind die 500 größten amerikanischen Konzerne – sind 15,7 Prozent der Vorstände weiblich. Das sind immer noch viel zu wenige, aber die Situation jenseits des Atlantiks ist dennoch golden verglichen mit der in Deutschland. Bei uns gibt es nahezu keine weiblichen Vorstände oder Aufsichtsräte. Das ist nicht nur aus Gründen der Gleichberechtigung unerfreulich, sondern es ist volkswirtschaftlich unsinnig und betriebswirtschaftlich katastrophal.

Für eine Feminisierung der Wirtschaft

Nancy McKinstry, Amerikanerin und Vorstandsvorsitzende von Wolters Kluwer, einem der wichtigsten holländischen Verlage, reagierte ungläubig, als ich ihr erzählte, dass unter den Vorständen der dreißig Unternehmen im Dax nur eine einzige Frau zu

10

finden ist. Sie sagte: »Aber wie wollen diese Unternehmen denn langfristig konkurrenzfähig bleiben? Vor diesem Hintergrund bin ich sehr neugierig zu sehen, wie Unternehmen wie Siemens oder die Deutsche Bank langfristig konkurrieren wollen, wenn sie von vorneherein auf 50 Prozent des Talentpools verzichten.« In der Tat, wir können es uns in keiner Weise leisten, die Hälfte der Bevölkerung zu ignorieren. Nach einer kleinen Pause fährt Nancy McKinstry fort: »Ich lese ständig in der *Harvard Business Review*, wie wichtig Talentmanagement ist und dass die Chief Executive Officers in aller Welt nachts wach liegen und sich sorgen, wie sie die richtigen Leute auf die richtigen Positionen kriegen. Ich alte Optimistin würde also mal erwarten, dass sich sogar in Deutschland demnächst etwas verändern wird im Hinblick auf weibliche Chefs.«

In Europa immerhin setzt sich vielerorts auch die Erkenntnis durch, dass divers aufgestellte Unternehmen erfolgreicher sind. Von sechs Aufsichtsräten des niederländischen Handelskonzerns Royal Ahold NL sind beispielsweise drei weiblich. Myra Hart, Karen de Segondo und Stephanie Shern wurden berufen, nachdem Ahold wegen Bilanzfälschung in die Schlagzeilen geraten war und die Aktie des Lebensmittelhändlers rund 60 Prozent ihres Werts verloren hatte. Natürlich gibt es Spötter, die der Meinung sind, dass Frauen immer nur dann zum Zuge kommen, wenn es wie im Falle von Ahold wieder mal nur darum geht, den Karren aus dem Dreck zu ziehen. Frauen kriegen immer dann ihre Chance, wenn den Männern das Pflaster zu heiß wird. Angela Merkel konnte nur nach dem Spendenskandal der CDU groß werden, meinen böse Zungen. Aber letztlich ist es ganz egal, warum Frauen in den Sattel kommen, wichtig ist doch nur, dass sie zeigen: Es geht. Und es geht gut! Im Übrigen gibt es handfeste Argumente, Frauen zu Vorständen etwa in einer Handelskette zu machen. 80 Prozent aller Käufe werden von Frauen getätigt – ist es da clever, wenn von Forschung und Entwicklung über Marketing bis hin zum Vertrieb alles von Männern bestimmt wird? Wohl kaum.

Für alle, die je ernsthaft darüber nachgedacht haben, steht längst fest, dass die Unternehmen ihre Personalbasis verbreitern müssen – und zwar auch ganz oben. Frauen sind dabei eine Ressource, die es unbedingt zu nutzen gilt. Nicht allein aus moralischen Gründen oder weil Frauen teamorientierter, einfühlsamer, intuitiver … kurz: emotional intelligenter sind. Das ist zwar alles nett, aber interessiert die männlichen Unternehmenslenker meist nur am Rande. Sie denken in der Regel weniger über Kuschelfaktoren nach und mehr über Renditen. Wir sollten also, den Frauen zuliebe, die ethischen Argumente mal im Schrank lassen und über ökonomisch relevante Faktoren reden.

Rein demografisch gesehen stehen wir vor einem Führungskräftemangel, der sich gewaschen hat. Die Babyboomer gehen inzwischen in ihr siebtes Lebensjahrzehnt und die jüngeren Generationen dünnen immer mehr aus. Es ist also keine Raketenwissenschaft, auszurechnen, dass unsere Volkswirtschaft in echte Wachstumsprobleme gerät, wenn wir bei den Führungsaufgaben weiterhin auf 50 Prozent des Potenzials verzichten. In intelligent geführten Organisationen ist das längst klar, und deswegen waren die Chancen für Frauen nie besser. Die deutsche Industrie ist reif für gut ausgebildete, leistungsfähige Managerinnen. Die Möglichkeiten sind vorhanden – jetzt müssen die Frauen nur zugreifen. Tatsächlich werde ich eigentlich bei fast allen Suchaufträgen, die mir als Personalberater erteilt werden, aktiv auf weibliche Kandidaten angesprochen. Besonders intensiv übrigens, wenn es um die Besetzung von Aufsichtsrats- und Beiratspositionen geht. Schon aus ganz egoistischen Gründen wäre ich also froh, wenn der Pool an deutschen Damen mit General-Management-Erfahrung in allen Branchen endlich wachsen würde.

Die Unternehmen selbst suchen händeringend nach Frauen. Beispielsweise die Boston Consulting Group. Dieter Heuskel, Senior Vice President der internationalen Beratungsgruppe in Düsseldorf, sagt: »Wir brauchen Frauen. Ganz klar aus wirtschaftlichen Gründen. Ohne das weibliche Potenzial kriegen wir unsere Wachstumsziele nicht hin. Wenn wir es nicht schaffen, bei den Neueinstellungen 30 Prozent Frauen zu rekrutieren, bauen wir uns selbst Grenzen für unsere Entwicklung.« Die Rechnung dahinter ist ganz einfach: Jedes Jahr verlassen rund 100 000 Absolventen die Universitäten, davon kommen für BCG nur die besten 10 Prozent in Frage. Um diese 10 000 Nachwuchstalente schlagen sich allerdings alle Personal suchenden Unternehmen. Ein Drittel dieser High Potentials ist weiblich – wer dieses Drittel ignoriert, beschneidet die eigenen Chancen auf Toppersonal erheblich. Auch Hans-Paul Bürkner, CEO der Boston Consulting Group, hat sich die Frauenförderung persönlich ganz oben auf die To-do-Liste für seine Amtszeit geschrieben.

Aus meiner Sicht ist das auch der einzige Weg. Frauenförderung muss von ganz oben betrieben werden, sonst bleibt sie Rhetorik. Wenn der Chef nicht selbst klarmacht, dass weibliche Topmanager bei ihm aus wirtschaftlichen Überlegungen oberste Priorität haben, versickert das Thema auf dem Weg durch die Ränge. Viele Herren im Mittelmanagement haben eben noch immer nicht kapiert, dass das Aufspüren und Fördern weiblichen Talents kein Orchideenthema ist, sondern ökonomische Notwendigkeit. Erst wenn das Thema in Zielvereinbarungen und – wichtiger noch! – Incentive-Programmen, also handfesten Anreizen, fest verankert ist, wird es auch in den unteren Chargen ernst genommen. Wenn dem ersten Bereichs- oder Abteilungsleiter der Bonus signifikant gekürzt wird, weil er keine weiblichen Kräfte in der Pipeline hat, geht spürbar ein Ruck durchs System. Wir brauchen Vorstandsvorsitzende, die ihren Kollegen zehn Jahre lang sagen: Wir wollen die besten Frauen dieser Welt bei uns im Unternehmen. Vom Chef her kommend muss auf die Agenda: Wir brauchen diese Talente, sonst ignorieren wir 50 Prozent des Potenzials. Das können und wollen wir uns nicht länger leisten.

Old Boys Network für die Frauen

Auf dem Weg dahin muss noch einiges geschehen. Zum Beispiel muss dringend der Blick über den nationalen Tellerrand erfolgen, der den Deutschen zeigt, dass Frauen außerhalb unserer Grenzen durchaus erfolgreich darin sind, Karriere und Familie zu verbinden. Das dumme Geschwätz von der berufstätigen Rabenmutter muss endlich dahin, wo es hingehört: auf den Müllhaufen der Geschichte. Zur Not müssen wir Top-Frauen aus dem Ausland importieren, damit die ersten weiblichen Gesichter in verantwortlichen Positionen sichtbar werden und als Rollenmodelle für andere, jüngere fungieren. Auch sollten wir endlich zur Kenntnis nehmen, dass es ausländischen Unternehmen in Deutschland offenbar ohne weiteres gelingt, Frauen in die obersten Etagen zu befördern: Dagmar Kollmann leitet die heimische Niederlassung von Morgan Stanley, Ingrid Hengster die der ABN Amro Bank, Sue Harnett die Citibank im Lande. Annette Messmer sitzt im deutschen Vorstand von JP Morgan, Dorothee Blessing ist Managing Director bei Goldman Sachs. Warum geht da, was deutschen Unternehmen so schwerzufallen scheint? Dieses Buch soll den deutschen Frauen Mut machen, den Weg durch die Hierarchien anzutreten. Das Motto dazu borgen wir uns bei Nike, weil es so schön ist und so gut passt: Just do it! Die Zeit ist reif, die Chancen sind da.

Barbara Bierach und ihre Arbeit kenne ich seit einigen Jahren, ihr Buch »Das dämliche Geschlecht« hat mich seinerzeit beeindruckt. Nicht, weil ich jede ihrer Thesen kampflos unterschreiben würde, aber weil es ihr gelungen ist, die damals völlig verschlafene Diskussion um die Abwesenheit der Frauen im deutschen Management unter einem neuen Aspekt aufzuwecken. Das erscheint mir eine gute Voraussetzung für dieses Projekt, und so haben wir uns im gemischten Doppel aufgemacht und zwanzig Karrierefrauen befragt, woher sie kommen und wohin sie wollen. Miki Tsusaka, eine Japanerin, die in New York City lebt und arbeitet und deren Name sich neuerdings auf der Liste der 25 einflussreichsten Unternehmensberater der Welt findet, sagte uns – und das sei hier gewissermaßen stellvertretend für viele unserer Gesprächspartnerinnen zitiert:

»Ich habe dieses Interview so gerne zugesagt, weil es endlich mal die Perspektive vertritt ›Das Glas ist halb voll‹. Dieses Gejammer in der Presse ist doch nicht auszuhalten, all diese Artikel mit dem Tenor: ›Die Frauen haben es ja versucht, aber es hat nicht geklappt. Sie fühlten sich so schuldig, dass sie wieder zu

Hause geblieben sind ...‹ Natürlich geben immer wieder Frauen auf, auch weil sie weder zu Hause noch im Unternehmen genug Unterstützung bekommen. Aber am Ende ist das doch eine zutiefst persönliche Entscheidung. Es ist höchste Zeit, dass auch mal über die Frauen geredet wird, die ihren Topjob erfolgreich ausfüllen. Ich werde von Journalisten ständig gefragt: ›Wie viel Zeit haben Sie denn noch für Ihre Kinder? Das ist aber ein anstrengendes Tempo, das Sie da vorlegen ... sind Sie sicher, dass Sie sich das antun wollen?‹ Ich kann darauf nur sagen: Ich bin glücklich und zufrieden, so wie ich es mache. Aber offenbar ist es sensationeller, immer nur darüber zu berichten, wie schwierig alles ist.« Diese Bemerkung von Miki Tsusaka ist uns Verpflichtung – wir werden vor allem darüber berichten, wie der Weg nach oben zu meistern ist.

Doch mit diesem Buch soll es nicht getan sein. Derzeit entsteht eine Initiative, in der sich Vertreter der deutschen Wirtschaft zusammentun, um ihren Ruf als so genanntes ›Old Boys Network‹ gründlich zu konterkarieren. Auf mein Betreiben hat sich eine Gruppe aus Vorstandsvorsitzenden von Dax-30-Konzernen und Gesellschaftern von namhaften Familienunternehmen zusammengetan, um künftig Managerinnen zwischen 30 und 40 auf ihrem Weg ins Topmanagement ideell und finanziell zu unterstützen. Alle Teilnehmer unserer Aktion »CEQ-Generation« nehmen Frauenförderung ganz weit nach oben auf ihre persönliche Agenda, denn das Ziel unserer Initiative ist, in Deutschland sowohl das Angebot an als auch die Nachfrage nach weiblichen Topmanagern zu verbessern. Deswegen sind wir dabei, für 50 Frauen im Jahr ein hochrangiges Coaching- und Mentoringprogramm auf die Beine zu stellen. Außerdem verpflichten sich alle teilnehmenden Unternehmen, den Anteil der Frauen auf ihren ersten beiden Entscheider-Ebenen nachhaltig zu steigern. Für die deutsche Wirtschaft heißt es also ab sofort: Kluge Frauen dringend gesucht!

Heiner Thorborg
Im Juni 2006

TEIL I

DAS LAND DER RABENMÜTTER

Deutschland einig Vaterland
Wo sind eigentlich die Akademikerinnen geblieben?

»Gewünscht sind die Frauen!«
Christine Stimpel

»Frauen, die mit Männern gleichziehen wollen, mangelt es an Ehrgeiz«, sagt Jeanette Wagner und lacht. Sie ist über 70. Das ist kaum zu glauben, denn sie sprüht vor Energie. Schon vor 35 Jahren war sie die Chefin sämtlicher Auslandsausgaben des US-amerikanischen Verlagshauses Hearst Corporation, für das sie beispielsweise die Frauenzeitschrift *Cosmopolitan* internationalisiert und auch nach Deutschland gebracht hat. Danach war sie Vorstandsvorsitzende der internationalen Division von Estée Lauder und brachte Marken wie Origins, MAC oder Tommy Hilfiger nach Europa, Asien und Lateinamerika. Unter ihrer Führung wuchs das Auslandsgeschäft des Kosmetikkonzerns enorm: um 200 Prozent im Umsatz und um 250 Prozent im Gewinn. Zum Dank machte Leonard Lauder sie zur stellvertretenden Aufsichtsratsvorsitzenden. Seit 2002 tritt sie als seine Beraterin etwas kürzer.

Wagner ist das Urgestein der amerikanischen Topmanagerin mit Harvard-Abschluss – sie denkt messerscharf, spricht druckreif und hat mit dummen Fragen so ihre Probleme. Deswegen lässt sie in dem Bürohochhaus an New Yorks Fifth Avenue erst gar keine aufkommen. 45 Minuten lang erzählt sie, wer sie ist, wie sie das wurde und warum das auch alles gut so ist. Dabei wird viel gelacht. Was können deutsche Frauen von weiblichen Topmanagerinnen lernen? Nun, auf jeden Fall Selbstvertrauen.

Die Reise, die zu Jeanette Wagners Schreibtisch führte, begann in Frankfurt am Main. Dort besuchte ich im Frühling 2005 meinen seit Jahren vertrauten Gesprächspartner Heiner Thorborg, der als Personalberater in den Beletagen der Deutschland AG ein und aus geht. Es ist schwierig, jemanden zu finden, der sich in der gesamten Breite der deutschen Wirtschaft besser auskennt als er. Für gewöhnlich wirft Thorborg so schnell nichts um, aber an diesem Tag machte er ein langes Gesicht. »Ich werde von meinen Klienten ständig nach weiblichen Aufsichtsräten gefragt. Aber in Deutschland gibt es keine. Hier gibt es nicht mal Frauen mit genug General-Management-Erfahrung für eine Beiratsposition bei einem großen Mittelständler. Das ist fast schon peinlich.« Doch dann hellte sein Gesicht sich merklich auf: Er habe sich jetzt aber im Ausland umgesehen und – meine Güte! – was gäbe es in französischen, britischen, skandinavischen und amerikanischen Unternehmen für tolle Frauen. Sogar in Spanien und Polen sei er fündig geworden! Klug, erfahren, erfolgreich und flexibel. »Und die meisten haben obendrein Familie!«

Natürlich kam sofort die Frage auf: Warum können die das – und die deutschen Frauen offenbar nicht? Warum wird die Londoner Börse von einer Frau geführt, während es in Deutschland undenkbar bleibt, dass auf den Rücktritt Werner Seiferts von der Deutsche Börse AG eine Frau folgt? Warum kann mit der französischen Areva eines der größten Energiekonglomerate Europas von einer Frau geführt werden, während weder im Vorstand von RWE noch von E.on eine einzige Dame zu finden ist? Warum gibt es inzwischen sogar hinter dem Ural mehr weibliche Chefs als bei uns?

Eine Stunde hitziger Diskussionen später stand fest: Um eine Antwort auf diese Frage zu finden, müsste man vor allem die Erfolgsfrauen anderer Länder nach ihren Erfahrungen und Erlebnissen befragen. Und zwar sich nicht nur wischiwaschi auf die Ausbildungsstationen und diversen Positionen beschränken, sondern wirklich tief schürfen und Lebenseinstellungen und Überzeugungen herausarbeiten. Wie lebt es sich so mit drei Rollen gleichzeitig, als Topmanagerin, Mutter und Ehefrau? So entstand die Grundfrage, die dieses Buch leitet: »Warum es in unseren Chefetagen keine Frauen gibt – und was macht das Ausland besser?«

Eine Merkel macht noch keinen Frühling

Ein Jahr später singt das Herz beim Anblick der Titelseite der *Financial Times,* auf der Angela Merkel und Condoleezza Rice im Gespräch abgebildet sind. Nicht unbedingt, weil wir die Politik der Damen so überzeugend fänden, sondern ganz einfach, weil sie es in diese Position geschafft haben. Nicht nur Deutschland hat den ersten weiblichen Regierungschef, sondern auch der afrikanische Kontinent: Ellen Johnson-Sirleaf führt Liberia. Das Gleiche in Lateinamerika: Chile wird nun mit Michelle Bachelet von einer Frau regiert. Es tut sich was.

Leser, die auch mein erstes Buch »Das dämliche Geschlecht« gelesen haben, werden sich jetzt fragen: Was ist denn in die gefahren? Die deutschen Unternehmen sind nach wie vor frauenfrei, und jetzt jubelt die Bierach plötzlich! Außer Erbinnen wie Susanne Klatten, Friede Springer und Liz Mohn ist in Deutschland doch nach wie vor nix los! Eine Merkel macht noch keinen Frühling. Deswegen neige ich ja auch dazu, mit den Frauen hart ins Gericht zu gehen. Die Kernthese des »dämlichen Geschlechts« war: An den Männern liegt es nicht, dass Deutschlands Frauen nach wie vor in Wirtschaft und politischen Führungsämtern unterrepräsentiert sind. Die Frauen selbst verhalten sich oft einfach dumm. Viele von ihnen sind dämlich, faul und unaufrichtig. Dämlich, weil sie sich nicht einfach nehmen, was ihnen zusteht. Faul, weil ihnen der stete Ringkampf um Projekte, Budgets und Personal spätestens mit Mitte 30 zu anstrengend wird und zu politisch. Unaufrichtig, weil sie nicht zugeben, dass sie sich freiwillig ins Privatleben zurückziehen, sondern die so genannte Glasdecke vorschieben. »Eigentlich wäre ich auch eine Karrierefrau«, so lautet das Credo zu vieler Frauen, aber schließlich habe man als Mutter die eigenen Ambitionen auf dem Altar des kindlichen Wohlbefindens geopfert.

Ich habe mir damals in meinem Buch die Frage erlaubt, ob es diesen Frauen wirklich um das Wohl ihrer Kinder geht oder nicht vielmehr um die Bequemlichkeit von deren Vätern? Denn die könnten sich ja schließlich anteilig um ihren Nachwuchs kümmern. Und die Bemerkung, dass die Situation einer 52 Prozent starken, inzwischen sogar besser ausgebildeten Mehrheit im Lande – richtig, ich rede immer noch von den Frauen – auch etwas mit den Entscheidungen dieser Mehrheit zu tun haben muss. Und zwar möglicherweise mehr als mit einer männlichen Verschwörung gegen Frauen auf der Karriereleiter.

Wie nicht anders zu erwarten, bekam ich seinerzeit von der Presse und meinen Landsmänninnen Prügel. Es hieß, ich würde mich mit »dem Aggressor identifizieren«. Damit war natürlich »der Mann« als solcher gemeint. Viele Frauen glauben offenbar, dass hauptberufliche Mütter die besseren Menschen sind, weil sonst ihr ganzer Lebensentwurf fragwürdig wird. Trotzdem gab es auch viel Lob. Es haben mich viele Briefe erreicht mit dem Tenor: »Ich denke mir das schon lange, aber ich habe mich nicht getraut, es auszusprechen.« Besonders betroffen machte mich das Schreiben eines Psychotherapeuten, der das Buch allen seinen Patientinnen empfohlen haben will. Offenbar hatte er das Wartezimmer voll mit traurigen Hausfrauen in der zweiten Lebenshälfte, die sich nach der Nestflucht ihrer Kinder fragten, warum ihr Leben so merkwürdig leer ist.

Das Buch, das Sie nun in den Händen halten, sucht immer noch nach Antworten auf die Frage, warum so viele Frauen ihre hart erkämpften Jobs so schnell und so bereitwillig aufgeben. Die Wahl des Verbs »suchen« ist bewusst: Endgültige Antworten gibt es immer noch nicht, weder das Frauenbild in der Gesellschaft noch die Frauenquote in den Unternehmen haben sich seit dem Erscheinen des »dämlichen Geschlechts« verändert. Stattdessen steht immer noch in der Zeitung, dass Männer intelligenter seien als Frauen, dass 37 Prozent der Frauen sich vor Spinnen fürchten, aber nur 3 Prozent der Männer, dass gut ausgebildete Frauen mehr Orgasmusschwierigkeiten haben als ungebildete und dass kleine Mädchen nach wir vor dazu neigen, ihre Puppen zu zerstören. Dabei werde die »Barbie« besonders aggressiv attackiert, vermutlich weil sie »zu perfekt« sei.[1]

---

[1] *Die Welt*, 28. August 2005; *Spiegel* 45/2005, *Welt am Sonntag*, 6. November 2005; *Forbes*, 20. Dezember 2005

Deutschland oben ohne

Barbie mag perfekt sein, die Welt ist es nicht. Schon gar nicht in Deutschland. »Als wir vor fünf Jahren angefangen haben, eine Liste mit den 50 mächtigsten Frauen der Welt aufzulisten, war es schier unmöglich, außerhalb der Vereinigten Staaten Frauen zu finden, die es im Rang mit den Führerinnen der Fortune Global 500 aufnehmen konnten.« Das schreibt Jenny Mero im November 2005 im amerikanischen Wirtschaftsmagazin *Fortune* anlässlich der neuesten Liste mit dem schönen Titel »An der Spitze der Welt« über Frauen, die es in den 500 größten amerikanischen, global agierenden Konzernen zu einem Chefsessel gebracht haben.[2] In den vergangenen Jahren gab es tatsächlich nur eine Frau, die eines der größten Unternehmen der Welt führte – ausgerechnet im kommunistischen China. Xie Quihua leitet in Schanghai den Stahlkonzern Baosteel. Inzwischen bekam Frau Xie endlich Gesellschaft. In Japan führen nun Frauen die Handelskette Daiei und den Elektronikgiganten Sanyo. Anne Lauvergeon findet sich in der Liste, die Chefin von Areva, dem Energiekonzern, der Frankreich mit Atomstrom versorgt. Ebenso Marjorie Scardino, die die Briten mit Wirtschaftsinformationen versorgt. Mit Pearson führt sie einen einflussreichen Verlag, in dem auch die *Financial Times* erscheint. Oder Barbara Kux, eine Schweizerin, die das Einkaufen zur ihrer Passion gemacht hat: Sie beschafft für Royal Philips alles, was der niederländische Elektronikkonzern zum Produzieren braucht. Ihr Budget: 22 Milliarden Dollar.

In der Liste finden sich auch Frauen aus den traditionellen katholischen Macholändern Spanien, Italien, Polen und Mexiko, sogar aus den frauenfeindlich-islamischen Ländern Türkei und Saudi-Arabien sind Topmanagerinnen vertreten. Eine Inderin und eine Dame von den Philippinen haben sich ihre Nennung erarbeitet. Bloß eine Deutsche, die ist nicht dabei. Da muss es sich um einen Irrtum handeln, das kann ja gar nicht sein! Also stu-

---

[2] *Fortune*, 14. November 2005

dieren wir das Ranking der Konkurrenz, »50 Frauen, die einen Blick wert sind«, veröffentlicht vom *Wall Street Journal*[3] – aber auch hier ist keine Deutsche zu finden. Es darf nicht wahr sein! Das muss am Blickwinkel der amerikanischen Blätter liegen, denken wir uns und grasen europäische Publikationen ab. Auch bei der *Financial Times* aus London mit ihrer Rangliste der 25 einflussreichsten »Women in Business« totale Fehlanzeige: keine einzige deutsche Frau.[4]

Nur in der Rangliste der *Für Sie* wird man in Sachen Entscheiderinnen in Deutschland endlich fündig. Das Blatt nennt immerhin Pamela Knapp, den ersten weiblichen Bereichsvorstand bei Siemens, Karin Dorrepaal im Vorstand der Schering AG – die allerdings ist Holländerin. Dazu Beatrice Weder di Mauro aus dem Sachverständigenrat – die erste Frau im Gremium der »Wirtschaftsweisen« kommt aus der Schweiz.[5] Diese drei sind allerdings die Einzigen aus dem Wirtschaftssektor. Die anderen 47 von der Redaktion als preiswürdig geadelten sind Kultur- und Showgrößen wie die weibliche Synchron-Stimme der Figur Carrie Bradshaw aus »Sex and the City« oder Katharina Wagner, die Urenkelin des gleichnamigen Komponisten. Sonst finden sich neben Modeexpertinnen und Sportlerinnen eine Antiglobalisierungsaktivistin, eine Dame, die Kinder aus Israel und Palästina zusammenbringt, und die Gründerin einer Straßenklinik für Leprakranke in Indien. Das sind alles hoch ehrenvolle Beschäftigungen, keine Frage. Ärgerlich daran ist nur, dass die *Für Sie* damit im Großen und Ganzen mal wieder die bekannte Botschaft verbreitete: Deutsche Frauen sind für Kunst, Kultur und den Kuschelfaktor in dieser stets kälter werdenden Welt zuständig, von der Wirtschaft halten sie sich lieber fern.

Dabei wächst der Einfluss der Frauen auf den Topetagen der Wirtschaft. Nicht nur in den USA – wo Unternehmen wie eBay, Xerox, Time, Lucent oder Avon fest in weiblichen Händen sind –, sondern auch in Europa. Nur von den deutschen Frauen ist in den

---

[3] *Wall Street Journal*, 31. Oktober 2005
[4] *Financial Times*, 14. Oktober 2005
[5] *Für Sie*, 25/2004

Schaltzentralen der Wirtschaft nach wie vor nicht viel zu sehen. Die neueste Studie der in Hamburg Betriebswirtschaftslehre unterrichtenden Universitätsprofessorin Sonja Bischoff, die seit 1986 in regelmäßigen Abständen Reihenuntersuchungen zum Thema vornimmt, belegt dies eindrucksvoll: »Die Zahlen, die die Frauenanteile in Führungspositionen darstellen sollen, schwanken je nach Quelle oder auch Interesse erheblich. Zumindest wird man feststellen können, dass der tatsächliche Frauenanteil in Führungspositionen in Unternehmen irgendwo zwischen 9 und 13 Prozent liegt und dass mit aller Wahrscheinlichkeit im Vergleich zu 1998 keine nennenswerte Steigerung eingetreten ist, eher eine Stagnation.«[6]

Für die USA hingegen sieht die Personalberatung Heidrick & Struggles einen Frauenanteil im Management von 46 Prozent, und Catalyst, die amerikanische Förderorganisation für Frauen, die seit Jahren Daten sammelt, teilt uns für das US-Topmanagement freudig mit, dass in den 500 größten amerikanischen Unternehmen, den Fortune 500, 15,7 Prozent der Vorstände ebenso wie 5,2 Prozent der Topverdiener weiblich sind. Inzwischen sitzen in 96 der 500 Konzerne auch Frauen im Aufsichtsrat, insgesamt sind 14,7 Prozent der so genannten Board Members weiblich.[7]

In Deutschland sind laut Mikrozensus des Statistischen Bundesamtes mittlerweile 47 Prozent der abhängig Beschäftigten weiblich, die Entscheidungsträger sind allerdings immer noch in einer erdrückenden Mehrheit männlich – nur etwa jeder zehnte Chef im mittleren Management ist eine Frau. Ganz oben, im Topmanagement, gibt's in der Wirtschaft allerdings so gut wie keine Frauen. Rühmliche Ausnahmen sind die schon erwähnte

---

[6] Sonja Bischoff: »Wer führt in (die) Zukunft?« Deutsche Gesellschaft für Personalführung Schriftenreihe 2005. Das Statistische Bundesamt weist unter »Berufe in der Unternehmensleitung, -beratung, und -prüfung« einen Frauenanteil von 22 Prozent aus, der aber durch die hohe Zahl von Wirtschaftsprüferinnen und Steuerberaterinnen hochgetrieben erscheint.
[7] Catalyst »Women in the Fortune 500«, 10. Februar 2005 und »2005 Catalyst Census of Women Board Directors of the Fortune 500«, 29. März 2006

Karin Dorrepaal von Schering und Christine Licci – doch halt, die ist erstens eigentlich Italienerin und hat zweitens die HypoVereinsbank auch schon wieder verlassen. Sonst ist in Dax-30-Konzernen, den größten börsennotierten deutschen Unternehmen, keine einzige Frau im Vorstand. Auch wer sich über 8 Prozent weibliche Aufsichtsräte freut, wird schnell enttäuscht: Es handelt sich um Vertreterinnen der Gewerkschaften, die aufgrund des Betriebsverfassungsgesetzes in die Räte einziehen, nicht etwa um Damen, die tatsächlich für die Kapitalseite sprechen und damit echte Macht verkörpern. Auch Aktionärsvertreterinnen sind weiterhin extrem rar.[8]

Woran liegt es, dass die Frauen im Ausland so viel weiter sind als wir? Und zwar nicht nur in den Unternehmen, sondern auch an den Unis, in den Parteien und Amtsstuben? Im schwedischen Parlament sitzen 45 Prozent Frauen, in dem der Dänen knapp 40 Prozent, im niederländischen Haus 36 Prozent. Deutschland liegt bei 31,8 Prozent.[9] Wir haben zwar endlich eine Kanzlerin, aber sämtliche »harten« Ministerien wie Inneres, Finanzen, Verteidigung oder Außenpolitik wurden noch nie von Frauen verantwortet. Die kommen traditionell bei uns immer nur bei der Familienpolitik und dem Sozialen zum Zuge. Warum scheint überall zu funktionieren, was in Deutschland immer noch unmöglich erscheint? Frankreich oder Holland, mit deutlich eindrucksvolleren Quoten weiblicher Topmanager, sind vom Rheinland bloß einen Katzensprung entfernt. Dennoch trennen uns Welten.

Zu doof für Entscheidungsträgerfunktionen sind deutsche Frauen jedenfalls nicht. Zumindest sind sie nicht dümmer als ihre erfolgreicheren Schwestern in Skandinavien oder England. Schließlich sind inzwischen fast 53 Prozent aller deutschen Abiturienten weiblich, genauso wie die Hälfte aller Hochschulabsolventen. Wollen die Unternehmen also keine Chefinnen? Das ist eine Frage, bei der Christine Stimpel, Deutschland-Chefin der internationalen Personalberatung Spencer Stuart, fast lachen muss:

---

[8] Heidrick & Struggles »2005 Corporate Governance in Europe«
[9] Bundesministerium für Familie, Senioren, Frauen und Jugend, »Datenreport zur Gleichstellung von Frauen und Männern«

»Die Unternehmen, die an uns herantreten, haben bei praktisch jeder Suche den Wunsch, dass wir ihnen Frauen als Kandidaten suchen. Die wären begeistert, könnten wir ihnen mehr weibliche Topleute präsentieren. Gewünscht sind die Frauen.«[10]

Zumal sie bei vielen – auch männlichen – Experten inzwischen als die besseren Manager gelten. Christopher Clarke, der Präsident der ebenfalls internationalen Headhunterfirma Boyden Global Executive Search, zählt gerne auf, was Chefinnen seiner Meinung nach besser können als Chefs: Frauen sind überlegen, wenn es darum geht, mehrere Dinge gleichzeitig zu betreiben – neudeutsch Multitasking genannt. Sie sind emotional intelligenter, können sich besser in andere hineinversetzen und neigen weniger zu Egotrips als Männer. Clarke findet sogar, dass Unternehmen wie Enron, Parmalat, Tyco oder Worldcom ihre Betrugsskandale und das dahinter liegende »aggressive Verhalten« im Management vermutlich erspart geblieben wären, wenn sie mehr Frauen im Vorstand und Aufsichtsrat gehabt hätten. Die klassischen Bosse erinnern den Personalberater gelegentlich an Menschenaffen, die sich gerne mal mit ihren Kumpels verbünden, um Rivalen loszuwerden. »Wir teilen 98 Prozent unserer Gene mit den großen Affen«, schreibt Clarke in einem Artikel für den amerikanischen Verband der Aufsichtsräte, »es ist also kein Wunder, dass wir in den Vorständen dauernd solches Verhalten beobachten müssen.« Seine Schlussfolgerung lautet: Her mit den Frauen![11]

Wir teilen übrigens auch 98 Prozent unserer Gene mit dem Hausschwein. Schon deswegen sind wir kein besonderer Fan von Vergleichen mit dem Tierreich. Dennoch macht der gute Mann eine zutreffende Beobachtung. Unternehmen suchen aktiv nach weiblichen Entscheidern. Dass der Wunsch nach dem XX-Chromosom auf der Chefetage nicht nur Rhetorik ist, zeigt auch die Tatsache, dass eigentlich alle halbwegs gut geführten Unternehmen heute bei ihren Trainee-Programmen 50 Prozent junge

---

[10] *Frankfurter Allgemeine Sonntagszeitung,* 11. September 2005
[11] *International Herald Tribune,* 24. August 2005

Frauen einstellen – schon weil die bessere Abschlussnoten haben als ihre Kommilitonen. Leider ist spätestens nach zehn Jahren im Job von ihnen kaum noch was zu sehen. Sicherlich gibt es nach wie vor widerliche männliche Vorgesetzte (siehe auch Teil II, »Alltag im Job«), die massiv diskriminieren, und selbstverständlich machen die Unternehmen auch Fehler bei dem Versuch, die Frauen durch die Hierarchien zu stemmen (siehe auch Teil III, »Der Fisch stinkt immer vom Kopf«) – aber das allein kann den Schwund auf dem Weg nach oben nicht begründen.

Liegt es also an der Kinderfrage und an den saumäßig raren Kinderbetreuungseinrichtungen in Deutschland? Nun, den Themen »Kinder und Mütter« und »Familienpolitik« sind eigene Kapitel gewidmet, vorneweg schon mal so viel: 40 Prozent der Akademikerinnen unter 40 Jahren bleiben heute sowieso kinderlos. Außerdem ist es für eine Familie mit zwei Akademikergehältern meist möglich, die Kinderbetreuung auch privat zu finanzieren – für die Frage, warum es so wenige Chefinnen gibt, ist der Mangel an öffentlichen Kindergartenplätzen oder die Höhe des Kindergeldes also nicht ausschlaggebend. Was aber ist dann schuld am hartnäckigen Nichtvorhandensein der Frauen in Corporate Germany?

Wir reden hier von einem kulturellen Phänomen. Es geht um das ganz tief in der deutschen Volksseele verankerte Bild, was im Leben einer Frau wichtig ist, was in ihrem Dasein Glück bedeutet, und vor allem geht es um die »adäquate« Rolle der Frau. Das finden Sie lächerlich? Antiquiert? Total daneben? Nun, das finden Heiner Thorborg und ich auch. Unter anderem deswegen habe ich seinerzeit »Das dämliche Geschlecht« geschrieben und zugegebenermaßen ganze Kübel voll Spott über die deutschen Frauen vergossen, die erst im Job die Brocken hinschmeißen und dann jammern, dass das Land in Männerhand bleibt. Heute muss ich zugeben, ich habe das unselige deutsche Erbe der Mutterkreuzphilosophie unterschätzt – und vor allem die Macht ihrer Verfechterinnen, all denen ein mieses Gefühl zu vermitteln, die einen anderen Lebensentwurf haben.

Seit der Publikation meiner Thesen habe ich eine Gewalttour durchs Land gemacht und unzählige Lesungen, Podiumsdiskussionen und Panelveranstaltungen absolviert. Gerne hätte ich dort mit den Anwesenden über die Frage diskutiert, warum so viele Frauen so wenig karriereorientierte Studienfächer wie Ökotrophologie (beschönigend für Ernährungslehre) oder Theaterwissenschaften (beschönigend für Zur-Schauspielerin-reicht's-nicht) studieren und damit den mangelnden Anspruch demonstrieren, jemals einen gut bezahlten Job auszuüben, der mit Macht und Einfluss verknüpft ist. Auch wäre die Frage spannend gewesen, warum in unserem reichen Land von Seniorenarmut immer noch weitgehend Frauen betroffen sind und warum sie sich trotz Scheidungsraten von 50 Prozent immer noch darauf einlassen, ihre Altersvorsorge gänzlich dem Ehemann zu überlassen. Dieselben Frauen übrigens, die bei der Verwaltung des Familienbudgets durchaus clever agieren.

Diese Diskussion fand aber nicht statt, nie und nirgends. Denn das Gespräch landete wirklich jedes Mal unausweichlich beim Thema der Rabenmutter und dem Schuldkomplex, den deutsche Frauen mit sich herumschleppen, wenn sie es wagen, eine Familie *und* einen anspruchsvollen Job zu haben. »Warum kriegst du überhaupt Kinder, wenn du sie dann doch bloß wegorganisierst?«, müssen sich Frauen mit diesem Lebensentwurf anhören. Schon die Wahl des Verbs klingt fast nach einem Verbrechen an der kindlichen Seele. »Wer seinen Kindern nicht um ein Uhr mittags höchstpersönlich das Mittagessen – idealerweise aus frischen Zutaten und selbst zubereitet – serviert, ist eine schlechte Mutter und hat das Glück der Mutterschaft nicht verdient. Fremdbetreute Kinder sind arme Würmer, neurotisch und schlecht in der Schule«, lautet das Glaubensbekenntnis der Mutterkreuzphilosophie. Interessanterweise machte das nicht nur mich fassungslos, sondern auch die Frauen, die in der ehemaligen DDR groß geworden sind sowie in Deutschland arbeitende englische oder französische Frauen, die zufällig in meinen Veranstaltungen gelandet waren. Den konstanten Rechtfertigungszwang einer berufstätigen, westdeutsch sozialisierten Mutter fanden sie verstörend und taten das auch kund.

Tatsächlich ist die Quote der Vollzeit arbeitenden Mütter in den neuen Bundesländern mit 48 Prozent noch immer fast zweieinhalb Mal so hoch wie bei den Mamas im Westen mit 20 Prozent.[12] Was im Kleinen gilt, wirkt auch im Großen: Die osteuropäischen Länder schneiden, was Frauen in Führungspositionen angeht, einer Studie des Deutschen Instituts für Wirtschaftsforschung (DIW) zufolge eindeutig besser ab als die ach so liberale Bundesrepublik. Spitzenreiter sind Slowenien und Lettland mit einer Frauenquote unter den Chefs von um die 22 Prozent. Die Soziologin Hildegard Nickel von der Berliner Humboldt-Universität weiß auch, warum: »Das hängt wirklich stark damit zusammen, dass sich in den 40 Jahren Realsozialismus die Geschlechterbilder ganz deutlich verändert haben bis hin zu der Tatsache, dass es viel selbstverständlicher ist im gesellschaftlichen Umfeld, dass Frauen auf Führungspositionen sind.«[13]

Das steht hier nicht, weil die Gleichmacherei im real existierenden Sozialismus so prickelnd gewesen wäre. Das steht hier nur als Beleg dafür, dass wir es in Deutschland tatsächlich vor allem mit einem kulturellen Phänomen zu tun haben, wenn wir über die Frage reden, warum die deutschen Frauen sich nicht endlich in die Entscheidungsfunktionen aufmachen. Bei uns gilt nach wie vor: Papa hat die Lebensversicherung und macht Karriere, Mama hat die Kinder und macht die Wäsche. Sollte eine dagegen aufmucken, findet sich ganz schnell eine Nachbarin, eine Schwiegermutter oder Cousine, die giftet: »Die armen Kinder!« Und wenn es um ihren Nachwuchs geht, reagieren alle Frauen dieser Welt gleichermaßen wie die Löwinnen. Was Kindern schadet, ist schlichtweg indiskutabel.

Egal, welcher Nationalität sie war: Jede einzelne Karrieremutter, die wir je getroffen haben, teilte uns unaufgefordert mit, sie würde auf der Stelle alles hinschmeißen, sollte eines ihrer Kinder je ein gravierendes seelisches oder körperliches Problem haben, das ihrer vollen Aufmerksamkeit bedarf. Einige haben den Notfall auch erlebt und entsprechend gehandelt. Barbara Thomas, die heute als Lady Judge bekannt ist, beispielsweise. Sie quittierte einen hochrangigen Job als Bankerin, um ihrem Jun-

---

[12] Mikrozensus 2004 »Leben und Arbeiten in Deutschland«
[13] Deutschlandradio »Hintergrund Wirtschaft«, 7. August 2005: »Herrschen kommt von Mann« von Mandy Schielke

gen beizustehen, der wegen seiner Legasthenie in der Schule Probleme hatte. Das hat sie allerdings nicht daran gehindert, ihre Karriere wieder aufzunehmen, als der Sprössling sicheren Boden unter den Füßen hatte. Heute ist die Amerikanerin übrigens Chefin der britischen Atomenergiebehörde, und ihr Sohn schließt gerade sein Studium an der Business School Wharton ab – an einer Uni also, die zu den besten der Welt zählt.

Der wesentliche Unterschied zwischen Deutschland und dem Rest der Industrienationen liegt also weder in der unterschiedlich stark ausgeprägten Mutterliebe noch in den verschieden breit vorhandenen Kinderbetreuungseinrichtungen. Und schon gar nicht in unterschiedlich frauenfreundlichen Gesetzen oder Unternehmen. Das alles sind wichtige Faktoren, die auch im Folgenden noch diskutiert werden. Dennoch gilt: Der Unterschied zwischen uns und unseren Nachbarländern geht vor allem auf das Bild zurück, das Frauen selbst von sich haben. In Deutschland ist eine Stimmung machende Mehrheit noch immer der Meinung, dass man entweder Kinder haben kann oder eine Karriere; dass Fremdbetreuung kleinen Seelen schadet; dass Ganztagsschulen die Familien zerstören; dass erfolgreiche Frauen das vor allem deshalb sind, weil sie keinen Mann gefunden haben, und dass Macht Frauen hässlich macht und jeden möglichen Liebhaber in die Impotenz treibt. Dieselben Frauen sind übrigens mit dem gleichen Brustton der Überzeugung der Meinung, dass es in den Unternehmen viel zu kalt, zu hart und zu profitgierig zugeht und dass dort alles viel besser und vor allem netter wäre, wenn mehr Frauen im Betrieb etwas zu sagen hätten. Logisch ist das nicht, aber es ist die Realität im Deutschland von 2006. Wenn es nicht so zum Heulen wäre, müsste man lachen.

Dieses Buch wurde jedoch nicht geschrieben, um Ihnen die Tränen in die Augen zu treiben, lieber soll es seinen Leserinnen und Lesern gelegentlich ein Lächeln ins Gesicht zaubern. Vor allem aber soll es den Deutschen bewusst machen, wie sehr unser Denken unsere Realität prägt. Überall da, wo Frauen keinen Widerspruch zwischen ihrem Geschlecht und Topkarrieren sehen, da finden diese auch statt. Überall da, wo vor allem die Mütter das Wohl ihrer Kinder ernst nehmen und nicht den von außen an sie herangetragenen Schuldkomplex, gibt es weibliche Vorstandsvorsitzende, die eine erfüllte Existenz zwischen Businesslunch und Bauklötzchen haben.

In diesem Buch soll gezeigt werden, dass das Glas halb voll ist – und nicht halb leer. Es soll vermitteln, dass Kinder und Topkarrieren kein Widerspruch sind, dass Frauen dies verwirklichen können, dass es wirklich geht. Manche Frauen führen schon heute erfolgreich Milliardengeschäfte und Zehntausende von Mitarbeitern – eben nur (noch) nicht bei uns. Um genau diese Botschaft zu transportieren, haben Heiner Thorborg und mir viele ziemlich beschäftigte Frauen ihre Zeit geschenkt und ihre Erfahrungen und Einschätzungen mit uns geteilt. Es war wundervoll, ihnen zu begegnen, und wir hoffen, dass die Fröhlichkeit und Tatkraft dieser Topmanagerinnen auch für Sie ansteckend sein werden. Für Tiefeninterviews zur Verfügung standen:

- **Gail Rebuck**, Vorstandsvorsitzende von Random House Group, einem der bedeutendsten Verlagshäuser der Welt, zwei Kinder
- **Lady Barbara Judge**, Chairman der britischen Atomenergiebehörde, ein Kind
- **Nancy McKinstry**, Vorstandsvorsitzende von Wolters Kluwer, einem der größten Verlage der Niederlande, zwei Kinder
- **Regine Stachelhaus**, Geschäftsführerin beim Computerhersteller Hewlett-Packard, ein Kind
- **Martina Rißmann**, Partnerin bei der internationalen Unternehmensberatung The Boston Consulting Group
- **Patricia Barbizet**, Vorstandsvorsitzende von Groupe Artémis, der Privatholding des französischen Unternehmers François Pinault, in dessen Konglomerat von Luxusunternehmen Pinault-Printemps-Redoute sie auch Aufsichtsrätin ist, ein Kind
- **Myra Hart**, ehemals Geschäftsführerin bei Staples, einer großen amerikanischen Handelskette für Büromaterial, heute Professorin für Entrepreneurship an der Harvard Business School, drei Kinder und vier Stiefkinder
- **Sari Baldauf**, ehemals Executive Vice President des Mobilfunkgeräteherstellers Nokia und die bekannteste Managerin Finnlands

- **Shelly Lazarus**, Vorstandsvorsitzende der internationalen Werbeagentur Ogilvy & Mather Worldwide, drei Kinder
- **Ann-Kristin Achleitner**, ehemals Beraterin bei McKinsey & Company und heute Professorin für Entrepreneurial Finance an der TU München, drei Kinder
- **Agnès Touraine**, ehemals Vorstandsvorsitzende des Medienkonzerns Vivendi Universal Publishing, heute Unternehmensberaterin in der von ihr gegründeten Beratungsfirma Act III Consultants, zwei Kinder
- **Barbara Kux**, Einkaufsvorstand bei Royal Philips Electronics
- **Clara Furse**, CEO der Londoner Börse, drei Kinder
- **Jeanette Wagner**, stellvertretende Aufsichtsratsvorsitzende beim Kosmetikkonzern The Estée Lauder Companies
- **Miki Tsusaka**, als Partnerin bei The Boston Consulting Group auf der Liste der 25 einflussreichsten Berater der Welt, drei Kinder
- **Fabiola Arredondo**, Multiaufsichtsrat zum Beispiel bei Intelsat Inc. und BOC Group PLC, zwei Kinder
- **Noël Harwerth**, ehemals Chief Operating Officer der Citibank International PLC, heute Partnership Director der Londoner Verkehrsbetriebe
- **Isabel Aguilera**, Chief Operating Officer der NH-Hotels, einer der größten Hotelgruppen der Welt, zwei Kinder

Unser Dank gilt ihnen allen gleichermaßen; die Reihenfolge ihrer Nennung ist beliebig. Bei all diesen Gesprächen kam heraus: Vernünftige Familienpolitik und bezahlbare Kinderbetreuung sind wichtig, engagierte Unternehmen und Chefs – zur Not auch Quoten – sind kaum zu überschätzen. Aber sie sind nicht entscheidend. Der tatsächliche Schlüssel ist, wie die Frauen sich selbst sehen, wie sie ihre Rolle als Frau, Partnerin und Mutter bewerten. Aus vielen dieser Gespräche kamen wir mit leuchtenden Augen, denn die Botschaft all dieser Frauen, so unterschiedlich sie auch sind, war einheitlich: »Es ist machbar!« Frauen können alles, insbesondere Konzerne führen, wenn sie nur an sich selbst glauben und ihrer inneren Stimme mehr Gehör schenken als dem Gemecker ihrer Umgebung.

Woran liegt der Karriereunwillen der deutschen Frauen?

Äußere Umstände und innere Ursachen

»Die persönlichen Überzeugungen der Frauen hindern sie eigentlich noch viel mehr am Karrieremachen als der vermeintliche Druck, ein wenig männlicher auftreten zu müssen für den Erfolg.«
Martina Rißmann

Da gibt es diese junge Frau bei *Arte*. Ihr Haar ist pink, sie stammt aus dem deutschen Osten und moderiert das Frauenmagazin »Lola«. Dort sagt sie Sachen wie: »Die Emanzipation ist meiner Meinung nach abgeschlossen, meine Generation ist jetzt der Nutznießer.« Das finden wir ganz toll, wir Frauen um die vierzig. Emanzipiert sitzen wir mit unseren Ehemännern zum Abendessen zusammen mit anderen befreundeten Paaren und hören uns an, was Uwe, Jörg und Klaus sich wieder ausgedacht haben, damit Steffi, Ute und Birgit »auch mal wieder rauskommen«. Denn die Armen »sitzen ja mit den Kindern immer zu Hause«. Also spendiert der Gatte gelegentlich mal ein Wochenende in Lissabon, Barcelona oder Paris. Die Männer selbst sind beruflich zwar stark eingespannt, dauernd auf Dienstreise und finden Wochenenden im Hotel eher grässlich, aber die Liebste »kriegt sonst bald den Lagerkoller«. Also wird die Oma eingeflogen … mit den Lufthansa-Bonusmeilen ist das ja alles kein Problem heutzutage. Die Liebste sitzt daneben, hört sich an, wie spendabel der Gatte doch wieder ist, und lächelt fein. Wenn sie überhaupt Teil der fröhlichen Runde ist. Manchmal kommen Uwe, Jörg oder Klaus auch alleine zum Dinner, weil Steffi, Ute oder Birgit zu Hause bleiben müssen. Der Babysitter ist nicht erschienen oder die Kinder haben die Windpocken, leider, leider. Vati findet das ärgerlich, auch weil er jetzt mit dem Taxi nach Hause fahren muss, denn normalerweise fährt Mutti, wenn er nach so einem Abend einen im Tee hat.

Mann, sind wir gleichberechtigt! Warum sollten wir also darüber reden, dass 35 Prozent aller deutschen Frauen sich zu Hause ganz den Kindern widmen, weitere 35 Prozent in Teilzeitjobs bei weitem unter ihren Möglichkeiten bleiben, während nur 1,6 Prozent der Väter Erziehungsurlaub nehmen? Währenddessen feiern die Frauenmagazine »die neue Mütterlichkeit« und bieten Problembearbeitung der ganz anderen Art: »Schnelle Schminktipps bei kleinen Schönheitsfehlern« oder »Die besten Strategien, um den Richtigen zu finden«. Daneben Yoga, Rezepte zum Abnehmen, Mode, Erziehungsratgeber und Anleitungen, wie Sex mehr Spaß macht. Ihm vor allem, versteht sich. Das Ressort »Karriere« fällt dagegen ganz schön knapp aus und ist inhaltlich nicht ganz auf dem Niveau einer intelligenten Sekretärin. »Flirt am Arbeitsplatz – was ist erlaubt?« oder »So erziehen Sie Ihren Chef«.

Das Frauenbild, das 2006 in einer breiten Öffentlichkeit propagiert und von den Frauen selbst offenbar klaglos und in hohen Auflagen konsumiert wird, ist konservativer als das der siebziger Jahre. Nix mehr lila Latzhose und »Mein Bauch gehört mir« – stattdessen Küche, Kinder, Kerle, Kamasutra und Klamotten. Bloß das Thema Kirche, das anno dunnemals noch zwingend auf die Liste gehörte, ist inzwischen passé. Die junge Autorin Jana Hensel sagt deswegen mit feiner Ironie über den Feminismus, von dem in Deutschland nur Alice Schwarzer und ihr Magazin *Emma* übrig geblieben sind: »Nun sieht er aus wie ein ziemlich abgetragener Sommermantel, niemand will ihn mehr tragen.«[14]

Die Emanzipation in Deutschland ist weitgehend gescheitert. Die Frauenfrage wird im 21. Jahrhundert nicht mehr gestellt – die jungen Frauen empfinden sich als frei, emanzipiert und gleichberechtigt und geben im Rahmen des Erreichten heute eher noch leichtfertiger als ihre Mütter die Verantwortung an den Ehemann oder Partner ab. Gerade weil alles auf den ersten Blick so entspannt aussieht, übernimmt das Rollenverständnis unserer Großeltern wieder die Oberhand. Als Erklärung dafür heißt es oft, dass die Protagonistinnen des Feminismus häufig so humorlos und so schlecht frisiert rüberkommen. Das mag ja auch stimmen. Aber

---

[14] *Die Zeit,* 3. März 2005

Immanuel Kant war auch nicht gerade ein Spaßvogel und auf dem Kopf eher kahl – aber das ist doch noch lange kein Grund, sich vom kategorischen Imperativ zu verabschieden.

Also fragen wir doch einmal ernsthaft, worin die Abstinenz der deutschen Frauen in Sachen Topmanagement begründet liegt – zumal sich der Abstand zur männlichen Konkurrenz hinsichtlich Bildung, Status und Karriereaussichten in den vergangenen Jahrzehnten erheblich verringert hat. In jedem Schuljahrgang macht ein Viertel der Mädchen, aber nur ein Fünftel der Jungen Abitur. In den technischen und naturwissenschaftlichen Studienfächern hat sich der Mädchenanteil auf knapp ein Viertel verdoppelt. Die Namensfreiheit beim Heiraten, die Gesetze gegen Gewalt in der Ehe haben die Rechte der Frauen gesichert, und die geschlechtsneutrale Ausschreibung von Stellen ist heute Standard. In jeder siebten Partnerschaft verdient die Frau heute mehr als der Mann. Und – Gipfel der Emanzipation – jeder zweite Kunde im Baumarkt ist weiblich.

Frauen übernehmen heute das Kanzleramt, kehren vom Fußballplatz als Welt- oder Europameisterinnen heim, holen den Medizinnobelpreis oder operieren am offenen Gehirn. Sie gewinnen die Rallye Paris-Dakar, fliegen Jumbos und bezwingen sperrige Talkshowgäste – so häufig, dass sich *FAZ*-Herausgeber Frank Schirrmacher gar vor der Übernahme der Deutungsmacht in der so genannten Bewusstseinsindustrie durch die Frauen fürchtet. »Männerdämmerung« nennt er das.[15] Alles bestens also?

Na ja. Personalchefs im deutschsprachigen Raum müssen immer noch erstaunt feststellen, dass es jenseits unserer Grenzen einen wesentlich größeren Pool an motivierten und aufstiegswilligen Frauen gibt, die ihre Chancen auch nutzen, wie sich die Mitarbeiterinnen der Unternehmensberatung Accenture Svenja Falk und Sonja Fink in der Studie »Frauen im Profil« wundern.«[16]

---

[15] *Frankfurter Allgemeine Zeitung,* 1. Juli 2003
[16] Svenja Falk/Sonja Fink: »Frauen im Profil«, Accenture, Kronberg im Taunus 2004

Wir fragen uns mit Falk und Fink: Warum sind deutche Frauen so gleichgültig, wenn es um ihre Jobs geht? Sortieren wir die Gründe mal nach äußeren Anlässen und innerem Unwillen.

Äußere Anlässe

An Erklärungsversuchen für die Frauenlosigkeit auf der Chefetage herrscht kein Mangel. »Frauen kriegen schließlich immer noch die Kinder« und hätten wegen der Aufzucht des Nachwuchses weniger Zeit für die Karriere, heißt das wohl älteste Argument. Doch ein Blick über die Grenzen lässt seine Überzeugungskraft schnell verblassen. Französinnen, Britinnen und Schwedinnen kriegen auch Babys, lassen sich dadurch aber auf ihrem Weg durch die beruflichen Hierarchien deutlich weniger behindern. Deutsche Frauen dagegen scheitern derzeit auf beiden Ebenen, als Mütter und als Manager: Die Statistiker registrieren in Deutschland nur noch 1,3 Kinder pro Frau – unter 190 untersuchten Nationen einer der niedrigsten Werte. Die Frauen in Dänemark, Frankreich oder Großbritannien erweisen sich mit 1,7 bis 1,9 Kindern als sehr viel gebärfreudiger. Gleichzeitig finden sich in diesen Ländern rund 40 Prozent weibliche Mittelmanager – in Deutschland je nach Quelle zwischen 14[17] und um die 25 Prozent.[18]

Diverse Studien belegen: Je mehr Frauen in einem Land berufstätig sind, desto mehr Kinder kommen auch zur Welt – wie in Island beispielsweise: Das Land mit der höchsten Geburtenrate in Westeuropa hat mit 90 Prozent gleichzeitig die höchste Frauenerwerbsquote.[19] Die deutschen Frauen erklimmen nicht nur keine Chefsessel, sondern bekommen auch kaum noch Ba-

---

[17] *Frankfurter Allgemeine Zeitung*, 1. September 2005
[18] Europäische Kommission, zitiert nach *Frankfurter Allgemeine Sonntagszeitung*, 31. Juli 2005
[19] *Der Spiegel*, 17/2006

bys. Von den 1960 geborenen deutschen Frauen hat jede vierte keine Kinder! Die Französinnen des gleichen Jahrgangs sind jedoch zu 86 Prozent Mütter.

Dabei fehlt es hierzulande nicht an materiellen Anreizen. In kaum einem anderen Land ist das Kindergeld höher als in Deutschland. Alle anderen EU-Länder zahlen weniger, Frankreich gar ein ganzes Drittel. Trotzdem gibt es in anderen Nationen mehr Nachwuchs. Geld allein gebiert offenbar keine Kinder. Deutlich schlechter als in vielen anderen Ländern ist hierzulande jedoch das Angebot an Kinderbetreuung. Nach wie vor sind Krippen, Kindergartenplätze und Ganztagsschulen in Deutschland knapp und teuer und ihre Öffnungszeiten oft so starr, dass sie bei vielen Müttern nur als Arbeitsverhinderungsmaßnahmen ankommen. Was soll eine arbeitende Mutter mit einem Hortplatz, wenn die Einrichtung von 13 bis 15 Uhr Mittagspause hat? In Frankreich oder Skandinavien ist die staatliche Betreuung dagegen so gut organisiert, dass die Frauen wirklich wählen können, ob sie zu Hause bleiben oder arbeiten gehen (siehe auch Teil III, »Was in der Familienpolitik passieren müsste«).

Vielleicht sind es ja doch die Dinosaurier unter den Kerlen, die immer noch keine Frauen an den Fresströgen der Macht dulden? Das zumindest beobachtet die ehemalige Bundestagspräsidentin Rita Süssmuth in der Politik. »Was maßen sich Männer gegenüber Frauen immer noch an?«, sei ihr durch den Kopf gegangen, als CSU-Chef Edmund Stoiber im Vorfeld der vergangenen Bundestagswahl die Richtlinienkompetenz von Angela Merkel anzweifelte. Was die heutige Kanzlerin in der jüngeren Vergangenheit durchzustehen hatte, zeige ganz klar, »wenn es um die Macht geht, fällt jede Eleganz weg, dann wird es noch immer plump deutlich«.[20]

Auch eine Umfrage der Unternehmensberatung German Consulting Group unter männlichen Spitzenmanagern zeigt, dass die Entscheider sich nicht von Frauen die Butter vom Brot nehmen lassen wollen. Weibliche Stärken bieten ihnen zufolge keine Vor-

---

[20] *Stuttgarter Zeitung*, 14. November 2005

teile für ein Unternehmen. Als »typisch weiblich« kennzeichnen die Befragten dabei Teamfähigkeit und Diplomatie, Bescheidenheit, Konsens- und Konfliktfähigkeit. 94 Prozent der männlichen Führungskräfte geben sich überzeugt, dass diese Fähigkeiten keinerlei Nutzen für ein Unternehmen bringen. Für unerlässlich in der Führungsriege halten die Alphamännchen jedoch als zuvörderst männlich geltende Eigenschaften wie Entschlusskraft und Durchsetzungsfähigkeit.[21] Gut gebrüllt, Tiger! Auch Christine Stimpel, die schon erwähnte Deutschland-Chefin der Personalberatung Spencer Stuart, hält einen weiblichen CEO in Deutschland bislang für eine »theoretische Frage. Leider. In der traditionellen produzierenden Industrie ist das in der Tat sehr unwahrscheinlich, am unwahrscheinlichsten in der Autoindustrie.«[22]

Die männlich geprägten Strukturen in der deutschen Wirtschaft sind für die Frauen noch immer kein Zuckerschlecken, wie unzählige Studien zeigen. »Männer und Frauen sind in der heutigen Arbeitswelt gleichberechtigt« – dieser Aussage stimmen der oben bereits erwähnten Accenture-Studie zufolge nur 14 Prozent der jungen Frauen aus Deutschland, Österreich und der Schweiz zu, aber 45 Prozent der Männer. »Unternehmen bieten Frauen keine Aufstiegschancen«, sagen 45 Prozent der Frauen deutscher Zunge, aber nur 18 Prozent ihrer männlichen Kollegen. Wir stellen also leicht verdrossen fest: Es gibt durchaus noch Hindernisse für die Damen auf dem Weg nach oben – und die liegen nicht zuletzt in der Wahrnehmung der Herren, dass Männer im Job die harten Entscheider sind und Frauen die harmoniesüchtigen Kuschelbärchen. Das ist sehr ärgerlich und absolut überflüssig, keine Frage.

Dumme Männer in indifferenten Unternehmen sind allerdings kein spezifisch deutsches Problem, sondern ein gesamteuropäisches. So beschreibt ein englisches Buch folgende Szene: Dreißig männliche und weibliche Führungskräfte aus dem mittleren Management sitzen zusammen, um das neue Diversity-

21 *Frankfurter Rundschau*, 2. September 2005
22 *Frankfurter Allgemeine Sonntagszeitung*, 11. September 2005

Programm der Firma zu diskutieren. Der Sitzungsleiter bittet alle Teilnehmer, ihre Gedanken kurz zu Papier zu bringen, was es für einen Mann respektive für eine Frau heißt, in diesem Unternehmen zu arbeiten. Die Frauen fangen an, wie wild zu schreiben, die Männer hingegen gucken sich hilflos an. Der Sitzungsleiter fragt schließlich, was los sei. Die Antwort eines Mannes: »Es tut mir leid, aber ich habe die Frage nicht verstanden.«[23]

Das Buch bietet eine Sammlung lauter kleiner Ungerechtigkeiten. Einzeln betrachtet sind sie banal, in ihrer Gesamtheit versauen sie vielen Frauen den Tag. Das reicht von der Konferenz, in der Frauen nicht angehört oder ständig unterbrochen werden, über Mailinglisten, auf denen nur Männernamen auftauchen, oder Veranstaltungen zur Teambildung, die in der Sauna stattfinden sollen. Von den Puffbesuchen, die in Vertriebskreisen offenbar immer noch üblich sind, wie zumindest die jüngsten Skandale bei der Volkswagen AG nahelegen, mal ganz zu schweigen. Überall auf der Welt berichten die Frauen von immer noch vorhandenen Diskriminierungsmechanismen. Zwei Drittel der weiblichen Manager in England sagen nach wie vor: »Wir werden nicht nach denselben Maßstäben befördert wie die Männer.«[24]

In einer Untersuchung, die die amerikanische Frauenorganisation Catalyst gemeinsam mit dem Conference Board – einer weltweit operierenden Non-Profit-Forschungseinrichtung, die Managementwissen zusammenträgt – durchführte, berichten die 500 befragten Frauen aus verschiedenen europäischen Nationen von diversen Hindernissen für ihr berufliches Fortkommen: stereotype Wahrnehmung weiblicher Fähigkeiten (66 Prozent), Mangel an erfolgreichen Rollenvorbildern (64 Prozent), zu wenig Erfahrung im General Management (63 Prozent), familiäre Verpflichtungen (62 Prozent), zu wenig Mentoring-Programme (61 Prozent).[25] Kurz: Diskriminierung ist keineswegs ein deut-

---

[23] Peninah Thomson/Jacey Graham: »A Woman's Place is the Boardroom«, Palgrave McMillan, London 2005
[24] *Financial Times*, 12. September 2005
[25] »Women in Leadership: A Business Imperative«, Catalyst and The Conference Board 2002

sches Phänomen. Ärger erleben alle berufstätigen Frauen überall auf der Welt. Warum sagen wir das hier so explizit? Die
Frauen im Rest der Welt sind trotzdem erfolgreich. Französinnen, Britinnen, Schwedinnen setzen sich mit dem Unsinn entweder aktiver auseinander oder sie ignorieren ihn weitgehend,
ebenso wie die Idioten unter den männlichen Kollegen. Jedenfalls lassen sie sich deutlich weniger oft in die Suppe spucken als
deutsche Frauen. Die 100 größten britischen Firmen hatten im
Jahr 2004 immerhin 17 weibliche Vorstände[26] – die 100 größten
deutschen einen einzigen. Die deutschen Frauen gehen zu Tau-
senden nach Hause, sobald ein Ernährer gefunden ist und eine
Schwangerschaft ihnen erlaubt, ihr Business-Kostüm auf den
Bügel zu hängen.

Erneut könnte der Vergleich mit dem Ausland den Schluss
nahelegen, dass viele Frauen hierzulande sich hinter dem Argument von der Glasdecke, die sie am Aufstieg in die Chefetage
hindert, förmlich verstecken, um nicht zuzugeben, dass sie sich
freiwillig aus der Schlacht um die interessanten Jobs zurückziehen. Die These könnte also auch lauten: Deutsche Frauen nutzen die partiell zweifellos immer noch vorhandene Benachteili-
gung von Arbeitnehmerinnen als wohlfeiles Argument für den
Rückzug, wenn sie keine Lust mehr haben, sich dem täglichen
Druck auszusetzen oder das Privatleben zwischen Krabbelgruppe, Schwimmbad und Kaffeeklatsch einfach attraktiver erscheint als eine Doppelbelastung.

Auch das bei den deutschen Frauen so beliebte Argument von
der abstoßenden Härte in den männlichen Strukturen, mit denen
frau sich nicht die Hände schmutzig machen will, springt aus unserer Sicht ein wenig zu kurz. Nicht zuletzt wenn es um die Macht
in der Politik geht, wie Rita Süssmuth beklagt. In der Politik wird
jeder Gegner angemacht, nicht nur die weiblichen. Insbesondere
der schnell beleidigte Herr Stoiber zweifelt gerne die Kompetenz
anderer Leute an, ganz ohne Ansehen des Geschlechts. Im Übrigen weiß auch Angela Merkel, wie man hinlangt – was sie nicht

---

[26] *The Economist*, 23. Juli 2005

zuletzt durch die Härte bewies, mit der sie nach dem Spenden-skandal gegen ihren Ziehvater Helmut Kohl vorging. Zu Recht übrigens, wie wir finden, aber das ist Geschmackssache.

Übertragen wir zur Verdeutlichung die Situation in den Un-ternehmen doch mal in den Sport. Da gilt: Für jedes Spiel gibt es Regeln. Wer mitspielen will, muss sie kennen und sich nach ih-nen richten. Deutsche Frauen verlassen freiwillig das Fußballfeld mit dem Argument, das viele Getrete und die Abseitsregeln seien aber hart und nur für Männer gemacht. Dann schimpfen sie, dass die verbliebenen männlichen Kicker nun die Tore schießen und den Ruhm einheimsen. Sie sagen: »Ich wäre auch ein Becken-bauer geworden, aber die Kerle haben mich nicht gelassen«, und beschweren sich: »Das System Fußball ist schuld an meiner ver-sauten Sportlerlaufbahn!« Und, Gipfel der Heuchelei: »Wenn endlich mehr Frauen mitspielen dürften, wäre alles besser.« »Mein Gott Mädels«, sagen darauf die Männer: »Kauft euch ver-nünftige Fußballschuhe, lernt die Regeln, trainiert und dann spielt doch einfach mit!« Wenn dann nichts passiert, kommt der nicht ganz unberechtigte Kommentar: »Ihr wollt Probleme nicht lösen, ihr wollt nur über Probleme reden.« Und dann drehen die Männer sich um und gehen in Ruhe Fußball spielen.

Fazit: An den Kindern liegt es nicht – die Frauen anderswo sind auch Mütter und stellen trotzdem mehr Manager. Die Situation in den Unternehmen ist nicht schuld – anderswo gibt es auch er-bärmlich schlechte, unfaire und diskriminierende Chefs, und trotzdem finden sich in der gesamten Ersten Welt mehr weibli-che Führungskräfte und Topmanager als in Deutschland.

Was hindert die Frauen also dann? Ihr eigenes Weltbild.

Innere Ursachen

Packen wir also den Tiger beim Schwanz. In Deutschland ist die Kinderfrage sehr wohl entscheidend! Kinderlose Frauen zwi-schen 30 und 45 Jahren haben dem Statistischen Bundesamt zufolge insgesamt bessere Jobs als gleichaltrige Männer. Das Wiesbadener Amt nennt es »durchaus bemerkenswert, dass Männer ohne Kinder bei gleicher Ausbildung weniger erfolgreich sind als Frauen ohne Kinder.«[27] Haben also nur kinderlose Frauen in den Unternehmen dieselben Chancen und sogar bessere Karrieren als die Männer? Das stimmt so nicht.

Deutsche Frauen haben selbst einen Anspruch an sich als Mutter, der für berufstätige Frauen nicht zu erfüllen ist. Und der resultiert aus dem Frauenbild in der deutschen Gesellschaft. Hier wird das Idyll der Kleinfamilie propagiert als kuscheliger Gegenentwurf zur brutalen Welt des Wettbewerbs und der Kälte eines globalisierten Marktes. In einer Gesellschaft, der nach und nach verbindliche Werte abhanden kommen, fungiert die Mutter als letzter Garant einer humaneren Welt. So ist der Mutterschaft in Deutschland ein nahezu pseudoreligiöser Charakter zugewachsen.

Fühlt sich ja auch gut an: Die Mutter ist einzig und unersetzlich, so existenziell gebraucht wird niemand im Unternehmen. Deswegen verhält sich Mama anders als Maman oder Mummy. Während sich beispielsweise der Rest der Welt darüber einig ist, dass Kinder am liebsten mit anderen Kindern zusammen sind und dass die Sozialisation unter Gleichaltrigen für ein gesundes Selbstbewusstsein unverzichtbar ist, sehen viele deutsche Frauen in der professionellen Betreuung von Vorschulkindern höchstens eine Notlösung für die vernachlässigten armen Schätzchen, deren Mütter zu arm oder zu selbstsüchtig sind, um zu Hause zu bleiben.

Eine Ganztagskrippe ab sechs Monaten – wie die in Frankreich übliche »crèche« oder die »scuola materna« in Italien – ist für die deutsche Frau eine Provokation. »Da könne sie es ja gleich zur Adoption freigeben, befindet sie und zählt besorgt die lange Liste der Störungen auf, die ein solches, um Mutterliebe geprelltes Kind zwangsläufig befallen«, schreibt die Kulturwissenschaftlerin Barbara Vinken, deren unbedingt empfehlenswertes Buch »Die deutsche Mutter« die Entstehung des heimischen Mutter-

---

[27] *Frankfurter Allgemeine Zeitung,* 15. September 2005

phänomens seit der Reformation darstellt.[28] Schon Luther und die protestantische Reformation haben die Familie zu einem heiligen Ort erklärt. Die Mutter ist zur Wächterin der Tugend und des Heils auserkoren, sie schützt den Nachwuchs vor den Gefährdungen einer verderbten Welt, so lange und so gut es eben geht. Seither ist die deutsche Frau zunächst einmal Mama, und dann kommt lange nichts.

Wie tief dieses Denken in der breiten Öffentlichkeit noch verwurzelt ist, zeigten auch die vielen Gespräche und Diskussionen nach der Veröffentlichung des »dämlichen Geschlechts«. Typisch sind Äußerungen wie die einer Hamburger Event-Managerin. Eine Weile hat sie nach der Geburt ihrer Tochter noch Veranstaltungen organisiert, dann wurde ihr die Doppelrolle zu anstrengend. »Ich saß am Computer und meine Tochter zog den Stecker aus der Dose.« Heute sagt sie: »Ich habe das Kind doch nicht zur Welt gebracht, um es dann wieder wegzuorganisieren.« Ihr Gatte ist selbstverständlich weiter voll berufstätig. Eine Frauenbeauftragte einer Gemeinde in der Nähe von Essen erzählte mir: »Neulich war eine Frau bei mir im Büro, die nach der Babypause wieder in den Beruf einsteigen wollte. Ich habe ihr einige Vorschläge gemacht und sie entgegnete auf alles: ›Das geht nicht, da muss ich mich um meinen Sohn kümmern.‹ Ich habe sie gefragt, wie alt der Kleine denn ist. Ihre Antwort war: ›16‹.«

Wenn die Damen von der Mütterfraktion in den Diskussionsveranstaltungen nicht mehr weiter wussten, wurde mir regelmäßig eine von drei Fragen gestellt: »Was machen Sie eigentlich beruflich?«, »Was sagt denn Ihr Mann dazu?« und »Haben Sie Kinder?« Der Subtext war natürlich ein anderer. Klartext gesprochen lautet die erste Frage: »Bist du denn schon mal diskriminiert worden? Was verstehst du selbst überhaupt von Karriere?« Die zweite Frage steht für: »Du aggressive Kuh, hast du es überhaupt zu einem Kerl gebracht mit deinen männlichen Ansichten?« Und die dritte bedeutet ganz klar: »Wer keine Kinder hat, darf in Frau-

---

[28] Barbara Vinken: »Die deutsche Mutter – Der lange Schatten eines Mythos«, Piper, München 2002

enfragen nicht mitreden.« Meine Antwort, dass auch nicht jeder Arzt alle Krankheiten selbst hat, die er diagnostiziert, und dass nicht jeder Börsenanalyst auch alle Aktien, die er studiert, im eigenen Depot hält, wurde mit erbittertem Schweigen quittiert.

Ähnliche säuerliche Äußerungen muss auch unsere neue Familienministerin Ursula von der Leyen über sich ergehen lassen, immerhin Mutter von sieben Kindern. Beispielsweise in einem Internet-Chat, in dem sich eine Frau F. aus Frankfurt, ehemals Chefsekretärin und heute Mutter von drei Kindern, zornig auslässt: »Kein Wunder, dass die immer so lächelt. Die ist privilegiert. Frau Ministerin kann sich doch zehn Angestellte leisten!« Im Übrigen solle sie doch mal darüber nachdenken, ob es Kindern guttue, wenn die Mutter nie zu Hause ist.[29] Statt sich darüber zu freuen, dass eine Frau zeigt, dass Karriere und Kinder kein Widerspruch sind, kriegt die Ministerin nur Prügel. Ständig muss sie sich fragen lassen: »Wie kriegen Sie das nur hin?« Eine Frage, die Wolfgang Clement bestimmt kein Mensch gestellt hat, als der Vater von fünf Töchtern Ministerpräsident in Nordrhein-Westfalen oder später »Superminister« unter Schröder wurde. In der letzten Phase des Wahlkampfs musste sich Angela Merkel von Doris Schröder-Köpf noch sagen lassen, sie sei als Familienministerin seinerzeit ein Totalausfall gewesen, weil sie als Nichtmutter ja keine Ahnung hätte. Nun wird Frau von der Leyen öffentlich gerade ihre Mutterschaft um die Ohren gehauen! Die Frau ist gebildet, schön, erfolgreich, gut angezogen und fröhliche Mutter vieler Kinder – da kann doch was nicht stimmen! Meint zumindest die deutsche Durchschnittsmama, die ja viel lieber hört, dass zwei Kinder und eine Dreizimmerwohnung ein Vollzeitjob sind. Wir finden: Die Deutschen sind schlicht wahnsinnig. Und wundern uns kein bisschen, dass Frau von der Leyen ihre ersten fünf Kinder bekommen hat, als sie als Ärztin in Kalifornien tätig war.

In kaum einem anderen westlichen Land lassen sich die Frauen so bereitwillig auf die Entscheidung ein, entweder Mutter zu sein

---

[29] *Süddeutsche Zeitung Magazin*, 27. Januar 2006

oder Anwältin, Designerin, Apothekerin, Managerin. Eine Alternative übrigens, die Männern grundsätzlich nicht in den Sinn kommt, auch deutschen nicht. Und Engländerinnen, Schwedinnen, Französinnen schon gar nicht. Dort ist es völlig normal, dass Mütter ihrer Profession nachgehen und Kinder eine Ganztagsschule besuchen. Entsprechend witzeln die Französinnen über die Gretel auf der anderen Seite des Rheins: »Die Westdeutsche ist und bleibt vor allem Familienmutter. Sollte ihr einfallen, ihr Kind zu verlassen, um ein paar Stunden arbeiten zu gehen, zieht sie sich die Bezeichnung Rabe zu«, heißt es in einer Studie der französischen Autorin Anne-Marie Cattelain über »das Alltagsleben der 172 Millionen Europäerinnen«.[30]

Wir wollen das nicht wahrhaben, aber faktisch handelt es sich hier um ein hochtoxisches Erbe unserer zutiefst undemokratischen Vergangenheit. »Die Mutter, verkündete Adolf Hitler, sei die wichtigste Bürgerin in seinem Staat. Was diese Mutter, die man sich als unemanzipierte, blondbezopfte, breithüftige Gebärkuh vorstellt, für die Frauen vor 70 Jahren so anziehend gemacht haben soll, ist heute unverständlich«, schreibt Barbara Vinken. Dennoch hat sie als Teil des kollektiven Unbewussten überlebt. Nach dem Krieg wurde die Politik der Nationalsozialisten mit dem Diktum beantwortet, dass Familie und Staat nichts miteinander zu tun haben sollten. Die Kleinfamilie galt und gilt weiter als geschützter Innenraum, damit Mütterlichkeit das sein kann, was sie sein soll: unpolitisch und moralisch überlegen. Derselbe Mechanismus hat sich übrigens nach dem Fall der Mauer abgespielt. Anstatt sich ernsthaft mit dem Frauenbild einer wesentlich egalitäreren DDR auseinanderzusetzen, wurden die im Osten üblichen Betreuungseinrichtungen und Betriebskindergärten ganz einfach abgeschafft, mit dem Argument, dort seien die armen Kleinen ohnehin nur politisch indoktriniert worden.

Wann immer es dieser Gesellschaft nicht gelungen ist, die Vätergenerationen zu rehabilitieren, wurden die Mütter zu den von Natur aus besseren Menschen stilisiert. Der »ethische Mütter-

---

[30] *Cicero,* Mai 2004

feminismus«, wie Vinken das Ergebnis nennt, leugnet dabei vollständig, dass die »deutsche Mutter Herzstück des für die nationalsozialistische Ideologie entscheidenden Zusammenhangs von Rassismus und Geschlechterpolitik war«, schreibt die in München Romanistik lehrende Professorin. Und in dieser Tradition verwirklicht sich die deutsche Frau auch heute noch vor allem als Mutter. Begründet wird das gern mit der Biologie, der angeblichen »Natürlichkeit« des Kinderwunsches. Und die Frauen, die ihr geschlechtliches Wesen nicht ausschließlich als Gebärende ausleben wollen, gelten einfach als nicht ganz normal. Bei den Nazis waren sie »entartet«, für die Vertreterinnen des Mütterfeminismus sind sie schlicht »männlich«. Und das heißt vor allem: kalt, hart, unweiblich.

In der Tat müssen sich hierzulande Frauen, die sich trauen, gleichzeitig Mutter und Managerin zu sein, von ihren Schwestern, Müttern, Schwiegermüttern und den anderen Frauen in der Krabbelgruppe vorhalten lassen, sie seien lieblos und egoistisch. »Das Naserümpfen über die offenbar nicht selbst gebackenen Plätzchen, die das Kind der Nichtvollmutter mitbringt, ist noch harmlos«, schreibt Vinken. Wer das nicht glaubt, frage Berufstätige, was sie sich anhören müssen, wenn sie mal wieder abgehetzt im Kindergarten ankommen. »Das arme Kind!« ist noch einer der freundlicheren Kommentare.

Der schlimmste Feind der Karriere-Mutter ist nicht ein mit Testosteron durchtränkter Chef, sondern die Nur-Mutter in der Nachbarschaft. Motto: Wer seine Kinder nach dem Kindergarten nicht selbst in Empfang nimmt, hat das Glück der Mutterschaft nicht verdient. Dazu ein Beispiel aus einem teuren Vorort im Münchener Süden, das hier anonym bleibt, damit diese Familie nicht noch schlechter behandelt wird: Eine berufstätige Frau hat ein Kind, das von einer professionellen Nanny betreut wird. Die Mutter wollte gerne, dass ihr Baby in der Krabbelgruppe im Dorf mitmacht, bekam dort allerdings zu hören: »Dieses Kind nehmen wir nicht, denn es wird unweigerlich in Drogen und Kriminalität enden.« Das schmerzt eine Mutter, insbesondere wenn sie sich ohnehin schon schuldig fühlt.

Kein Erziehungsratgeber aus deutscher Feder, keine Sitzung der

Gewerkschaft Erziehung und Wissenschaft ohne Gejammer und Appelle an die Schuldgefühle berufstätiger Frauen: Zu wenig Zeit würde für die Kleinen geopfert, die Mütter würden nicht mehr mit den Kindern basteln, musizieren und lernen. Dass die kleinen ganztagsbetreuten Briten, Schweden oder Franzosen weder neurotischer noch schlechter in der Schule sind als deutsche Kinder, sagt den Frauen niemand. Die Erkenntnis des Max-Planck-Instituts für Bildungsforschung, dass der Nachwuchs berufstätiger Mütter genauso gut in der Schule ist wie der anderer Mütter, wird hierzulande schlicht nicht zur Kenntnis genommen.

Professor Ann-Kristin Achleitner, Ordinaria für Entrepreneurial Finance an der Technischen Universität München, erzählt: »Mein Sohn ist daheim hingefallen und hatte leider eine kleine Platzwunde. Mein Kindermädchen ging sicherheitshalber mit ihm zum Arzt. Ich selber hatte in der Uni leider eine wichtige Sitzung und die Nanny hat mir versichert, dass es sich absolut um eine Lappalie handle. In der Praxis haben die sich aufgeregt: ›Wenn man nicht mal selber mit zum Arzt geht, sollte man keine Kinder kriegen‹. Wir reden über eine Platzwunde! Und was sind die über mich hergezogen.« Dass beschäftigte Väter wie Herr Achleitner so gut wie nie mit ihren Kindern beim Arzt erscheinen, findet natürlich im ganzen Land niemand auch nur einen Gedanken wert.

Barbara Vinken fasst die missliche Situation in der Beschreibung einer typischen Muttergruppe fantastisch gut zusammen: »Es handelte sich um akademisch gebildete Frauen, die bei der Geburt ihres ersten Babys ihre Mutterrolle für sich professionalisiert hatten und in Säuglingspflege, Kleinkinderpsychologie und Ernährungskunde nicht zu schlagen waren. Sie kauften nur in Bioläden ein und machten durch Rucksack und Gesundheitsschuhe, durch geschnittene Äpfel und Möhren in Tupperware jedem klar, dass sie Wichtigeres zu tun hatten, als sich um so etwas Oberflächliches wie Schönheit, Stil oder die Normen der Arbeitswelt zu kümmern. Sie schenkten Kinderärzten und besorgten Psychologen Glauben, die von durch frühe Trennung dauergeschädigten Kindern predigten. Schon sahen sie freudig einem längeren Erziehungsurlaub zwecks Ausbaus der Mutter-Kind-Symbiose entgegen. Was danach kommen sollte, lag in weiter, nicht planbarer Ferne – schließlich hatten sie die Kinder nicht bekommen, um sie gleich wieder loszuwerden, sondern um sich als gute Mutter zu erleben und zu beweisen. Das ist nur durch eine körperliche Dauerpräsenz von 24 Stunden in den eigenen vier Wänden oder denen befreundeter Mütter zu leisten.«

Jenseits der Grenzen ist man weiter. »Für eine Frau ist es tausendmal angenehmer, in den USA zu arbeiten als in Deutschland«, sagt Christa Haussler. Die 41-Jährige ist Senior Vice President für New Technologies bei SonyBMG und zog vor einigen Jahren erleichtert nach New York um. Ihr zweites Kind kommt in diesen Tagen zur Welt – und wird einen amerikanischen Pass bekommen. Christa lebt seit insgesamt acht Jahren im Ausland, in London und den Vereinigten Staaten. Sie sagt: »Die Frauen in England oder Amerika führen die leidige Vereinbarkeitsdebatte nicht. Natürlich müssen die berufstätigen Frauen ihre Kinder unterbringen. Aber sie tun es einfach, und in Deutschland wird immer nur darüber geredet.« Das Leben in den Staaten ist auch nicht einfach, keine Frage. Einer mault immer: Christas Sohn, Christas Mann, Christas Chef oder Christas Nanny oder Christa selbst. Dennoch sind in den USA wie im sonstigen Ausland Mütter ganz normale Wesen, die ökonomisch, politisch und erotisch weiterexistieren dürfen, anstatt in der Mutter-Kind-Symbiose à la Deutschland zu verschwinden. Im Ausland müssen Mütter nicht alle ihre persönlichen Bedürfnisse und Ambitionen auf dem Altar des Kinderwohls opfern, und Mutterliebe wird schon gar nicht mit Dauerpräsenz verwechselt.

Auch glaubt man jenseits des Rheins nicht, dass eine Frau, die bislang vor allem in Meetings herumsaß und Geschäfte betrieb, automatisch qua Geburtsvorgang geeigneter ist, sich um ihren Nachwuchs zu kümmern, als speziell dafür ausgebildetes Fachpersonal. Warum nur eine Geburt ohne Schmerzmittel eine Frau zur echten Mutter macht, versteht im Ausland kein Mensch – ebenso wenig, warum mindestens sechs Monate lang gestillt werden muss oder warum die Einführung einer dreijährigen Erziehungszeit als frauenbefreiende Politik gefeiert wurde, obwohl das lediglich eine die Arbeitslosenstatistik entlastende Notlösung gänzlich überforderter Politiker war.

Wir tragen das Mutterkreuz, immer noch

Reden wir an dieser Stelle mal nur von dem, was in den Unternehmen passiert. Martina Rißmann, 42, ist Partnerin bei der Boston Consulting Group (BCG). Einen Teil ihrer Zeit verwendet sie auf den Job als Personalchefin, und dabei steckt sie eine Menge Energie in die Aufgabe, Beraterinnen zu rekrutieren und an Bord zu halten. In Deutschland hat BCG inzwischen über alle Karrierestufen 18 Prozent Frauen unter den Beratern. Ziel sind allerdings 25 Prozent. Realisierbar ist das nur mit einer Frauenquote von 30 Prozent bei der Einstellung von Hochschulabsolventen – und dafür gibt das Beratungsunternehmen auch sehr viel Geld aus. Beispielsweise für zwei frauenspezifische Recruiting-Veranstaltungen im Jahr. Aber auch für Marktforschung, um herauszufinden, wie die jungen Frauen am besten anzusprechen sind. Kennen die Studentinnen überhaupt den Beruf? Halten sie ihn für relevant? Meinen sie, dass er für sie in Frage kommt?

Sind die Frauen jedoch unter Vertrag, kommen sie mit denselben Erfolgen durch die internen Prozesse wie die Männer. BCG misst akribisch das Fortkommen der Mitarbeiter und vergleicht die Werte für Männer und Frauen, um Chancengleichheit zu garantieren. Wie in jeder großen Beratung gibt es auch bei BCG die »Grow or Go«-Politik: Wer sich nicht zum Umsatzträger weiterentwickelt, muss das Unternehmen verlassen. Boston Consulting achtet genau darauf, dass für beide Geschlechter dasselbe Maß angelegt wird. Darüber hinaus hat BCG Teilzeitprogramme und frauenspezifische Trainings eingerichtet und hat einen CEO, der es ernst meint mit der Frauenförderung. In jedem internen Gremium sitzen auch Frauen; das ganze Unternehmen ist hochgradig sensibilisiert für Gleichheitsfragen. Mit Erfolg – nur der Schritt von Senior-Beraterin zu Projektleiterin gelingt nach wie vor zu wenigen Frauen, entweder weil sie selbst aufhören oder weil BCG sie bittet, das Unternehmen zu verlassen. In den USA gibt es das gleiche Phänomen, allerdings drei Jahre später in der Karriere, und zwar beim Schritt von der Managerin zur Partnerin. Die ersten Jahre laufen also gut für die Frauen, doch irgendwann kommen neben der Kinderfrage auch noch andere Aspekte zum Tragen. Martina Rißmann berichtet, der ganze Boom der »neuen Mutterschaft«, mit dem die Presse – allen voran die Frauenzeitschriften – die Berufsaussteigerinnen feiert, mache ihr es nicht leichter, karrierewillige Kandidatinnen zu finden. Wobei sie aber auch beobachtet, dass der Drang der Frauen zur Familie und zum heimischen Herd stark von innen kommt: »Die persönlichen Überzeugungen der Frauen hindern sie eigentlich noch viel mehr am Karrieremachen als der vermeintliche Druck, ein wenig männlicher auftreten zu müssen für den Erfolg.« Ein anderer Moment, an den die Topberaterin nur ungern zurückdenkt, war die Frage einer Frau in einer BCG-Recruiting-Veranstaltung: »Finden Ihre Kollegen Sie eigentlich attraktiv?« Das war wieder so ein Moment, wo die Beraterin dachte: »Das sollte sie eigentlich nicht fragen, das sollte nicht relevant sein. Aber offenbar ist es relevant. Ich habe gesagt, die offizielle und politisch korrekte Antwort hier ist eigentlich: Das ist nicht relevant. Gleichzeitig musste ich zugeben, dass es eben nicht irrelevant ist – denn es ist ja offenbar in den Köpfen drin, sonst wäre diese Frage nicht gekommen. Die Wahrheit ist: Wir alle fragen uns ständig: Was ist meine Rolle als Frau? Was ist meine Rolle im Job? Wie werde ich wahrgenommen?« Und die Rolle als Frau ist offenbar tausendmal wichtiger.

Natürlich sind die vielen abgebrochenen Karrieren auch ein Luxusphänomen. Wer zehn erfolgreiche Jahre bei BCG auf dem Buckel hat und mit 40 schwanger wird, kann auch mit dem guten Gefühl zu Hause bleiben und sagen: Ich habe viel erreicht und viel Geld verdient – ich habe jetzt die Flexibilität, das für mich so zu entscheiden. Aber das ist kein überzeugendes Argument aus dem Munde einer 24-Jährigen, die sich schon direkt nach dem Examen im Hinblick auf eine spätere Mutterschaft gegen einen Job als Beraterin entscheidet.

Das findet auch Martina Rißmann: »Unter all diesen Akademikerinnen im Langzeit-Erziehungsurlaub, die ja alle eine tolle Ausbildung und gute Jobs hatten, trifft man so viele, die total frustriert sind. Sie sind mit zwei Kindern zehn Jahre raus, erstens weil man es sich leisten konnte und zweitens weil die

Schwiegermutter das erwartete. Jetzt sind sie 40 und kämpfen, weil sie in ihre alten Jobs nicht mehr reinkommen.« Viele wählen daher den Weg in die Selbständigkeit, auch weil auf den klassischen Pfaden nichts mehr geht. Martina Rißmann bestätigt das und erzählt: »Ich sage den jungen Frauen deswegen immer: Versucht, so weit wie möglich zu kommen, bevor ihr aussteigt, trefft eine bewusste Entscheidung! Im Grunde habt ihr doch Zeit bis 35. Schreibt keine Dissertation, ein guter Abschluss reicht, und dann sechs bis zehn Jahre voll arbeiten. Danach könnt ihr frei entscheiden – und habt auch Wiedereinstiegsoptionen.«

Der Betrug an den Frauen
Warum der deutsche Sonderweg Frauen arm und arbeitslos macht

»Liebe zwischen Ungleichen wird immer scheitern.«
Betty Friedan

1942 schloss eine gewisse Betty Goldstein ihr Studium am Smith College in Northampton, Massachusetts, ab, wurde Journalistin und blieb auch nach der Heirat mit Carl Friedan und der Geburt des ersten Sohnes berufstätig. Ausgerechnet die Gewerkschaftszeitung kündigte ihr, als sie beim zweiten Kind um Mutterschaftsurlaub bat. Sie arbeitete frei für Frauenmagazine, doch das dort propagierte Hausfrauendasein ging ihr bald gegen den Strich. Um herauszufinden, wie die Wirklichkeit der Frauen im Land aussieht, verschickte sie Fragebögen an ihre ehemaligen Kommilitoninnen: Wie geht es ihnen als gut ausgebildete, weiße Frauen der Mittelschicht in ihrer Rolle als Hausfrau und Mutter? Die Antworten waren ebenso entlarvend wie schockierend: Traurigkeit und Unzufriedenheit waren typisch. Die Ergebnisse veröffentlichte sie 1963 als »The Feminine Mystique« – ein heiß diskutierter Bestseller, der als eines der wichtigsten Bücher der amerikanischen Frauenbewegung gilt und auch in Deutschland unter dem Titel »Der Weiblichkeitswahn« Furore machte. Friedans Überlegungen zum drögen Dasein der Vorort-Hausfrauen, die den falschen Werten aufsitzen und ihr Leben als Puddingköchin und Windelwechslerin verschwenden, stammen wie gesagt aus dem Jahr 1963 – aber wir Deutschen diskutieren immer noch über die »echte« Rolle der Frau.

Wir hatten keine Betty Friedan und keine Simone de Beauvoir. Aber wir hatten Trümmerfrauen, die in den Nachkriegsjahren das Land wieder aufbauten, nur um die geliehene Macht und die Maurerkelle sofort wieder fallen zu lassen, sobald der Ernährer aus der Kriegsgefangenschaft heimkehrte. Zu tun hatte dieser Impuls mit einem Mann, der die vorherrschende Theorie zur Frauenfrage geprägt hat. Der Pädagoge Otto Speck erfand in den fünfziger Jahren den Begriff »Schlüsselkind«. Berufstätigen »so genannten Müttern« unterstellte er nur das Schlimmste: »eitel Vergnügungssucht und ungesunde Intellektualität«. Die fehlende mütterliche Betreuung und Erziehung wurde seither vielfach als schädlich für die Entwicklung von Kindern angesehen und für Probleme wie schlechte Schulleistungen und jugendliche Delinquenz verantwortlich gemacht. Das saß. Um höhere Weihen als Mütter zu erreichen, hielten sich die deutschen Frauen weitgehend aus der Welt der Männer heraus. Und das tun sie im Grunde heute noch, wenn sie sich in der Regel mit Mitte 30 aus ihren angefangenen Karrieren für drei Jahre in den Erziehungsurlaub verabschieden, statt zu zeigen, dass man weiter mit ihnen rechnen muss.

Clara Furse, 49, die Vorstandsvorsitzende der Londoner Börse, der London Stock Exchange (LSE), prophezeit uns noch gewaltige Diskussionen. Sie findet es ironisch, dass deutsche Frauen so viel besser ausgebildet sind als britische, und dann sitzt all dieses Talent nur herum. Auf ihre wunderbar englisch-höfliche Art sagt sie: Was für eine unglaubliche Verschwendung! »Es ist ganz einfach falsch, von jungen Frauen zu erwarten, dass sie sich entscheiden zwischen Mutterschaft und all den anderen Möglichkeiten, die es im Leben gibt. Das kann nicht richtig sein.«

Das kann schon deswegen nicht richtig sein, weil dem Nachwuchs mit diesem deutschen Sonderweg der Nichtemanzipation immer noch völlig antiquierte Rollenmuster vorgelebt werden. Das ist bedauerlich, denn wir wissen heute, dass auch die Geschlechterrollen erlernt werden. Wir sollten uns also gut überlegen, was wir unseren Kindern vorleben, sonst fängt die nächste Generation wieder da an, wo unsere Mütter mal aufgehört haben. Das zeigt auch die Trendstudie »Gender and Work in Germany – Szenarien 2020«, die beispielsweise einen 13-jährigen Kevin aus der achten Klasse einer Gesamtschule wie folgt zitiert: »Wenn ich ein Mädchen wäre, fände ich das schlimm. Ich dürfte vielleicht nicht in einen Fußballverein. Man würde von mir erwarten, dass ich Musik spiele oder lese! Ich hätte wahrscheinlich keine eigene Playstation. Es wäre dann viel schwieriger, einen Job zu bekommen. Wenn ich später heiraten würde, müsste ich Hausfrau sein. Dann könnte ich Kinder bekommen und sähe dick und fett aus. Ich müsste dann die Küche aufräumen, statt Formel eins zu gucken.«[31] Noch Fragen?

Zumindest sollten wir uns von der deutschen Folklore verabschieden, die Mamas als bessere Menschen betrachtet und das Sichaufopfern als ernsthaften Versuch, die Welt zu retten. Die Vorstellung, dass die traditionelle Familie mit einer nicht berufstätigen Mutter die einzig gangbare Konstellation zur optimalen Aufzucht des Nachwuchses darstellt, ist nämlich schlicht Unsinn. Im Rahmen der Pisa-Studie 2000 wurden in punkto Bildungserfolg bei 15-jährigen deutschen Schülern keine wesentlichen Unterschiede zwischen »Schlüsselkindern« und Kindern aus traditionell organisierten Familien festgestellt.

Aus dem bei uns noch immer dominierenden »Weiblichkeitswahn« à la Friedan resultiert eine Reihe trauriger Tatsachen, die vor allem das ökonomische Schicksal vieler Frauen besiegeln: ein Heer überqualifizierter Teilzeitarbeiterinnen, ein Gehaltsabstand zwischen Männern und Frauen von immer noch 20 bis 25 Prozent und daraus folgend eine Altersarmut, die weitgehend Frauen betrifft. Das ist umso erstaunlicher, als Frauen in Deutschland eine kaum zu überschätzende wirtschaftliche Macht haben. Der prototypische Kunde ist nämlich in Wirklichkeit eine Kundin! Kaufentscheidungen werden zu 80 Prozent von Frauen getroffen. 40 Prozent der Anteile der Aktienfonds gehen in die Depots von Frauen, im Kleinunternehmen Familie bestimmen sie 80 Prozent der Entscheidungen, die Finanzen involvieren, und in neun von zehn Fällen reden sie mit bei der Frage, welches Auto angeschafft wird.

Die amerikanische Consumer Electronics Association stellte gerade verblüfft fest, dass Frauen den Löwenanteil der Käufe in diesem 122 Milliarden Dollar schweren Markt tätigen. Die am schnellsten wachsende Kundengruppe des Computerhändlers

---

[31] *Brandeins,* Juli 2005

Dell sind Frauen, und neuerdings fliegen die Marketingexperten aus dem Hauptquartier im texanischen Round Rock nach New York City, um dort die Redakteure von *Cosmopolitan* und *Ladies' Home Journal* davon zu überzeugen, dass sie ihren Computern und Bildschirmen doch mehr Platz im Heft einräumen sollen.[32] Doch wie können Unternehmen, die überwiegend von Männern geleitet werden, ihre Kundinnen verstehen? Diese Frage stellt man sich auch bei Dell, wo immerhin 30 Prozent der Führungskräfte weiblich sind. »Es ist wichtig, dass unsere Belegschaft unsere Kundenbasis spiegelt«, heißt es nun im Unternehmen, wo neuerdings verstärkt daran gearbeitet wird, mehr Frauen in entscheidenden Funktionen zu etablieren. Diese Überlegung sollte dringend auch bei Unternehmen wie Siemens, BMW, DaimlerChrysler, OBI oder Saturn erfolgen. »Sonst sind irgendwann die Geschäfte geöffnet und keine Frau geht hin«, warnt auch Diana Jaffé in ihrem Buch »Der Kunde ist weiblich«.

In den Vereinigten Staaten ist das schon passiert. Und zwar durch 85 Broads – das ist ein Zusammenschluss amtierender und ehemaliger Mitarbeiterinnen der Investmentbank Goldman Sachs, dessen Name sehr schön mit einer Doppelbedeutung spielt: Erstens bezieht er sich auf die New Yorker Adresse des Unternehmens in der Broad Street Nummer 85, zweitens auf den englischen Begriff broads, der nichts anderes heißt als »Weiber!«. Diese Weiber jedenfalls forderten Frauen zum Boykott auf. Oder vielmehr zum »Buycott«. An einem bestimmten Tag im Oktober sollen alle Frauen ganz einfach die Geldbörse in der Handtasche lassen. In einem Fernsehinterview sagte Melissa Hayes, eine der Verantwortlichen: »Wir akzeptieren nicht, dass Frauen fast vier Billionen Dollar der jährlichen Konsumausgaben kontrollieren, zwei von drei Autos kaufen, 50 Prozent aller Geschäftsreisen unternehmen und die Hälfte des Privatvermögens des Landes besitzen, dass aber gleichzeitig nur acht Vorstandsvorsitzende in den Fortune-500-Unternehmen Frauen sind.«[33]

---

[32] *Business Week*, 28. November 2005
[33] Diana Jaffé: »Der Kunde ist weiblich«, Econ, Berlin 2005

Notabene: Aus deutscher Sicht sind die Verhältnisse in den USA ziemlich prima – aber die bessere Teilhabe der Frauen ist da auch nicht vom Himmel gefallen. Sie wurde irgendwann einmal von ihnen durchgesetzt und eingeklagt, während die deutschen Frauen sich im Wesentlichen immer noch mit Gejammer aufhalten. Deutsche Frauen stellen die Hälfte des Personals, verfügen über den Großteil der Konsumausgaben, und auch immer mehr heimische Unternehmen begreifen, dass sie an diesen Tatsachen dauerhaft nicht ohne Schaden vorbeikommen – damit ließe sich was anfangen, wenn Frauen auch nur die leiseste Lust auf Veränderungen hätten.

Das Elend mit der Teilzeit

Viel zu häufig lassen sich Frauen auf Kompromisse ein, die im ersten Moment die Vereinbarkeit von Familien- und Berufsarbeit leichter erscheinen lassen, mittelfristig aber zur Falle werden. Die Rede ist von der Teilzeitarbeit. Erstens ist das dafür gezahlte Gehalt meist nicht existenzsichernd und zweitens kann man in Teilzeit zwar alles Mögliche machen, aber ganz sicher keine Karriere. Deswegen sind Teilzeitarbeiter nur zu etwa 6 Prozent männlichen Geschlechts. Freuen wir uns also nicht zu früh, dass die Erwerbstätigenquote der deutschen Mütter seit 1996 zwar um sechs Prozentpunkte gestiegen ist – denn der Zuwachs entstand nur, weil immer mehr Frauen immer weniger arbeiten. Fast die Hälfte (45,3 Prozent!) der abhängig beschäftigten Frauen im Westen arbeitet Teilzeit. Im Osten wirkt immer noch die Selbstverständlichkeit nach, mit der die Frauen in der DDR berufstätig waren – dort hat nur gut ein Viertel der Frauen (27,8 Prozent) einen Vertrag mit verkürzter Arbeitszeit.

Nach den Gründen für die eingeschränkte Berufstätigkeit gefragt, geben 63 Prozent der Teilzeit arbeitenden Frauen familiäre Verpflichtungen an. Von den angestellten Männern arbeiten nur 6,2 Prozent mit reduzierter Stundenzahl – aus anderen Motiven,

versteht sich: 29 Prozent begründen es mit Krankheit oder Aus-
bildungsmaßnahmen, nur 13 Prozent der Männer arbeiten der
Kinder wegen eingeschränkt. Bei den Vätern ist der Umfang der
Erwerbsarbeit immer noch weitgehend unabhängig von der Kinderfrage. Das ganze Gerede von den »neuen Vätern« entpuppt
sich also bei genauer Betrachtung als Geschwätz. 89 Prozent der
Väter von Kindern im Kindergartenalter arbeiten auf einer ganzen Stelle, aber nur 31 Prozent der Mütter.[34]

In ihrer schon erwähnten Studie zu Männern und Frauen in
Führungspositionen hat die Professorin Sonja Bischoff herausgefunden, dass immer mehr Frauen über 60 Stunden die Woche
arbeiten. Gleichzeitig hatten viele der befragten Frauen ihre Arbeitszeit auf unter 40 Stunden reduziert, was auch dem Trend zu
mehr Teilzeit arbeitenden Frauen entspricht. »Um diese Gruppe
mache ich mir Sorgen«, sagt die Wissenschaftlerin. »Wer soll das
finanzieren? Die Gesellschaft? Die, die das regelt, gibt es nicht
mehr. Oder die Ansprüche müssen heruntergeschraubt werden.
Ich sehe jedoch wenige Menschen, die weniger wollen – ich sehe
viele, die mehr wollen. Und: Nur Spitzenarbeiter sind auch Spit-
zenverdiener. Dann müssen diese Frauen jemand anderen für
sich arbeiten lassen. Also wieder die ganz traditionelle Kiste.«[35]

Und die wird im deutschen Steuerstaat zu allem Überfluss auch
noch durch das Ehegattensplitting gefördert. Im »Datenreport
zur Gleichstellung von Frauen und Männern in der Bundesrepublik Deutschland 2005« steht im üblichen Beamtendeutsch zu
lesen: »Bei Ehepaaren, bei denen ein Partner (meist der Mann)
recht gut verdient, wird die Entscheidung für eine geringfügige
Beschäftigung des anderen Partners (meist die Frau) durch das
Splittingsteuermodell (mit der Lohnsteuerklassenwahl III und
V) belohnt. Das so genannte ›Ehegattensplitting‹ und die Mit-
versicherung in der gesetzlichen Krankenversicherung über den
Ehemann dürfte auf eine zeitlich und finanziell begrenzte Frauen-

---

[34] Datenreport zur Gleichstellung von Frauen und Männern in der Bundesrepublik Deutschland, Bundesministerium für Familie, Senioren, Frauen und
Jugend 2005
[35] *Brandeins*, Juli 2005

erwerbstätigkeit hinwirken.« Ein paar Seiten weiter findet sich im gleichen Report: »Teilzeitbeschäftigte Personen haben viel geringere Chancen, umfassende Führungsaufgaben zu übernehmen.« Auf gut Deutsch: Frau arbeitet weniger, riskiert dabei ihre Karriere, verzichtet auf große Teile des möglichen Lebenseinkommens und zahlt dann auf das kleinere Gehalt auch noch den höheren Steuersatz. Mann macht weiter wie bisher und hat natürlich Geld übrig, um in eine private Altersversorgung einzuzahlen. Eine Lebensversicherung etwa, die im Scheidungsfall – jede zweite Ehe in deutschen Städten wird geschieden – zum Zeitwert getrennt wird. Wertvoll wird die Police nämlich erst viele Jahre später, zum Zeitpunkt der Fälligkeit. Merkwürdigerweise wurde das im Jahr 2000 verabschiedete Gesetz zur Förderung der Teilzeit dennoch von großen Teilen der Frauenlobby als Errungenschaft zugunsten der Frauen gefeiert. Das kann verstehen, wer will.

Die gute Nachricht ist: Die Gehaltsabstände sind nicht mehr so groß wie früher. Außerdem ist die generelle Aussage, dass Frauen für den gleichen Job bis zu einem Viertel weniger verdienen als Männer, so undifferenziert nicht mehr zu halten. Die Hamburger Vergütungsberatung Personalmarkt hat die Gehälter von 200 000 Personen in 22 Berufen analysiert und herausgefunden, dass sich die Gehälter in vielen Bereichen angeglichen haben. So verdient eine 30-jährige Mitarbeiterin in der Marktforschung 38 600 Euro im Jahr brutto, ihr männlicher Kollege 40 000 Euro – das ist nur ein Unterschied von 110 Euro im Monat.

Die schlechte Nachricht ist: Oberhalb des 35. Lebensjahrs beginnen die Einkommen auseinanderzuklaffen: »Wer in Elternzeit geht, nimmt meist nicht mehr an den üblichen Gehaltsrunden teil. Frauen verpassen dadurch nicht nur Karrierechancen, sie treten auch beim Gehalt auf der Stelle«, erläutert Tim Böge, Geschäftsführer von Personalmarkt. Besser dran sind da die Beschäftigten im Öffentlichen Dienst. Die haben nämlich das Privileg, dass auch während beruflicher Auszeiten ihr Gehalt angepasst wird. In den anderen Branchen wirken gewisse Altlasten bei der Gehaltsungerechtigkeit bis heute nach: Die heute 35-jährigen Frauen wurden vermutlich zu einem großen Teil noch zu einem deutlich geringeren Gehalt eingestellt als ihre männlichen Kollegen, und da sich Gehaltserhöhungen meist auf das aktuelle Salär beziehen, holen diese Frauen den Abstand nie mehr ein. Das Ergebnis ist schockierend: Eine 40-jährige Ingenieurin bekommt ein Viertel weniger Gehalt als ihr Kollege: Sie verdient rund 40 000 Euro, er 54 000. Dasselbe im Controlling: Ein 45-jähriger Mann bekommt da 61 700 Euro jährlich überwiesen, die gleichaltrige Frau im gleichen Job nur 42 500. Das ist eine Differenz von satten 31 Prozent.

Wenn es um Führungspositionen geht, ist das Bild ebenso uneinheitlich: Frauen, die es bis ganz nach oben schaffen, verdienen laut Personalmarkt-Untersuchung genauso viel wie die Männer – kein Wunder, denn wer sich bis dahin durchbeißt, kann exzellent verhandeln und hat keine Probleme damit, Forderungen aufzustellen und auch durchzusetzen. Auf der zweiten und dritten Führungsebene sieht es schon wieder anders aus, abhängig von der Mitarbeiterzahl. Je größer die Abteilung, desto größer ist auch die Differenz in der Lohntüte: Eine 45-jährige Frau, die mehr als 30 Mitarbeiter führt, bekommt ein Drittel weniger als der Chef der Nachbarabteilung mit ebenso vielen Leuten. Er hat ein Jahreseinkommen von 113 700 Euro, sie bekommt nur 77 500 Euro – das tut weh.[36]

Zu ähnlichen Ergebnissen kommt Sonja Bischoff in ihrer neuesten Untersuchung von 2000 Führungskräften. Die Angleichung der Gehälter in einigen Bereichen ist kein Grund zum Jubel: »Was sich im Durchschnitt als optimistisch stimmendes Bild darstellt, ist im Detail jedoch mehr als niederschmetternd.« Im Personalwesen beispielsweise, wo traditionell viele Frauen tätig sind, sind in der untersten Einkommensgruppe von bis zu 40 000 Euro im Jahr schon mal keine Männer vertreten. Auch die Situation in der oberen Einkommensklasse ab 100 000 Euro relativiert die Freude: Zwar verdienen 30 Prozent der Frauen mehr als 75 000 Euro im Jahr, aber nur 7 Prozent von ihnen kommen auf über 100 000 Euro. Von den 33 Prozent der Männer, die über

---

[36] *Spiegel Online*, 13. Oktober 2005

75 000 Euro jährlich einstreichen, liegen 22 Prozent bei über
100 000 Euro im Jahr. Bischoff schreibt dazu: »Es ist anzuneh-
men, dass die Hälfte der Männer der ersten Führungsebene
100 000 Euro per annum verdient, aber dass die gleiche Feststel-
lung nur auf knapp 18 Prozent der Frauen in derselben Führungsebene zutrifft.«[37]

Länger leben ist schön –
wenn man auch was zum Leben hat

Insgesamt gilt wohl: Je größer der Frauenanteil in einer Branche,
desto ausgeglichener ist das Einkommensniveau. Man könnte es
aber auch spöttisch sagen: Je mehr Frauen in einem bestimmten
Job arbeiten, desto schlechter ist er bezahlt. Im Wissenschafts-
slang spricht man auch von der »Feminisierung« von Berufen,
und der Wandel des Berufsbildes »Sekretär/in« ist ein gutes Beispiel dafür. In den Zeiten der Schreibstuben war das noch ein attraktiver und gut dotierter Männerberuf. Als dann immer weniger mit Papier und Füller hantiert wurde und die ersten
Schreibmaschinen in die Büros kamen, übernahmen ziemlich
schnell Frauen die Jobs – denn die Bürgerstöchter hatten durch
ihren Klavierunterricht ziemlich flinke Finger und brauchten
keinen Lohn auf Ernährerniveau. Heute zieht es Frauen in die
Konsumgüterindustrie, in Tourismus, Medien, Werbung und
PR. Männer drängt es hingegen in die Autoindustrie, in den IT-
Sektor, zu den Unternehmensberatungen oder ins Investment
Banking – und überall da wird besser bezahlt.
    Dieser ganze Jammer ist allerdings kein deutsches Sonderphä-
nomen. Eine Untersuchung der Vergütungsberatung Towers
Perrin in elf europäischen Ländern für das *Handelsblatt* ergab,

---

[37] Sonja Bischoff: »Wer führt in (die) Zukunft?«, Deutsche Gesellschaft für
Personalführung Schriftenreihe, Bielefeld 2005

dass ein gewisses Gehaltsgefälle zwischen Männern und Frauen universell ist. Allerdings ist das Gehaltsgefälle in Deutschland mit 20 Prozent Abstand zwischen den Geschlechtern am größten. Ähnlich schlecht schneiden die Frauen in Spanien (20 Prozent), Österreich (17 Prozent) und Polen (16 Prozent) ab. Am besten ergeht es Arbeitnehmerinnen in Irland und Norwegen, da liegt der Abstand bei 9 und 11 Prozent. Womit die deutschen Frauen wieder mal bewiesen hätten, dass sie nicht zu kämpfen verstehen.

Beim geschlechtsbedingten Gehaltsgefälle kommt es nicht nur darauf an, in welchem Land das Unternehmen seinen Sitz hat, sondern auch, ob es ein Konzern, Mittelständler oder ein Familienbetrieb ist. Petra Knab-Hägele, Partnerin bei Towers Perrin, weiß auch, warum: »In den vergangenen Jahren haben viele Großunternehmen ihre Personal- und Vergütungspolitik professionalisiert – und davon haben auch die Frauen profitiert.« Wenn Arbeitgeber klare Stellenbeschreibungen und Kompetenzprofile formulieren, denen sie auch verbindliche Gehaltsspannen zuordnen, steigt auch für Frauen die Wahrscheinlichkeit, dass sie bei einer Beförderung nicht nur die Mehrarbeit einsacken, sondern auch das bessere Gehalt. Das bedeutet im Umkehrschluss, analysiert die Journalistin Julia Leendertse, die diese Daten für das *Handelsblatt* zusammentrug: »In kleineren Unternehmen, die ihre Personalpolitik noch nicht systematisiert haben, sind Frauen öfter benachteiligt – also bei den meisten Firmen.« Zu Recht schreibt sie abschließend: »Die Geschäftswelt funktioniert häufig nach dem Prinzip: ›Wer nichts verlangt, bekommt auch nichts.‹«[38]

Teilzeitverträge, Babypausen und schlecht verhandelte Gehälter machen sich schmerzhaft bemerkbar, besonders am Lebensabend, wenn wir eigentlich alle die Beine hochlegen wollen. Für viele Frauen heißt es dann allerdings Pustekuchen: Von Altersarmut ist überwiegend die weibliche Bevölkerung betroffen! Frauen erhielten im Jahr 2002 im Bundesdurchschnitt nur 555

---

[38] *Handelsblatt*, 11. November 2005

Euro Rente monatlich, während männliche Rentner mit 929 Euro fast über den doppelten Betrag verfügten. Die Frauen müssen zudem aufgrund ihrer höheren Lebenserwartung länger mit der geringeren Rente auskommen – was vor allem wegen der am Lebensende steigenden Kosten für Gesundheit und Pflege problematisch ist.

Den meisten Damen ist das drohende Debakel trotz heftiger Berichterstattung in der Presse nicht bekannt. In Umfragen überschätzen regelmäßig 60 Prozent der Frauen ihre Rentenhöhe gewaltig, weshalb auch ihre Sparquote viel zu gering ausfällt. Frauen legen durchschnittlich nur zwischen 50 und 100 Euro monatlich zurück, bei den Männern sind es zwischen 100 und 200 Euro. Wie viele Frauen durchs Versorgungsraster fallen, zeigt diese Zahl: Rund 66 Prozent der Hausfrauen haben überhaupt keinen Anspruch auf Zahlungen aus der gesetzlichen Rente. Die Folgen rechnet das Deutsche Institut für Altersvorsorge vor und schätzt, dass im Alter etwa 25 Prozent aller Frauen mit einer Versorgungslücke von 500 Euro im Monat rechnen müssen.

Wie mager die Rente einer Frau aussieht, die sich nach wenigen Berufsjahren ins Privatleben zurückzieht, zeigt das folgende Beispiel: Nach einer Ausbildung, sieben Berufsjahren und zwei Kindern erhält Frau Muster eine Rente von 381 Euro. Berücksichtigt man die Inflation von jährlich 1,5 Prozent, kann sie zu Rentenbeginn im Jahr 2025 mit einer Summe rechnen, die nach heutigem Wert ungefähr 283 Euro entspricht. Laut dem Deutschen Institut für Altersvorsorge sorgen gerade mal 32 Prozent der Hausfrauen privat für ihr Alter vor.[39] Von den übrigen Frauen, die nicht bereit sind, in ihre persönliche Altersvorsorge zu investieren, fordern immer wieder einige, dass Haushaltsarbeit ebenso behandelt werden müsse wie Erwerbsarbeit, damit die Frauen einen Rentenanspruch erwirken. Wie das zu finanzieren sein soll – denn dieselben Rentenbeiträge wie für Erwerbsarbeit wollen die Frauen ja gerade nicht einbezahlen –, bleibt bei solchen Ideen leider außen vor. Dass das Rentensystem schon

---

[39] *Die Welt*, 22. August 2005

jetzt am Krückstock daherkommt, scheint sich in diesen Kreisen noch nicht herumgesprochen zu haben.

Lady Barbara Judge, nach einer langen Karriere als Anwältin und Bankerin heute die Vorsitzende der britischen Atomenergiebehörde, kommentiert den Verzicht vieler Frauen auf ihre Unabhängigkeit – auch in finanziellen Fragen – wie folgt: »Es macht mich nervös, wenn ich die Zahlen lese, wie viele Frauen mit einem Abschluss der Harvard Business School zu Hause sitzen. Sie haben ein paar Jährchen gearbeitet, dann kam ein wenig Geld ins Spiel und nun bleiben sie daheim. New Yorker Freunde haben mir erklärt, dass die Hausfrau in gewissen Kreisen gerade wieder zum Statussymbol wird. Dabei ist Unabhängigkeit doch so wichtig! Und der einzige Weg, unabhängig zu sein, ist eigenes Geld. Die Kinder verlassen irgendwann das Nest. Vielleicht hat man ja vier Kinder, wie eine gute Freundin von mir, die ihr Leben damit verbracht hat, sich um sie zu kümmern. Aber nun haben alle vier ihren Abschluss in Eton gemacht, und sie alle sind weg zur Universität. Sie sind fort und wir Mütter sitzen zu Hause und weinen. Ich habe meinen Sohn relativ spät bekommen – aber wenn ich mich bis an mein Lebensende darauf verlassen wollte, dass er oder mein Ehemann mich bei Laune halten, hätte ich nichts zu tun. Ich wäre dick und fett, weil ich nichts täte, außer essen zu gehen. Ja – und shoppen natürlich.«

Lady Judge ist nach einer langen, erfolgreichen Karriere eine vermögende Frau. Die meisten deutschen Hausfrauen sind das nicht. Ihnen wird wohl nicht einmal die Möglichkeit bleiben, zum Ausgleich essen oder shoppen zu gehen, falls sie sich zu lange darauf verlassen, dass Kinder und Ehemann schon für sie da sein werden.

TEIL II

VOM GLÜCK, NICHT DEUTSCH ZU SEIN

Freiheit, Gleichheit, Mütterlichkeit
Die Situation im Ausland

»Man lernt mehr von seinen Niederlagen als von seinen Siegen.«
Nancy McKinstry

Nicht jeder findet die Frau überzeugend, aber Karriere hat sie gemacht, diese Hillary Rodham Clinton. Erst als eine der bekanntesten Anwältinnen der Vereinigten Staaten und jetzt als Senatorin im Kongress für den Staat New York. Viele meinen, dass sie die erste Präsidentin von Amerika wird – auch wenn 28 Prozent der Amerikaner sagen, dass sie keine Frau wählen würden.[40] In ihrer Autobiografie beschreibt die ehemalige First Lady, warum es Amerikanerinnen so viel leichter fällt, Karriere zu machen. Ganz einfach, weil sie davon überzeugt sind, dass sie eine machen *können*. »Ich bin immer davon ausgegangen, dass ich für meinen Lebensunterhalt arbeiten würde, und habe mich in meinen Wahlmöglichkeiten nicht eingeschränkt gefühlt. Glücklicherweise hatte ich Eltern, die nie versuchten, mich in eine Kategorie oder Karriere zu pressen. Tatsächlich erinnere ich mich auch nicht, dass die Eltern von Freunden oder ein Lehrer mir oder meinen Freundinnen je gesagt hätte: ›Mädchen können das nicht machen‹ oder ›ein Mädchen sollte das nicht tun‹.«[41]

---

[40] *New York Post*, 22. Oktober 2005
[41] Hillary Rodham Clinton: »Living History«, Simon & Schuster, New York 2003; auf Deutsch erschienen unter dem Titel »Gelebte Geschichte«, Econ, München 2003

Förderung à la Amerika

In Amerika werden Kinder einfach ein wenig anders erzogen, Jungs wie Mädchen. Die Amerikanerinnen unter unseren Gesprächspartnerinnen erzählen: Auf Junge oder Mädchen kam es in der Schule nicht an, es ging immer nur um Leistung. Sie erzählen von langen Schultagen und der großen Bedeutung des Sports – das helfe später sehr, bei der Ausbildung mal die Zähne zusammenzubeißen. Ein weiterer großer Vorteil der Schulen in den USA ist wohl, dass sie die Kinder super darin trainieren, sich selbst zu verkaufen. Schon Kinder lernen das Präsentieren, schnell zum Punkt zu kommen, in einer Debatte zu bestehen. Wer durch eine US-amerikanische Ausbildung gegangen ist, in der er sehr stark gefördert wird, traut sich hinterher viel zu.

Die Amerikanerin Nancy McKinstry, Jahrgang 1959, die als Vorstandsvorsitzende den größten niederländischen Fachverlag Wolters Kluwer führt, beschreibt genau diese Erfolgsorientierung: »Meine Landsleute sind unglaublich optimistisch. Das mag zum Lachen sein, aber die Amerikaner glauben wirklich, dass es kein Problem gibt, das sich nicht irgendwie lösen ließe. Das bestimmt auch das vorherrschende Arbeitsethos: Wenn du dich auf etwas wirklich einlässt und hart arbeitest, dann wird das auch was.« Ihre Landsmännin Shelly Lazarus, Jahrgang 1947 und heute die Vorstandsvorsitzende von Ogilvy & Mather Worldwide, eine der größten Werbeagenturen der Welt, fühlt ähnlich: »In Amerika herrscht Chancengleichheit. Das ist die Geschichte dieses Landes: Alle können irgendwo anfangen, sich nach oben arbeiten und sich ihre Träume erfüllen.« Der Tenor ist: Egal, wovon du träumst, du kannst das erreichen. »Und das fängt bei uns schon früh an, in der Grundschule.« Dieser Optimismus wird allen vermittelt und zieht sich durch bis zum Abschluss. McKinstry erzählt: »Die Universitäten bemühen sich wirklich um die Frauen, versuchen möglichst viele Studentinnen in die Naturwissenschaften und in die Ingenieurstudiengänge zu kriegen. Es geht nicht nur darum, Frauen in diesen Feldern auszubilden, sondern auch darum, jungen Frauen die Botschaft zu vermitteln: ›Mädchen können alles‹.«

Eine große Rolle bei der Entwicklung furchtloser Frauengestalten spielen die berühmten Frauenuniversitäten. Wellesley beispielsweise, wo Hillary Rodham studierte und zehn Jahre zuvor auch Madeleine Albright, die spätere Außenministerin der Clinton-Regierung. Einem Fernsehsender, der ein Feature über den berüchtigten Campus drehte, dem jede Menge einflussreicher Frauen entsprungen sind, erklärte eine ehemalige Kommilitonin von Hillary das Geheimnis der Hochschule: »In Wellesley hat man uns gesagt, wir wären die Crème de la crème. Heute klingt das angeberisch und elitär. Aber damals war es das Wundervollste, was ein Mädchen zu hören kriegen konnte … Wir mussten einfach gar niemandem den Vortritt lassen.« Wir reden hier von der Mitte der sechziger Jahre – mit anderen Worten: Die Amerikanerinnen haben uns 40 Jahre voraus in der Selbstverständlichkeit, mit der junge Frauen in dem Glauben erzogen werden, Jungen absolut gleichwertig zu sein.

Diese amerikanische »Geht nicht, gibt's nicht«-Mentalität ist eine Erfahrung, die auch deutschsprachige Jugendliche prägt, die einen Teil ihrer Schulzeit mit einem Austauschprogramm in den Staaten verbracht haben. Die Schweizerin Barbara Kux beispielsweise, heute im Vorstand von Royal Philips in Eindhoven, berichtet von ihrer Zeit in Übersee wie von einem Erweckungserlebnis. Ebenso Martina Rißmann, die heute für die amerikanische Beratungsfirma Boston Consulting Group arbeitet. Basis für diese Erfahrungen sind die gesellschaftlichen Wertvorstellungen, die in den USA einfach anders sind – in der Schule, an der Uni, auch im Sport. Rißmann war vor 20 Jahren in der deutschen Nationalmannschaft der Ruderer und trainierte schon als Schulmädel. Ihre sportlichen Erfahrungen in den Staaten beschreibt sie so: »Bei uns in Deutschland galt Frauenrudern immer als zweitklassig. Nur die Trainer, die es bei den Männern nicht geschafft haben, trainierten die Mädels. In Amerika hingegen war es gleichwertig, Mädchen oder Jungs zu betreuen. Ich habe meinen US-Coach danach gefragt und der sagte: ›Mir ist völlig wurst, ob du ein Junge oder ein Mädchen bist oder vom Mars stammst, ich erwarte nur, dass du dich wie ein Athlet benimmst. Ich will kein Gejaule hören und kein Gemecker und schon gar keine Tränen sehen, du bist ein Sportler.‹ Und der hatte da 70 Frauen sitzen für einen Achter. Tränen sind kein Thema mehr, wenn der volle Wettbewerb sich einstellt. Für Bauchschmerzen, Liebeskummer oder Schnupfen war da schlichtweg keine Zeit. Denn so schnell konnte man gar nicht gucken, wie man aus dem ersten Achter rausflog.« Gleichwertigkeit ist also nur ein Aspekt der amerikanischen Erziehung – die Erwartung, dass Mädchen dann aber bitte schön auch genauso hart arbeiten wie die Jungs, ist der andere.

Viele der Frauen, mit denen wir gesprochen haben, beschreiben diese kulturspezifische Leistungsethik. Nancy McKinstry empfängt uns am späten Nachmittag in der Amsterdamer Apollolaan in ihrem nüchternen Büro, das so aufgeräumt wirkt wie seine Bewohnerin, und erzählt: »Die Familie meines Vaters stammt aus England und war schon einige Generationen in Amerika, aber meine Mutter ist italienischer Abstammung und war die erste Generation dieser Familie, die in den USA zur Welt gekommen ist. Sie war ein Arbeitstier und ist es heute noch mit 79, noch immer putzt sie ihr Haus selber – und da kann man vom Boden essen. Arbeit ist für sie ganz wichtig, das hat sie uns weitergegeben.« Und dann abstrahiert sie von ihrer Familie auf die ganze Bevölkerung: »Viele Amerikaner sind so, das ist die Immigranten-Mentalität, die etwas aufbauen will im neuen Land.« Wer hinfällt, lässt sich davon nicht beirren: »Jeder hat mal Gegenwind in seiner Karriere, aber dann heißt es: Steh wieder auf und probier's noch mal«, erinnert sich die zierliche Person, was die Mutter ihr beigebracht hat.

»Ich bin müde«, »ich habe keine Lust«, »ich hab meine Tage« – solche Ausreden sind für Mädchen und Frauen in den Vereinigten Staaten nicht nur im Sport indiskutabel. Die Grundhaltung, dass alle etwas zum Erfolg beitragen müssen, gilt in vielen Immigrantenfamilien selbst dann, wenn die ursprüngliche Kultur eigentlich gegen weibliche Ambitionen steht. Miki Tsusaka ist Japanerin und versteht sich auch so, selbst wenn sie schon viele Jahre in Amerika lebt und arbeitet: »In meinem Elternhaus ging man davon aus, dass ich arbeiten würde, trotz der konservativen japanischen Tradition. Die Familie meines Mannes sah das etwas anders. Wir waren eines von zwei verheirateten Paaren, die zusammen die Harvard Business School besuchten, und mein Schwiegervater war ziemlich besorgt, als ihm klar wurde, dass ich weiter arbeiten würde. Schließlich bin ich gleich nach der Uni zur Boston Consulting Group gegangen. Irgendwann hat er dann die Vorstellung von der perfekten japanischen Nur-Hausfrau aufgegeben und war ganz einfach stolz auf mich, stolz auf uns beide.«

In Deutschland hingegen »sind Frauen in gehobenen Positionen immer die Ausnahme, ein Sonderfall«, sagt ihre Kollegin Martina Rißmann. »Im Grunde sind wir hier noch nie an den Punkt der Gleichheit gekommen. Es ist erlaubt, ja es wird von einer Frau gar erwartet, sich aus dem Rennen zurückzuziehen, um sich auf die ›wichtigeren‹ Dinge im Leben zu konzentrieren. In den USA funktioniert das nicht, da gilt ein Rückzug auch bei Managerinnen ganz offen als Versagen, denn die Wertevorstellungen für Männer und Frauen sind ähnlicher.«

Hier kommt ganz offenbar das alte Problem der deutschen Kultur zum Tragen: Die Austrittsbarrieren sind für deutsche Frauen ganz einfach zu niedrig. Wenn irgendwas schiefgeht, wird der Heldinnen-Notausgang gewählt und verkündet: »Jetzt bekomme ich erst mal ein Kind!« Ein Phänomen, das auch Rißmann kennt: »Kommt dieses Thema zur Sprache, sagen mir viele Personalchefs, mit denen ich immer mal wieder unter vier Augen diskutiere: ›Wann immer wir einer jungen Frau mitteilen müssen, dass es mit ihrer Karriere bei uns nicht weitergeht, ist sie drei Monate später schwanger‹.«

Die amerikanische Kultur – einerseits Gleichheit bei den Chancen anzubieten, andererseits aber auch Gleichheit bei der Leistung zu erwarten – ist nur ein Aspekt, wenn man herausfinden will, warum in Amerika 70 Prozent der Mütter arbeiten, 50 Prozent der Jobs im Mittelfeld – mittleres Management inklusive Professionen wie Anwalt, Arzt, Apotheker – von Frauen gemacht werden und fast 14 Prozent der Vorstandspositionen in den größten 500 Unternehmen fest in weichen Händen sind.[42]

---

[42] Catalyst: »Women in the Fortune 500«, 10. Februar 2005

Der andere Aspekt ist eine Gesetzgebung, die den Unternehmen empfindlich auf die Finger haut, wenn sie Mitarbeiter wegen Alter, Rasse, Religion oder Geschlecht diskriminieren.

1964 wurde der Civil Rights Act verabschiedet, der formal alle Menschen gleichstellte. Das Gesetz blieb jedoch bis 1973 ziemlich zahnlos. In diesem Jahr errangen die Equal Employment Opportunities Commission (EEOC) und das amerikanische Justizministerium einen großen Sieg gegen den amerikanischen Telekommunikationskonzern AT&T wegen unfairer Einstellungs- und Beförderungspraxis. Am Ende musste AT&T 15 Millionen Dollar Strafe an 13 000 Frauen und 2000 Männer bezahlen, die ethnischen Minderheiten angehörten. Darüber hinaus wurden die Gehälter von 36 000 Mitarbeiterinnen angepasst – nach oben, versteht sich.

Ende der neunziger Jahre erregte ein Verfahren wegen sexueller Belästigung gegen die Investmentbank Smith Barney großes Aufsehen. Nach diesem Prozess, in dessen Verlauf schmierige Details über einen »Boom boom room« genannten Partyraum im Keller des Bankgebäudes ans Licht kamen, startete eine regelrechte Klagewelle, es hagelte Anzeigen und gewaltige Geldstrafen. Boeing wurde zur Zahlung von 72,5 Millionen Dollar verdonnert, die Investmentbank Morgan Stanley musste 54 Millionen Dollar anfassen, um einen ähnlichen Fall zu den Akten legen zu können. Unlängst wurde die amerikanische Niederlassung von Europas größter Bank, der Schweizer UBS, zur Zahlung von 29,2 Millionen Dollar verdonnert. 20,1 Millionen sind Strafe, der Rest Entschädigung für eine ehemalige Mitarbeiterin.[43] Derzeit wird allerdings schon wieder ermittelt: gegen die Investmenttochter der Dresdner Bank in den USA. Sechs Mitarbeiterinnen verklagten das Finanzinstitut wegen sexueller Diskriminierung auf 1,4 Milliarden Dollar Schadensersatz. In der 70 Seiten dicken Klageschrift heißt es, das Unternehmen bezahle Frauen schlechter als Männer für gleichwertige Arbeit. Überdies fühlen sich die Frauen als »Augenfutter« der Chefs, von denen sich einer angeb-

---

[43] *Welt am Sonntag*, 8. Mai 2005

lich regelmäßig Prostituierte ins Büro bestellte. Womit mal wieder bewiesen wäre, dass Geschmacklosigkeit kein Hinderungsgrund für beruflichen Erfolg ist.

Myra Hart, 66, als Professorin an der Harvard Business School auf Unternehmerinnen spezialisiert, meint: »In den USA haben Gesetze und Prozesse dafür gesorgt, dass Leute mit der nötigen Ausbildung und Lust auf Karriere auch eine Chance auf Erfolg bekommen. Für die Frauen hat das sogar noch etwas besser und schneller funktioniert als für die ethnischen Minderheiten. Inzwischen gibt es ein Bewusstsein in den Unternehmen, dass sie beobachtet werden. Doch trotz dieses juristischen, politischen und gesellschaftlichen Drucks müssen die Frauen hier noch einen weiten Weg gehen.«

In der Tat hat die größere Gleichheit in den Staaten auch einen Preis. Für die meisten jungen Amerikanerinnen ist Feminismus kein Thema mehr. Lobbygruppen wie die National Organization for Women (NOW) beklagen einen dramatischen Einnahmenschwund: Während 1992 noch 327 000 Dollar politisch motivierte Spenden bei der Gruppierung ankamen, waren es 2004 nur noch 44 000 Dollar.[44] Der Einfluss der Frauenrechtlerinnen im Kongress schwindet ebenso – was sich zu einem fürchterlichen Bumerang entwickeln könnte, sollte das Recht auf Abtreibung noch einmal neu vor dem amerikanischen Verfassungsgericht landen. Daran arbeitet die Regierung Bush nämlich gerade mit aller Macht. Je schwächer die Stimme der Frauen in den Kammern, desto leichter wird es für religiöse und ultrakonservative Kreise, ihre Kandidaten durchzukriegen und so am Ende die Verfassungsmäßigkeit von Abtreibungen erneut in Frage zu stellen.

Eine im täglichen Leben sehr viel augenfälligere Folge der Antidiskriminierungsbemühungen der Amerikaner erklärt uns ein Brite, der schon einige Jahre als Computerexperte in den USA arbeitet. Zur Einleitung erzählt er folgende Geschichte: Er war mit seinem ganzen Team zu einer Konferenz in New Orleans – als die Stadt noch stand. Abends gingen alle miteinander ins Res-

---

44 *Wall Street Journal*, 5. August 2005

taurant. Es war heiß, die Männer nahmen die Krawatten ab und zogen ihre Jacketts aus, die Frauen trugen Kleider oder ärmellose T-Shirts. An dem Abend wurden eine Menge Fotos geschossen von der munteren Runde, auch von dem Manager, der uns diese Geschichte erzählt hat. Zurück im Büro wird er ein paar Tage später zum Personalchef zitiert. Eine der Frauen habe sich über die Fotos beschwert, das sei Belästigung gewesen. Schließlich seien auf den Bildern ihre Arme zu sehen und die Hälfte ihrer Beine, die unter dem Rock zum Vorschein kamen. Unser Manager wurde verwarnt, und die Dame bekam ein nettes Sümmchen angeboten, damit sie das Unternehmen ohne weiteres Theater verlässt.

Das wirft natürlich ein paar Fragen auf, zuallererst die folgende: Warum zieht die gute Frau einen Rock an, wenn es sie stört, dass jemand ihre Waden sieht? Wie viel Spaß wird es diesem Chef künftig bereiten, auch die weiblichen Mitglieder seines Teams mit auf eine Konferenz zu nehmen und alle abends zum Essen einzuladen? Wie viele Frauen, die längst einen anderen Job haben, versuchen mit derart fadenscheinigem Quatsch, dem alten Arbeitgeber noch ein paar Tausend Dollar abzupressen? Und wie stark motivieren solche Vorfälle die Unternehmen, Frauen wie intelligente Wesen zu behandeln?

Folglich boomen in Amerika die Trainings, mit deren Hilfe das so genannte ›sexual harassment‹ beseitigt werden soll. Nicht etwa, weil es den Unternehmen besonders ernst mit den Inhalten der Diversity wäre, sondern weil Gerichtsurteile zeigten, dass die Geldstrafen milder ausfallen, wenn das Management nachweist, dass es alles getan hat, um schlechtes Benehmen von Männern gegenüber Frauen abzuschalten. Der Bundesstaat Kalifornien schreibt inzwischen sogar vor, dass alle Unternehmen mit mehr als 50 Mitarbeitern alle zwei Jahre mindestens zwei Stunden Unterricht zum Thema abhalten müssen. Deborah Rhodes, Professorin an der Stanford Law School, bezweifelt, dass diese Kurse etwas bringen. Die Diskussionsrunden, in denen allen Ernstes debattiert wird, ob man der Kollegin für das neue Kleid ein Kompliment machen oder eine Keksdose in Sichtnähe von »in Diätfragen herausgeforderten« (sprich: dicken) Kollegen aufstellen darf, führen dazu, dass kein Mensch die ursprüngliche Idee dahinter noch ernst nimmt. Professorin Rhodes fürchtet gar, dass diese Lektionen am Ende »Widerstand auslösen und genau die geschlechtsbasierten Vorurteile vertiefen, die sie eigentlich abschaffen sollten«. Recht hat sie, wenn sie sagt: »Bei zu vielen Mitarbeitern könnte sich das Gefühl einstellen, dass diese Trainings humorlose, überempfindliche Feministinnen hervorbringen, die eher ein Privatleben brauchen als ein Gesetz.«[45]

Der Weg zur Fairness für alle ist ganz offensichtlich voller Schlaglöcher, aber es hat ja auch nie einer behauptet, die Arbeitswelt sei ein Spaziergang durch den Rosengarten. Für die meisten amerikanischen Frauen steht trotzdem außer Frage, dass dieses Land in den vergangenen 30 Jahren mehr für die Frauen getan hat als irgendein anderes. Und trotzdem empfindet Miki Tsusaka die Situation in ihrer Wahlheimat immer noch als Schnecken-rennen: »Die USA sind nur die Schnellsten unter den Lahmen«, sagt sie und lacht. »Wir sehen hier nur so gut aus, weil die Situation in Deutschland noch so viel schlechter ist.« Andererseits ist sie guter Dinge: »Jeder einzelne Tag, der vergeht und an dem irgendwer irgendwo die Dinge vorantreibt, führt am Ende zu Fortschritt.« Die Amis sind eben Optimisten, selbst wenn sie eigentlich Japaner sind.

Erfolg in Asien

Da wir gerade geistig in Asien sind: Selbst in Indien, in einer der konservativsten Gesellschaften der Welt, wo entgegen der Gesetze immer noch kleine Mädchen verheiratet und Witwen verbrannt werden, gibt es die ersten weiblichen Topmanagerinnen. Naina Lal Kidwai beispielsweise, die Chefin der Investmentbank der Hongkong Shanghai Banking Coorporation HSBC. Als erste

---

[45] *Financial Times,* 9. Februar 2006

Inderin schloss sie 1982 die Harvard Business School ab und gilt heute als bestbezahlte weibliche Führungskraft des Landes. Die zweifache Mutter wird als Verhandlungsgenie gehandelt und bekommt Jobangebote aus Hongkong, London und New York, aber Kidwai will in Indien bleiben, wie sie einer englischsprachigen indischen Zeitung sagte: »In den USA hätte ich vielleicht größere Deals machen können, aber hier bin ich an vorderster Front einer Entwicklung, hier habe ich die Möglichkeit, das Gesicht einer ganzen Branche zu prägen, Reformen voranzutreiben.« Vermutlich spielt auch ganz einfach die Liebe zur Heimat eine Rolle. Die 49-jährige Managerin kleidet sich traditionell, ihre Leidenschaft für schwer bestickte Seidensaris ist bekannt. Die Frau engagiert sich sehr breit, sie sitzt in verschiedenen Komitees der Regierung und der Industrie, die sich mit Indiens wirtschaftlicher Zukunft beschäftigen. »Als Indira Gandhi Staatschefin wurde, waren 85 Prozent der indischen Frauen Analphabeten. Heute haben wir in Indien einen Mittelstand von 300 Millionen Menschen«, sagt sie. »Diese Familien erziehen ihre Töchter gut und ermöglichen ihnen eine Ausbildung. Wir sind schon einen weiten Weg gegangen, aber es geht gerade erst los.«

Sie meint profilierte Frauen wie die Kongresspräsidentin Sonja Gandhi oder Brinda Karat, Führerin des Frauenflügels der Kommunistischen Partei. Oder Kiran Mazumdar-Shaw, Aufsichtsratsvorsitzende der Biotechnologiefirma Biocon; Chanda Kochhar, Vorstand bei der ICICI Bank; Ela Bhatt, Anwältin, Sozialarbeiterin und Chefin der Frauensektion der Gewerkschaft der Textilarbeiter. Sie gründete nicht nur eine Bank für Frauen, sondern auch die Self Employed Women's Association – heute die größte Einzelgewerkschaft Indiens. Die Yale-Absolventin Indra K. Nooyi lebt inzwischen als Finanzvorstand von Pepsico in den USA.

Tatsächlich hat die Globalisierung den Frauen in Indien ungeahnte Chancen verschafft. Mittlerweile sind 30 Prozent der Programmierer in der riesigen IT-Industrie weiblich. Ironischerweise hat das auch etwas mit der restriktiven Erziehung zu tun. Denn Aktivitäten im Freien mit viel Publikumskontakt sind für ein indisches Mittelklasse-Mädchen ebenso unpassend wie die typischen Ingenieurberufe. Elektronik, Computer und Kommunikationstechnik, die im Labor oder im Büro stattfinden, gelten hingegen als sittlich unverfänglich. Folglich drängen die Frauen gerade in diese Felder, die nun das Fundament für Indiens Zukunft bilden. Das allgemeine Wachstum dieser Branchen schwemmt auch sie mit nach oben.

Naina Lal Kidwai stammt aus der Oberschicht, ihr Vater war Chef einer großen Versicherung und fand nichts dabei, seiner Tochter eine Top-Ausbildung nach westlichen Standards angedeihen zu lassen. »Ich mag diesen Spruch von George Bernard Shaw«, sagt sie mit Bezug auf ihre Karriere: »›Viele Leute sehen die Dinge, die es gibt, und fragen sich: warum? Ich träume von Dingen, die es nicht gibt, und frage: warum nicht?‹. Ich finde, das gilt besonders für Frauen. Wir wussten immer schon, dass sich mit Engagement und Hingabe selbst unrealistische Träume erfüllen lassen.« Inzwischen hätten die indischen Frauen das auch bewiesen, indem sie die dickste aller Glasdecken durchbrochen haben. »Die Bankenlandschaft ist nur ein Beispiel. Überall sitzen inzwischen Frauen, die nicht nur riesige Projekte in verschiedenen Ländern stemmen, sondern auch Minibanken auf dem Land gründen, um endlich Wandel und Entwicklung zu erreichen.« Letztlich findet sie den starken Familiensinn in Asien hilfreich für ambitionierte Frauen. Sie selbst hatte Unterstützung von zu Hause, erst bei der Ausbildung, dann auch beim Erziehen der eigenen Kinder. In Großfamilien mit mehreren Generationen hat halt immer einer Zeit für die Jüngsten.

Asiatische Eltern sind generell streng und sehr leistungsorientiert – und das scheint für die Entwicklung der Kinder förderlich zu sein. Das zumindest legt ein neues, in den USA erschienenes Buch nahe: »Top of the Class – How Asian Parents Raise High Achievers«.[46] In den Mittelklassehaushalten Asiens ist Familiensinn der höchste Wert, dicht gefolgt von Bildung. Der Zugang zum Fernsehen und den Produkten der Popkultur wird streng limitiert, stattdessen werden die Kids zum Lernen getrieben. Der

---

[46] Soo Kim Abboud/Jane Y. Kim: »Top of the Class – How Asian Parents Raise High Achievers and How You Can Too«, Berkley Trade, 2005

persönliche Erfolg der Kinder, auch der Töchter, ist immer auch der Erfolg und die Ehre der ganzen Familie. Das Ergebnis ist eindrucksvoll – zumindest amerikanischen Zahlen zufolge. Dort stellen Asiaten nur 4 Prozent der Bevölkerung, aber ein Viertel der Studenten an Top-Universitäten wie Stanford oder der University of Pennsylvania. 2002 lag das durchschnittliche Einkommen eines asiatisch-amerikanischen Haushalts schon um 10 000 Dollar über dem nationalen Durchschnitt. Asiaten wissen, dass Wettbewerb ein unvermeidbarer Teil des Lebens ist, und entsprechend erziehen sie ihre Kinder – sie sollen ihn nicht fürchten, sondern umarmen.[47]

Die Geheimwaffe der Britinnen

Doch Amerika und Asien sind weit weg und manch eine wird jetzt einwenden, dass sich so verschiedene Welten nicht vergleichen lassen. Gehen wir also in europäische Gefilde. Selbst in den größten Macholändern der alten Welt macht eine neue Generation Frauen von sich reden. Beginnen wir mit Griechenland und der letzten Olympiade in Athen, die von Gianna Angelopoulos-Daskalaki organisiert wurde. Ein Jahr später gewinnt dort Dora Bakoyannis den von einer britischen Organisation ausgeschriebenen Preis als bester Bürgermeister der Welt. In Italien werden traditionsreiche Modehäuser wie Laura Biagiotti, Blumarine, La Perla oder Trussardi ganz selbstverständlich von den Töchtern geführt. Doch auch das mögen nur Zufälle und Ausnahmen sein. Sehen wir deswegen nach Großbritannien, wo weiblicher Erfolg mit System betrieben wird. Natürlich ist auch im Königreich längst nicht alles Gold, was glänzt, wie Gail Rebuck betont, die Vorstandsvorsitzende von Random House in London, einem der wichtigsten Buchverlage der Welt. »Als ich anfing, gab es keine

---

[47] *New York Times,* 3. Oktober 2005

Topmanagerin im Verlagswesen. Jetzt gibt es zwei.« Sie meint sich selbst und Victoria Barnsley, die Vorstandsvorsitzende von Harper Collins. Sie erinnert sich mit Grauen an die Vorurteile in den Medien, als sie 1991 CEO von Random Century wurde. »Ich wurde entweder als Barbie-Puppe beschrieben – sehr zur Freude meiner damals fünf Jahre alten Tochter – oder als Frau, die Diamanten mit bloßen Zähnen zerbeißt.« Es sei immer noch anstrengend, die Glasdecke zu zerbrechen, sagt sie. »Und wenn du durch bist, kommst du nicht etwa in einem sonnigen Penthouse auf dem Dach des Hauses an, sondern in einen zugigen Dachboden, wo alle möglichen Furcht einflößenden Krabbeltiere dich wegwünschen oder dich zumindest mit Argwohn betrachten.«

Dass sie schimpft, ist aus deutscher Sicht nicht ganz verständlich, denn im Königreich sind insgesamt immerhin 14 Prozent der Topjobs in weiblichen Händen – gegenüber mageren 2 Prozent auf unserer Seite des Kanals. Heute haben in England dreimal mehr Frauen einen Chefsessel unterm Hintern als in den achtziger Jahren, und 10 Prozent aller börsennotierten Unternehmen haben mindestens einen weiblichen Vorstand. Random House beispielsweise hat nicht zuletzt dank Rebuck, Jahrgang 1952, inzwischen zwei Drittel weibliche Chefs, und bei 40 Prozent der amerikanischen Niederlassungen des Hauses steht eine Frau an der Spitze. Wenn die Londoner *Times* das Beziehungsgeflecht der Mächtigen in der britischen Wirtschaft auflistet, finden sich unter den 100 wichtigsten Köpfen neun weibliche.[48] Das Porträt der Deutschland AG möchte man lieber gar nicht erst vor Augen kriegen – nur alte Männer, wohin das Auge blickt.

Britische Frauen sind weder schlauer noch schneller als deutsche. Ihr ganzes Erfolgsgeheimnis passt in ein Wort: Nanny! Professionelle Kinderbetreuung ist in England seit Jahrhunderten üblich. Früher, weil die Mütter dringend ihre gesellschaftlichen Verpflichtungen erfüllen mussten, heute, weil sie arbeiten. Schätzungen zufolge gibt es Hunderttausende Nannys in Großbritannien, Hunderte von Agenturen kümmern sich um die Vermitt-

---

[48] *The Times,* 8. November 2005

lung. Die Kinderfrauen sind teilweise jobsuchende Einwanderinnen, oftmals aber auch gut ausgebildete Expertinnen mit einem zertifizierten Abschluss. Die Briten nehmen Kinderbetreuung so ernst, dass sie daraus einen eigenen Beruf gemacht haben, mit akademischen Kursen, Zeugnissen und guten Verdienstaussichten. Das hat für Eltern natürlich einen Preis, sie zahlen für die Nanny neben ganz ansehnlichen Gehältern auch Steuern und Sozialabgaben. Dennoch wird das anstandslos investiert, damit alle glücklich sein können. Die Mama mit einem nur kleinen Karriereknick, die Papas, weil sie weitgehend unbelästigt bleiben von den Alltagssorgen im Familienleben, und die Kids dank fürsorglicher Betreuung. Im Übrigen ist selbst eine teure Nanny meist noch billiger, als wenn eine ihrerseits gut ausgebildete Mutter zu Hause bleibt und die Karriere an den Nagel hängt. Wir finden das interessant vor dem Hintergrund, dass bei uns ja oft argumentiert wird, dass sich die Berufstätigkeit für die Frauen kaum lohne, weil sie fast den ganzen Verdienst in die Kinderbetreuung stecken müssen. Den Britinnen jedoch geht es zu Recht nicht nur ums Geld, sondern auch um ihre Unabhängigkeit und ein erfülltes Leben.

Clara Furse zum Beispiel führt die Londoner Börse und einen Haushalt mit drei Kindern und einem Mann. Sie hat sich immer sehr um gute Nannys bemüht. Dass Kinder die richtige Betreuung und Aufmerksamkeit bekommen, hält sie für wichtig. In England sei das auch gut zu machen, denn da gäbe es seit Jahrhunderten die Tradition der Gouvernanten und Kindermädchen. »Das ist ein Segen und vermutlich einer der Hauptgründe, warum es hier so viele berufstätige Mütter gibt.« Dann erzählt sie von einem wunderbaren Ehemann und der Unterstützung durch ihre Familie. Typisch Frau. Fragt man einen Mann, warum er so erfolgreich ist, schlägt er sich in die Brust und erzählt von seinen Heldentaten. Eine Frau wie Clara Furse lächelt und sagt, sie hätte sehr viel Glück gehabt, einen verständnisvollen Ehemann und 'ne super Nanny.

Ebenso wie Nannys für die Kleinen sind Ganztagsschulen oder Internate für die größeren Kinder in England selbstverständlich. Furse findet sich in der glücklichen Lage, das Geld für Englands beste Schulen aufbringen zu können. »Die sind eine wundervolle Umgebung für ein Kind. Das Angebot dort ist toll und macht es

Frauen wie mir natürlich leichter, zu arbeiten.« Im Übrigen wird auch umgekehrt ein Schuh daraus: In England arbeiten viele Frauen, um ihren Kindern erstklassige Schulen zu ermöglichen. Viele Frauen arbeiten für das Schulgeld, erklärt die Top-Börsianerin, denn Englands Schulen sind nicht nur sehr gut, sondern auch sehr teuer. Im Großbritannien wird es als Privileg empfunden, eine gute Schule zu besuchen. Das ist der Gegensatz zu Deutschland, wo Kinder nur ins Internat geschickt werden, wenn irgendwas nicht stimmt. In England ist es keine Strafe, in ein gutes Institut gesteckt zu werden, sondern ein Glück. In Deutschland reagieren die Menschen verstört, wenn jemand erzählt, dass seine Kinder auf ein Internat gehen. Insofern erleichtert die britische Kultur Frauenkarrieren, und die deutsche bekämpft sie.

Gleich nach der Geburt ihrer Kinder bekommen britische Mums von der Klinik neben dem Windel-Startpaket eine Liste mit den Telefonnummern der großen Kindermädchenagenturen in die Hand gedrückt. Das ist dort absoluter Standard und kein Anlass für irgendwen, »Rabenmutter!« zu kreischen. Förderlich ist auch, dass das englische Gesetz nur eine Babypause von sechs Monaten vorsieht, in der die Mütter rund 160 Euro »Kindergeld« in der Woche bekommen. Es wird also quasi offiziell erwartet, dass die Damen nach einem halben Jahr wieder antreten. All das sorgt dafür, dass die *Frankfurter Allgemeine Sonntagszeitung* fast ein wenig neidisch titelt: »Hinter jeder erfolgreichen Mutter steht eine Nanny«[49] und Frauen wie die Fondsmanagerin Nicola Horlick mit sechs Kindern oder Laurel Powers-Freeling porträtiert, Englands American-Express-Chefin mit zwei Kids.

Die Binnensicht der Britinnen ist ein wenig ironischer. Lucy Kellaway, Kolumnistin bei der *Financial Times,* nennt einen ihrer schönen Texte: »Hinter jeder Supermami finden sich Socken, die nicht zusammenpassen«. Darin erzählt sie ihren Lesern, wie sie eines Tages bei einem Business Dinner die neben ihr sitzende, offensichtlich schwangere Dame fragt: »Na, ist das ihr Erstes?«

[49] *Frankfurter Allgemeine Sonntagszeitung,* 23. Oktober 2005

»Nö«, sagt die, »mein Siebtes«. Darauf entfährt es Kellaway: »Wie kriegen Sie das bloß hin?«, und ärgert sich sofort, weil sie dieselbe blöde Frage stellt, die sie als vierfache Mutter selbst so hasst. Dann überlegt sie, wie sie selbst »das alles hinkriegt«, und muss feststellen: Eigentlich kriegt sie gar nichts hin – insbesondere nicht, wenn es regnet, in der Redaktion Stress ist, die Tochter schnell einen Pass braucht und sie beim Beantragen des Notausweises auch noch den Namen ihres Kindes falsch schreibt. Am Ende liefert sie eine Liste handlicher Maximen: »1. Wir können nicht alle wundervolle Ehemänner haben. Sollten Sie keinen erwischen, machen Sie sich keine Sorgen, eine wundervolle Nanny tut es auch. 2. Stellen Sie sicher, dass Sie viel verdienen. Überfordert zu sein ist einfacher mit Geld. 3. Achten Sie auf den Genpool ihrer Kinder. Sieben leise sind leichter zu handhaben als ein unberechenbarer Tunichtgut. 4. Denken Sie nicht über Work-Life-Balance nach und lesen Sie keine Bücher, wie andere Frauen klarkommen. Das macht nur ängstlich und verursacht Schuldgefühle.«

An dieser Stelle sind wir natürlich keineswegs Kellaways Meinung, sonst hätten wir dieses Buch ja nicht zu schreiben brauchen! Doch weiter im Text: »5. Verlängern Sie die Pässe Ihrer Kinder rechtzeitig. Sollten Sie dabei in Eile sein, schreiben Sie ihre Namen trotzdem richtig. 6. Vermeiden Sie es – außer in Notfällen –, den Kindern bei den Hausaufgaben zu helfen. Die Idee ist, dass die das kleine Einmaleins lernen, nicht Sie. 7. Vergessen Sie nicht, dass Socken ein Anlass für schrecklichen Stress sein können. Strümpfe von sechs Personen können das Leben einer berufstätigen Mutter zur Hölle machen. Ich habe herausgefunden, dass das Leben viel, viel einfacher wird, wenn man sich von der bürgerlichen Vorstellung verabschiedet, dass jeder seine eigenen Socken haben muss und dass die auch noch zusammenpassen sollten.«[50]

---

[50] *Financial Times*, 8. Juni 2005

La Gloire de la France

Wir wissen nicht, wie die Sockenfrage im modebewussten Frankreich geklärt wird, aber es ist weithin bekannt, dass Mütter dort arbeiten. Und zwar mit der größten Selbstverständlichkeit. Die werktätige Bevölkerung besteht zu 46 Prozent aus Frauen, und sie üben 35 Prozent der Jobs im Management aus. Gleichzeitig haben die Franzosen eine Geburtenrate von 1,9 Kindern pro Frau und wir bloß eine von 1,3. Dazu passt, dass sich das Wort »Rabenmutter« nicht ins Französische übersetzen lässt. Wer es versucht, wird bestenfalls dieses typisch romanische Achselzucken ernten.

Philippe Bas, der gegenwärtige Familienminister, erinnert sich allerdings noch an Zeiten, in denen auch die Franzosen diskutierten, ob berufstätige Mütter ihrem Nachwuchs schaden. Damals wurden Studien in Auftrag gegeben, um herauszufinden, wie Kinder aus unterschiedlich organisierten Familien in der Schule vorankommen. »Es stellte sich heraus, dass die Kinder in der Schule mehr Erfolg hatten, wenn die Mutter berufstätig war. Der Einwand, nach dem diese Ergebnisse davon beeinflusst waren, dass berufstätige Frauen häufig ein höheres Bildungsniveau haben, gilt nur zum Teil. Es arbeiten in Frankreich auch viele Frauen ohne Studium.«[51] Das bedeutet zweierlei: Was eine gute Mutter ist, definiert sich nicht dadurch, ob sie neben der Wiege wacht, wenn ihr Baby schläft, oder persönlich den Abwasch vornimmt, während ihre Kinder in der Schule sind. Außerdem stellt es die Auffassung der deutschen Übermutter gründlich in Frage, wonach außer der biologischen Erzeugerin gar niemand in der Lage ist, ein Kind mit der nötigen Liebe und Umsicht zu betreuen. In Frankreich geht die Mehrheit der Franzosen im Gegenteil davon aus, dass frühe, intensive Kontakte der Kinder außerhalb der Kernfamilie deren Sozialkompetenz erhöhen und sie gut auf das Leben vorbereiten.[52]

---

[51] *Faz.net*, 16. Februar 2006
[52] *Berliner Zeitung*, 14. April 2001

Der französische Staat tut ein Übriges, indem er Familien weniger stark zur Kasse bittet: Bei zwei Kindern wird das zu versteuernde Einkommen im Vergleich mit einem kinderlosen Paar um ein Drittel und bei drei Kindern gar um die Hälfte gesenkt.[53] Dabei wendet Paris ungefähr genauso viel Geld für Familienpolitik auf wie Berlin, nur dass die Franzosen einen größeren Teil in die Bereitstellung von Dienstleistungen wie Kindergärten stecken, statt in direkte Transferzahlungen. Das Budget unserer Nachbarn liegt derzeit bei rund 44 Milliarden Euro im Jahr. Es gibt einen Erziehungsurlaub von drei Jahren mit 515 Euro Unterstützung im Monat. Weil die Franzosen aber erkannt haben, dass diese Pause für eine reibungslose Rückkehr in den Job in der Regel zu lang ist, fördern sie jetzt eine einjährige Erziehungszeit mit 750 Euro monatlich.

Danach können die Frauen wählen: In Frankreich arbeiten 250 000 von Eltern beschäftigte, staatlich anerkannte Kinderbetreuerinnen, daneben stehen ausreichend öffentliche Einrichtungen zur Verfügung. 2002 gab es 240 000 Krippenplätze, bis 2008 sollen es bereits 310 000 sein. Auf die Krippe folgt für Zweijährige die »école maternelle«. Mit sechs oder sieben geht es dann in die Ganztagsschule. Gleichzeitig fördert der Staat die Einrichtung von Betriebskindergärten. Das Ergebnis sind stetig steigende Geburtenraten bei der gleichzeitig höchsten Frauenbeschäftigungsquote in Kontinentaleuropa. Ein paar Damen aus dem Bekanntenkreis, die beruflich ein paar Jahre in Paris verbringen, kriegen mit Begeisterung da ihre Kinder, weil sie bei den Franzosen eine Unterstützung finden, die in Deutschland unbekannt ist. Dazu der dortige Familienminister ganz trocken: »Der Zusammenhang zwischen Wirtschaftswachstum und demografischer Entwicklung ist unbestritten. Ein Land, das viele Kinder hat, genießt normalerweise ein höheres Wirtschaftswachstum. Das ist auch in Frankreich festzustellen.«

Der wesentliche Unterschied zwischen Rechts-vom-Rhein und Links-vom-Rhein ist aus unserer Sicht jedoch die Haltung der

---

[53] *Frankfurter Allgemeine Zeitung,* 16. September 2005

Frauen. »Die Kinder sind den ganzen Tag in der Betreuung oder in der Schule. Was sollen die jungen Frauen zu Hause tun den ganzen Tag? Die meisten ziehen es vor, eigenes Geld zu verdienen. Das ist eine Frage der persönlichen Wahlfreiheit«, sagt beispielsweise Agnès Touraine, die innerhalb des Vivendi Universal Konzerns ein 4-Milliarden-Euro-Unternehmen leitete, bevor sie sich mit der Unternehmensberatung Act III Consultants selbständig machte. »Wenn die Französinnen zu Hause bleiben, denken die Leute allzu oft: ›Die muss ein bisschen blöd sein, die hat nichts zu sagen. Stell dir vor, die sitzt den ganzen Tag herum.‹ Die Frauen, die nicht arbeiten, müssen sich hier fast dafür entschuldigen.« Bei uns entschuldigen sich die berufstätigen Mütter und in Frankreich die Nur-Hausfrauen! Wir sind nicht sicher, was trauriger ist. Besser für die Wirtschaft und die Sache der Frau ist allerdings die französische Version des Schuldgefühls.

Patricia Barbizet, 51, Chefin der Holding Artémis, ein Konglomerat aus Modeunternehmen, das dem auf Luxusmarken spezialisierten Megaunternehmer François Pinault gehört, erinnert sich an ihren Berufsanfang beim Autokonzern Renault. Als sie zu arbeiten anfing, war sie eine der ganz wenigen Frauen. Damals gingen die Managerinnen noch für drei Wochen nach Hause, wenn sie Kinder kriegten – als ob sie in die Ferien fahren würden. Seither hat sich für die Frauen manches geändert. Erstens: Die Manager von heute sind selbst Ehemänner von berufstätigen Frauen – und es ist ein Riesenunterschied, wenn man selbst zu Hause mit den üblichen Schwierigkeiten umgehen muss. Doch die wichtigste Veränderung kommt von den Vätern berufstätiger Töchter. Die Männer, die heute um die 60 sind – die Leute, die sie als Berufsanfängerin in den Unternehmen angetroffen hat –, die waren es wirklich nicht gewohnt, eine Frau im Team zu haben. Neuerdings haben die 30 Jahre alte Töchter und plötzlich merken sie: »Oh, das ist aber alles schwierig!« Die zweite wichtige Veränderung ist: Als Barbizet ihre Karriere begann, gab es zu wenige Frauen, um etwas zu verändern. Inzwischen ist jeder zweite französische Diplomat in der Welt eine Frau. Dasselbe in den Unternehmen: In den französischen Betrieben gibt es heute jede Menge Junior-Teams nach allen Regeln der Diversity, und die Erkenntnis setzt sich durch, dass man die Leute nicht erst teuer ausbilden sollte, wenn man das Potenzial dann nicht nutzt. Die pure Zahl der Frauen macht heute viel aus. Kritische Masse ist offenbar ein wichtiges Kriterium. Erst wenn genug Frauen in den Rängen auftauchen, ändert sich auch was. Die Kultur, das Bewusstsein, die Einstellung der Männer, die selbst Ehemänner und Väter sind. Das scheint einer der wichtigsten Unterschiede zwischen Frankreich und Deutschland zu sein: Wenn jeder dritte Mensch im mittleren Management eine Frau ist, ändert sich die Atmosphäre.

Agnès Touraine hingegen sieht in ihrem Heimatland schon wieder konservative Trends. »Es geht schon wieder los, dass den Frauen erzählt wird, die Familie sei glücklicher, wenn die Mama zu Hause bleibt. Vermutlich, weil es so viele Arbeitslose gibt. Es gibt immer wieder Männer, die dafür die berufstätigen Frauen verantwortlich machen. Die Rolle der Medien ist auch nicht gerade astrein, die schüren schon wieder Schuldkomplexe, beispielsweise mit diesen Geschichten, dass eine gute Mutter ihr Kind sechs Monate lang stillt. Andere suchen immer die Schuld bei den Frauen, wenn mit der Jugend irgendetwas schiefgeht.« Der rückwärts gerichtete Blick fällt ihr auch im privaten Umfeld auf, und zwar bei den Freunden ihrer Kinder. »Zu Hause erwarte ich von meinem Sohn genauso viel Hilfe im Haushalt wie von meiner Tochter, beim Tischdecken oder Abspülen. Das ist in vielen französischen Familien offenbar unüblich. Die Kumpel meines Sohnes rühren keinen Finger. Wenn mein Sohn mir hilft, gucken die ihn oft nur verstört an und sagen: ›Was machst du denn da?‹«

Ganz ehrlich? Frankreich hat uns ein wenig verdattert. Seit Jahren hören wir, wie wunderbar die Kinderbetreuungseinrichtungen der Grande Nation sind und dass 80 Prozent der Frauen arbeiten. Wir lesen in der Zeitung, dass mit Verteidigungsministerin Michèle Alliot-Marie und mit Ségolène Royal, Chefin des Regionalrates von Poitou-Charentes, zwei Frauen ihren Hut in den Ring geworfen haben für den kommenden Wettlauf um das Amt des französischen Staatspräsidenten. Ebenso ist mit Laurence Parisot plötzlich eine Frau Chefin des ansonsten zutiefst konservativen Arbeitgeberverbandes.[54] Gleichzeitig müssen wir feststellen, dass in Frankreich nur 7 Prozent der Vorstandsposten von Frauen besetzt sind. Im CAC 40 – das sind die größten börsennotierten Gesellschaften Frankreichs, sozusagen die französische Version des Dax – sind nur 3 Prozent der Topmanager weiblich. Keines der 40 Unternehmen hat einen weiblichen Chef, die Quote ist also genauso miserabel wie in Deutschland. Das kann nur bedeuten, dass gute Kinderbetreuungseinrichtungen eine notwendige Voraussetzung sind für Frauenkarrieren – aber noch lange keine hinreichende.

Patricia Barbizet erklärt uns im Gespräch, dass es inzwischen eine Menge hochrangiger Kolleginnen mit Einfluss in Frankreich gäbe, dass sie aber meist eine Stufe unter der Topposition verbleiben. Denn der letzte Schritt habe es in sich: Mit einer solchen Position in einer börsennotierten Gesellschaft wird man sichtbar, wird von der Presse beobachtet und muss noch mehr reisen. All das fordere so viele Opfer auf der persönlichen Ebene, dass viele Frauen die letzte Beförderung gar nicht mehr wollen. Stattdessen möchten sie ihre Privatsphäre und Familie schützen. Das klingt überzeugend und am Ende wünschen wir uns, dass deutsche Frauen wenigstens vor die Entscheidung gestellt werden, ob sie publikumswirksam einen Konzern führen wollen oder lieber ganz leise nur eines von mehreren Vorstandsressorts.

Skandinavien testet die Grenzen

»Ich bin immer wieder verblüfft von der Tatsache, dass dieses ganze Geschlechterthema immer noch eines ist. Als ob es keine wichtigeren Themen auf der Welt gäbe! Aber ich vermute, diese Ansicht hängt mit dem kulturellen Hintergrund zusammen, dem ich entstamme«, sagt Sari Baldauf. Die Frau Jahrgang 1955

---

[54] *Financial Times,* 14. Oktober 2005

ist die bekannteste Managerin Finnlands, vermutlich die bekannteste in ganz Skandinavien. Jedenfalls war die Chefin der Netzwerksparte von Nokia Jahr um Jahr in den Listen der »most powerful women in business« der großen Wirtschaftsmagazine. Mittlerweile über 50, tritt sie etwas kürzer mit einer Serie von Aufsichtsratspositionen in der Industrie und sozialen Non-Profit-Organisationen. Mit ihrem kulturellen Hintergrund meint Sari Baldauf natürlich Skandinavien. Die Schweden, Dänen, Finnen, Norweger haben in der Tat mit die egalitärsten Systeme geschaffen, die in modernen Industriegesellschaft zu finden sind. Deswegen herrscht in Europas Norden auch ein gewisses Unverständnis gegenüber dem Rest der Welt, der immer noch an der richtigen Definition von Gleichheit herumdoktert.

Das World Economic Forum hat in 58 Ländern – darunter alle OECD-Nationen – gemessen, wie gut Frauen politisch und ökonomisch vertreten sind und wie gleichberechtigt sie vom Bildungs- und Gesundheitssystem bedient werden. Das Ergebnis verblüfft kaum: Der Abstand zwischen den Geschlechtern ist in Skandinavien am kleinsten. Die ersten fünf Plätze in Sachen Gleichberechtigung halten Schweden, Norwegen, Island, Dänemark und Finnland.[55] Was die Studie auf abstrakter Ebene belegt, beweist ein Blick in die Lebenspraxis dieser Länder: Finnland hat einen weiblichen Staatspräsidenten, Schweden mit 40 Prozent weltweit die meisten weiblichen Abgeordneten im Parlament. In der schwedischen Wirtschaft machen Managerinnen wie Antonia Axel Johnson, Chefin des Handelshauses Axel Johnson Gruppe, Cristina Stenbek, Chefin der Medien- und Kommunikationsgruppe Kinnevik, Marie Ehrling, Präsidentin des Telekomunternehmens Telia Sonera, oder Annika Falkengren, die Vorstandsvorsitzende der Bank SEB, eine gute Figur, ebenso wie Stine Bosse, die Vorstandsvorsitzende von Dänemarks größter Versicherung Tryg Vesta.[56]

Sari Baldauf benennt im Wesentlichen drei Gründe für die vie-

[55] World Economic Forum, Women Leaders Programme, Genf 2004
[56] *Financial Times Deutschland*, 14. Oktober 2005

len erfolgreichen Frauen in den nordischen Ländern. Erstens sind in Skandinavien alle Menschen gleich, sogar die Männer. Baldauf erzählt von jungen männlichen Mitarbeitern, die ähnlich selbstverständlich für ein Jahr in Elternzeit verschwinden wie anderswo die Frauen. »Ich habe das immer sehr unterstützt, wenn Männer oder Frauen Zeit darauf verwenden wollten, ihre Persönlichkeit oder ihre Familienbildung zu entwickeln, nicht bloß das Geschäft.« Zweitens beschreibt sie eine zutiefst liberale Kultur, in der viele Frauen fühlen, dass sie der Gesellschaft ihre Arbeitskraft zu geben haben, auch über ihre Rolle als Mutter hinaus. Und drittens spielt ein öffentlich subventioniertes Kinderbetreuungssystem eine wichtige Rolle. Jedes Kind hat einen Anspruch auf einen Kindergartenplatz, den die öffentliche Hand auch ernst nimmt – im Gegensatz zu dem Gewurstel in Deutschland. (Hier gibt es dieses Recht auch, aber nur auf dem Papier. Krippenplätze existieren für nicht mal 3 Prozent aller Kinder.) »Im Vergleich zu anderen Ländern funktioniert unser Kindergarten- und Schulsystem ziemlich gut. Es ist verlässlich, professionell und keiner muss Angst haben, dass seine Kinder dort schlecht behandelt werden. Die Kinder sehen ziemlich glücklich aus, wenn sie da morgens hingehen und auch abends, wenn sie wieder rauskommen.«

Norwegen geht noch einen Schritt weiter. Zwar liegt das Land, wie oben schon gesagt, dem World Economic Forum zufolge auf Platz zwei der Nationen mit der besten Repräsentation der Frau, dennoch trat am 1. Januar 2006 ein Gesetz in Kraft, das alle börsennotierten Gesellschaften dazu zwingt, binnen zwei Jahren 40 Prozent der Vorstandspositionen an Frauen zu vergeben. Unternehmen, die dauerhaft gegen die Auflage verstoßen, müssen mit happigen Strafen rechnen. Diese Regelung betrifft 519 Unternehmen, die derzeit im Schnitt 16 Prozent ihrer Vorstandssessel an Frauen vergeben haben. Insgesamt müssen nun also binnen 24 Monaten 700 weibliche Topmanager her – eine Menge für ein Land mit nur 4,5 Millionen Einwohnern.[57]

---

[57] *New York Times,* 12. Januar 2006

Das ist starker Tobak, wie wir finden. Unter Umständen kann der mit zwei Jahren ziemlich kurzfristig angelegte Zeithorizont nämlich dazu führen, dass nicht ausreichend qualifizierte Frauen ans Ruder kommen – was nicht gut sein kann für die norwegische Industrie. Sollten sich dadurch negative Resultate abzeichnen, werden sich wieder alle bestätigt fühlen, die Frauen hartnäckig für Manager zweiter Klasse halten. Alle Studien, die belegen, dass Unternehmen mit gemischtgeschlechtlicher Führungsstruktur erfolgreicher sind, wären dann angreifbar, natürlich aufgrund falscher Voraussetzungen. Trotzdem würden männliche Revisionisten unausweichlich und mit Nachdruck in der Stimme die Rückgabe ihrer Privilegien einfordern.

Und dann wäre da noch das Ding mit der Quote. Welche Frau will schon von sich sagen müssen, dass sie den Job nicht wegen ihrer Qualifikation bekommen hat, sondern nur, weil die 40-Prozent-Quote noch nicht erfüllt war? Kompetenz war halt immer schon eindrucksvoller als Zahlenspielchen. Wir glauben, dass Leistung eher überzeugt als die Versuche einer Minderheit, die gar keine ist, die Leiter zu halten. Andererseits ist uns klar, dass politische Parteien mit Quote, etwa die SPD, einen höheren Frauenanteil haben als solche ohne und dass die Frauen in der Politik inzwischen viel besser repräsentiert sind als in der Wirtschaft. So gesehen ist das norwegische Experiment hochinteressant. Wenn es den Nordlichtern nämlich gelingt, ihren Erfolg mit 40 Prozent Vorstandsfrauen zu halten oder gar zu vergrößern, wird vielleicht auch der Dax künftig nicht mehr ganz frauenfrei sein.

Zufall oder Planung?
Weibliche Lebenswege

> *»Stell dir vor, du sagst: ›Ich möchte ein Paar Schuhe‹.*
> *Und dein Mann sagt: ›Aber Liebling, du hast doch*
> *schon zwei Paar ...‹«.*
>
> Lady Barbara Judge

Mit Reihenuntersuchungen haben wir so unsere Probleme und halten es daher mit dem britischen Staatsmann Benjamin Disraeli: »Lügen gibt es in drei Sorten: Lügen, verdammte Lügen und Statistiken.« Insofern haben die folgenden Beobachtungen und Analysen streng akademisch keinen empirischen Wert. Die Interviews mit 20 Topmanagerinnen, Beraterinnen und Professorinnen (zwei wollten auf keinen Fall namentlich genannt werden) sind nicht repräsentativ. Im Gegenteil, hier erzählen sehr unterschiedliche, höchst eigensinnige Persönlichkeiten aus ihrem Leben. Alle haben eine internationale Karriere gemacht, und fast alle haben Kinder. Die hier dargestellten Ansichten und Überzeugungen sind so individuell wie die Lebensläufe. Dennoch gibt es einige verbindende Elemente, die zu denken geben.

So haben alle Frauen, die wir trafen, eine wirklich gute Ausbildung bekommen, oft an den großen amerikanischen Eliteuniversitäten. Viele haben anstrengende Jahre in einer Unternehmensberatung zugebracht. Ann-Kristin Achleitner und Barbara Kux waren bei McKinsey und Nancy McKinstry bei Booz Allen Hamilton. Miki Tsusaka und Martina Rißmann sind nach wie vor bei der Boston Consulting Group. Alle erzählen übereinstimmend von dem intellektuell stimulierenden Klima, das dort herrscht, und betonen den Leistungsgedanken, der diese Organisationen prägt. McKinsey und Co. sind echte Meritokratien – ein Fortkommen kann nicht geerbt, erschmeichelt oder erkauft werden, man kann es sich nur verdienen. Überdies herrscht in diesen Beratungsunternehmen ein amerikanisches Klima, das in der Frauenfrage im Regelfall weniger vernebelt daherkommt als deutsche Unternehmen.

Viele unserer Gesprächspartnerinnen hatten früh Kontakt mit dem Ausland, mit einer fremden Kultur, einer anderen Sprache – entweder als Immigranten wie Jeanette Wagner, die als Kind in die Vereinigten Staaten kam, oder dank des internationalen Lebensstils der Eltern wie bei Clara Furse, die sowohl in England als auch in Dänemark und in Kolumbien zur Schule ging. Andere landeten in ihren ersten Berufsjahren im Ausland wie Lady Judge oder Sari Baldauf, die sich in Hongkong oder Abu Dhabi durchschlagen mussten. Diese Relativierung des eigenen Hintergrunds und der gelernten Traditionen machte es den Frauen offensichtlich leichter, mit den nationalen Grenzen auch die Vorstellung zu überwinden, dass es für Frauen nur *einen* geglückten Lebensentwurf geben kann.

Fast alle hatten Eltern, die ihre Töchter »geschlechterblind« erzogen: Sie bekamen denselben Zugang zu Bildung wie die Söhne. Der familiäre Hintergrund ist entweder großbürgerlich und akademisch geprägt – wie bei Kux, Achleitner oder Furse – oder der einer hungrigen Einwandererfamilie wie bei Wagner oder Tsusaka. Hungrig nicht im Sinne von »auf der Suche nach einer ordentlichen Mahlzeit«, sondern im Sinne von begierig auf Erfolg, Leistung und gesellschaftlichen Aufstieg. Viele der Frauen haben mit Stipendien oder auf Kredit studiert – ein reiches Elternhaus allein macht noch keine zukünftige Anführerin.

Wie sie wurden, was sie sind

Wir treffen die als Barbara Thomas geborene Lady Judge im Senator House an Londons Queen Victoria Street. Dort sitzt die United Kingdom Atomic Energy Authority, die Behörde, die Englands Atomanlagen genehmigt und überwacht, deren Vorsitzende die in Amerika geborene Juristin derzeit ist. Eine Lady ist sie in der Tat: sorgfältig gekleidet, aufwendig frisiert und von erlesener Höflichkeit. Eine hochintelligente Person, vermutlich Ende 50, mit aufmerksamen Augen und einem Sack voll Humor. »Als ich klein war, wollte ich Schauspielerin werden. Aber als ich noch zur Schule ging, musste mein Vater Konkurs anmelden und meine Mutter wollte von derartigem Unsinn nichts hören. Sie sagte: ›Wenn du unbedingt schauspielern musst, dann tu das gefälligst vor Geschworenen. Warum wirst du nicht Anwältin?‹ Ich hielt das für eine gute Idee und beschloss also mit 13, Juristin zu werden. Ehrlich gesagt habe ich nicht viel darüber nachgedacht und hatte auch keine Ahnung, was Anwälte eigentlich tun. Das war immer noch der Fall, als ich mich an der juristischen Fakultät einschrieb. Ich hatte eigentlich ein Riesenglück, dass mir das Studium gefiel und ich auch noch gute Noten schrieb, und so bin ich tatsächlich Juristin geworden. Aber das Beste, was mir je passiert ist, war 1980 die Berufung an die Security Exchange Commission.« Die SEC ist die amerikanische Börsenaufsichtsbehörde und damit eines der wichtigsten Organe der Kapitalmärkte dieser Welt – ein gutes Sprungbrett für die Juristin: »Meine klügste Entscheidung war vermutlich, diese Gelegenheit zu nutzen. Ich begann also in der Internationalen Abteilung der SEC, und kein Mensch war an dem Thema Internationales interessiert. Also habe ich 1981 einen Artikel veröffentlicht mit dem Titel ›Gedanken beim Rasieren‹, in dem ich beschrieb, wie die Männer eines Tages morgens im Bad stehen und Radio hören werden, um zu erfahren, was an der Tokioter und an der Londoner Börse gelaufen ist. Und dann werden sie zur Arbeit fahren, schrieb ich, und ihre eigenen Aktien angucken. Danach kriegte ich böse Briefe. ›Lieber Commissioner, niemand interessiert sich für fremde Wertpapiere, das hier ist Amerika, wir haben selbst genug Aktien!‹ Ich erarbeitete weitere Artikel, in denen ich vernünftige Buchhaltungsstandards und Kontrollmechanismen für die Unternehmen forderte, und wieder schrieben mir die Leute, ich sei die naivste Person weit und breit, niemand sonst auf der Welt hätte so hohe Standards wie wir Amerikaner. Tja – und dann kam irgendwann Enron.« Gemeint ist der größte Skandal der Wirtschaftsgeschichte, bei dem ein texanisches Energiehandelsunternehmen Milliarden von Dollar auf Nimmerwiedersehen verschwinden ließ. Das war 2001, lange nachdem Lady Judge die Börsenaufsichtsbehörde verlassen hatte. Doch seitdem ist sonnenklar, dass es mit der Unternehmenskontrolle in den Vereinigten Staaten keineswegs zum Besten bestellt war.

1984 erhielt Barbara Thomas' Mann das Angebot, nach Hongkong zu gehen. Aus Abenteuerlust ging sie mit, obwohl sie noch zwei Jahre bei der SEC unter Vertrag war. Doch statt sich auszuruhen, suchte sie sich einen adäquaten Job vor Ort. »In Asien wurde ich der erste weibliche Direktor bei Samuel Montagu & Co. Ltd., einer Londoner Handelsbank. Ein Schwede hat mir den Job angeboten, doch die Engländer vor Ort waren nicht besonders begeistert, dass ich da eingeflogen wurde. Die Einheimischen hatten weniger Probleme. Bei den Chinesen ist zwar der Vater der Verdiener, aber die Mutter sitzt zu Hause und hat das Geld in der Keksdose.«

Ihr Sohn war beim Umzug nach Hongkong erst sechs Monate alt und bekam eine philippinische Nanny. Als es zurück nach New York ging, war der Junge fünf und die neue Stadt gefiel ihm gar nicht. Seine Mutter wurde Chefin des Internationalen Privatkundengeschäfts bei Bankers Trust, einem Finanzdienstleister, der später von der Deutschen Bank übernommen wurde. »Mir hat es auch nicht gefallen in New York«, erzählt Lady Judge, »ich hatte plötzlich das Gefühl, ich befinde mich auf dem Jahrmarkt der Eitelkeiten. Alle waren irgendwie zu reich und zu verwöhnt. Ständig fragte ich mich: Wären all diese Leute auch deine Freunde, wenn du nicht diesen dicken Job hättest? Wir hatten dieses Riesenapartment an der Park Avenue und ständig High Life mit 32 Gästen zur Dinnerparty. Abend für Abend sah mir mein Sohn zu, wie ich mich fürs Dinner zurechtmachte. Irgendwann fragte er mich: ›Mammi, wenn du die Leute nicht magst, warum machst du das denn?‹ Ich sagte: ›Ich bin im Privatkundengeschäft. Das hier ist meine Nachtschicht.‹ Und da saßen sie dann, all diese Männer, und ich beugte mich über den Tisch und sagte: ›Wer kümmert sich denn um Ihr Geld?‹ oder ›Kann ich Ihnen bei Ihren Bankgeschäften irgendwie behilflich sein?‹, und dann der Nächste: ›Was ist mit Ihnen?‹ Oft genug haben wir dadurch auch Geschäfte gemacht, aber 1993 sind wir dann schließlich nach London abgehauen.«

Merke: Auch für ehrenwerte Top-Bankerinnen ist das Leben nicht immer lustig. Trotzdem sagt Lady Judge:»Du musst arbeiten. Du brauchst dein eigenes Geld, Unabhängigkeit. Vielleicht benötigst du es eines Tages. Vielleicht geht dein Ehemann in Konkurs, so wie mein Vater, oder du heiratest erst gar nicht. Und selbst wenn du verheiratet bist und dein Mann ist nicht arm – stell dir vor, du sagst:›Ich möchte ein paar Schuhe.‹ Und er sagt: ›Aber Liebling, du hast doch schon zwei Paar!‹ Du brauchst dein eigenes Geld, deine Unabhängigkeit und deinen eigenen Status.«

Dieser Entschiedenheit in Fragen weiblicher Selbstbestimmung begegnen wir immer wieder. Die höflichsten, sanftesten Damen werden plötzlich sehr dezidiert, wenn es um die Frage geht, ob auch Mütter arbeiten sollten oder nicht. Am deutlichsten formuliert das Isabel Aguilera. Die 1960 geborene Spanierin ist eigentlich Architektin, machte aber Karriere in der Computerindustrie. Sie war bei Dell Chefin für Spanien, Italien und Portugal, bevor sie die Branche wechselte und Chief Operating Officer der NH-Hotels wurde, einer der größten Hotelketten Europas mit 12 000 Mitarbeitern aus 99 Nationen. Die geschiedene Mutter zweier Kinder sagt:»Ich halte es nicht für eine Option, dass Frauen arbeiten. Meiner Meinung nach ist es das Recht und die Pflicht aller menschlichen Wesen zu arbeiten. Arbeit ist also keine Möglichkeit, sondern ein Muss. Ich bin keine Feministin, die sagt:›Frauen sollten zwischen Kind und Karriere wählen können.‹ Unseren Söhnen sagen wir ja auch nicht, Arbeit sei eine Option. Ein Mann, der nicht arbeitet, gilt als Versager – und ich denke, das sollte auch für Frauen gelten. Das sage ich übrigens auch meinen Kindern, besonders meiner Tochter. Sie weiß, dass sie arbeiten muss, um sich ihren Lebensunterhalt zu verdienen und um unabhängig zu sein. Den Rest kann sie selbst entscheiden, aber sie muss ein eigenständiges Wesen werden. Denn nur wer unabhängig ist, kann eigene Standpunkte entwickeln. Wer nicht frei ist, kann auch nicht sagen, was er denkt. Frauen begeben sich in Widersprüche, wenn sie sagen:›Ich will frei sein – aber ich will nicht arbeiten.‹«

Auch eine Powerfrau wie Aguilera hatte Gegenwind im Leben, aber den erleben wir schließlich alle, egal ob Männlein oder Weiblein. Auch Männer werden übergangen, gemobbt, schlecht bezahlt oder nicht ernst genommen. Sie allerdings können sich nicht mit ihrem Geschlecht herausreden, wenn etwas schiefgeht im Büro. Das Argument »Die haben mich wegen meines Geschlechts ausgebootet« zieht für Männer einfach nicht. Männer müssen sich viel mehr mit der Frage auseinandersetzen, wer denn nun wirklich einen Fehler gemacht hat, den Ärger abschütteln und einen Weg finden voranzukommen, sonst stehen sie als Verlierer da. Und die Flucht in die Babypause ist für Männer definitiv keine Option …

»Natürlich habe ich schlechte Erfahrungen gemacht, wie jede andere Frau auch«, sagt Aguilera. »Aber ich habe das Thema Diskriminierung nie besonders ernst genommen. Ich habe eine Eigenschaft, die mir sehr hilft: Ich sehe immer nur das Gute. Und ich versuche, schlechten Einfluss loszuwerden. Das ist wie im Vertrieb – da kann man auch nicht heulen, weil ein Deal nicht geklappt hat, denn man muss sich um das nächste Geschäft kümmern.« Ihre Kämpfernatur hat die Spanierin gebraucht, die ihre Teenagerzeit in den erzkonservativen, katholischen Franco-Jahren verlebte. Ohne Widerspruchsgeist hätte sie es als Mädchen bestenfalls zur Ehefrau gebracht. »Ich hatte nie viel Unterstützung zu Hause, ich musste mich selbst durchboxen. Ich mag komplexe Situationen und Herausforderungen; mir macht es Spaß, komplizierte Dinge einfacher zu machen. Ich wusste immer ganz genau, was ich nicht wollte, und war offen genug, auf das Beste zu hoffen. Schon als Kind wollte ich nie werden wie die Leute in meiner konservativen Umgebung, wo Frauen den Mund zu halten hatten. Ich liebe die Freiheit mehr als alles andere. Aber ich hätte auch nicht sein wollen wie die Männer zu dieser Zeit. Ich wollte die Welt sehen, ich war offen und neugierig, ich wollte fliegen.«

Auch die Französin Agnès Touraine war bereit, Konventionen über den Haufen zu werden, um ihren Weg gehen zu können. »Ehrlich gesagt – und besonders in Frankreich ist das ein Verbrechen – habe ich für meine Kinder nur selten gekocht. Dabei gilt das hier als absolutes Muss: zwei warme Mahlzeiten am Tag. Meine Kinder haben sich oft von Cornflakes ernährt. Wichtig ist doch nur die Qualität der Beziehungen zueinander und der Dialog, den man mit seinen Kindern pflegt.« Touraine war einige Jahre Chefin von Vivendi Universal Publishing, dem drittgrößten Verlag der Welt. Als Vivendi Universal 2003 zerschlagen wurde, gründete die ehemalige McKinsey-Beraterin ihre eigene Firma.

Wir besuchen sie in den Büroräumen ihrer Beratung auf den Champs Elysées. Ähnlich wie Isabel Aguilera besteht sie kategorisch auf weiblicher Unabhängigkeit, die in ihren Augen die Grundlage für ein geglücktes Leben ist. »Meine Mutter war Psychoanalytikerin und mein Vater Medizinprofessor. Sie haben mir beigebracht, dass man im Leben eine bestimmte Haltung wählen muss, nämlich: ›Lass niemals jemand anderen für dich entscheiden, nie! Und versuch, dich niemals von jemandem abhängig zu machen.‹ Meine Eltern haben mir erklärt: ›Es ist uns egal, was du mit deinem Leben machst. Es ist dein Leben. Aber bewahr dir deine Freiheit – und um frei zu sein, versuche unabhängig zu sein.‹ Die größte Errungenschaft in meinem Leben sind meine beiden Kinder – und die Tatsache, dass ich es hingekriegt habe, gleichzeitig eine intensive Karriere und ein glückliches Familienleben zu haben.« Dies versucht sie auch, quasi als Vorbild, ihren Studentinnen und anderen Frauen zu vermitteln. Neben der Arbeit in ihrer Firma unterrichtet Agnès Touraine nämlich auch noch Finanzwesen am traditionsreichen »Institut d'études politiques« in Paris.

Hatte die viel beschäftigte Frau eigentlich nie mit diesem Schuldkomplex ihren zwei Kindern gegenüber zu kämpfen, von dem in Deutschland immer so viel die Rede ist? »Überhaupt nicht. Ich habe mir allerdings immer gesagt: Wenn eines deiner Kinder je Probleme kriegt, hängst du den Job augenblicklich an den Nagel. Aber sofort. Doch das ist nie passiert. Heute bin ich älter und überzeugt, dass es im Leben einer Frau darauf ankommt, zu delegieren. Die Frauen sollten sich von der Idee verabschieden, immer alles bestimmen zu müssen. Sie wollen alles auf einmal unter Kontrolle haben, das ist ein Riesenthema. Denn in allem gleichzeitig perfekt zu sein geht nun mal nicht, dieser weibliche Wahn ist ein Problem. Wer ein perfektes Zuhause haben und täglich die besten aller Mahlzeiten servieren will, der sollte besser zu Hause bleiben. Wer gleichzeitig perfekte Mutter, perfekte Ehefrau und perfekte Managerin sein will, wird feststellen, dass das nicht geht.«

Noël Harwerth ist ähnlich bedacht auf ihre Unabhängigkeit. Die amerikanische Juristin war bis 2002 im Vorstand der Citibank in England, heute ist sie einer der Direktoren der Londoner Verkehrsbetriebe. Wir treffen sie in einem dieser typischen britischen Clubs an Londons Pall Mall, der nur Mitgliedern zugänglich ist. Bei einem unenglisch guten Mittagessen erinnert sie sich:»Ich ging auf die Universität von Texas, um Jura zu studieren. Als ich 1971 mein Staatsexamen als Juristin ausgehändigt bekam, gab es nicht viele Möglichkeiten für eine Frau. Von 1500 Kommilitonen waren ganze zehn weiblich. Danach hätte ich in eine Kanzlei einsteigen und Trusts und Immobiliensachen betreuen können für gutes Geld. Oder ich konnte nach New York gehen und Rechtsstreitereien für die Regierung ausfechten für weniger Geld – aber mehr Spaß. Das war die beste Entscheidung meines Lebens: Texas zu verlassen und nach New York zu ziehen, um dort bei den großen Jungs mitzuspielen. Dabei war ich immer sehr feminin. Nicht provokativ weiblich, aber hübsch angezogen, fröhlich und attraktiv. Auch habe ich es genossen, allen klarzumachen, dass ich frauliche Sachen mag – Kochen, Shopping, neue Schuhe. Meine männlichen Kollegen haben das immer akzeptiert.«

Ihre Landsmännin Shelly Lazarus führt die Werbeagentur Ogilvy & Mather Worldwide. Die überschlanke Frau mit dem grauen Bubikopf zählt auch zu den Pionierinnen, die sich über die Amazonen im Hosenanzug amüsieren. »Eigentlich war es ein Glück, dass ich zu arbeiten anfing, bevor Frauen in großen Mengen in die Unternehmen drängten. Ich hatte nicht den Druck, mit meiner Leistung für alle Frauen etwas beweisen zu müssen. Ich war allein auf weiter Flur, meist die einzige Frau im Raum. Ein paar Jahre später musste ich dann immer grinsen, wenn diese Damen auftauchten, die sich wie Männer kleideten. In New York machten sogar spezielle Geschäfte auf, die Frauen mit Anzügen versorgten.« Dass sie ihre Weiblichkeit nicht verborgen hat, brachte ihr sogar Pluspunkte ein: »Witzigerweise sprachen wir in der Werbebranche oft über Produkte, die hauptsächlich von Frauen gekauft werden, und ich hatte diese Momente, wo ich im Namen aller Frauen sprechen sollte. Da saßen zwölf Männer rund um den Tisch, ich irgendwo dazwischen. Und die stritten dann hin und her über die richtige Tonalität für eine Kampagne. Und unvermeidlich kam der Moment, in dem sie sich zu mir wandten und fragten: ›Also Shelly, was denken denn die Frauen so?‹« Darüber lacht Lazarus heute noch. »Das war eine unglaubliche Macht: für alle Frauen zu sprechen. Es gibt diesen Spruch: ›Wenn du schon nicht besonders schlau bist, versuch wenigstens unvergesslich zu sein.‹«

»Wenn du die einzige Frau bist, erinnern sich immer alle an dich«, sagt Lazarus. »Als ich auf die Business School der Columbia Universität in New York ging, waren von 300 Studenten ganze vier weiblich. 1968 war der Master of Business Administration (MBA) der einzige Weg für eine Frau in die Geschäftswelt. Eigentlich hatte ich Politische Wissenschaften und Psychologie studiert. Kurz vor dem Abschluss ging ich zu einer Veranstaltung vom Club der Advertising Women of New York, weil eine Freundin mich mitschleppte. Der Abend hat mich total fasziniert, weil ich noch nie darüber nachgedacht hatte, dass tatsächlich eine Strategie hinter den Anzeigen in den Magazinen oder den Fernsehspots steckt«, erzählt sie.

Frauen-Karrieren waren damals noch völlig undenkbar. »Der einzige Weg für eine Frau, in die Welt der Entscheidungen reinzukommen, war zu tippen. Man konnte sich eigentlich nur die Branche aussuchen, in der man auf der Schreibmaschine irgendwelche Briefe tippen würde. Man konnte Jura studiert haben oder was auch immer, man endete immer irgendwie tippend. Bis eines Tages einer zu mir sagte: ›Ich wette, wenn du einen MBA machst, können sie dich nicht tippen schicken.‹ Selbst das war nicht sicher, weil damals noch so wenige Frauen einen MBA hatten, aber es war zumindest mal eine brauchbare Arbeitshypothese. Und so bin ich losgezogen und habe einen gemacht. Ich bin vermutlich der einzige Mensch unter der Sonne, der einen MBA absolviert hat, nur um nicht tippen zu müssen.« Wieder herzliches Gelächter. Das ist übrigens das Schöne an diesem Buchprojekt: Selten haben wir so viel fröhliche Leute getroffen wie unter diesen Frauen.

Die Strategie von Shelly Lazarus ging auf. »Als ich bei Ogilvy angefangen habe, war keine einzige Frau in der Kundenbetreuung. Es gab wohl ein paar weibliche Kreative, und in der Marktforschung konnten Frauen was werden – das war so ähnlich wie heute die Personalabteilung in vielen Unternehmen. Aber auf der Business-Seite gab es keine. Frauen hatten nicht mit dem Kunden in Kontakt zu kommen, denn die allgemeine Auffassung war, dass der Kunde damit Probleme hätte, weil kein Mann ernsthaft mit einer Frau übers Geschäft sprechen wollen würde. Wenn es ans Eingemachte ging, verließen die Kreativen den Raum und die Marktforscher auch – übrig blieben damals nur die Männer, die dann besprachen, wohin die Reise geht.« Heute ist das anders: »Frauen haben diese Branche echt verändert. Und je mehr von uns kamen und ganze Etats und Schlüsselkunden betreuten, desto normaler wurde es auch, überall Frauen einzusetzen.«

Auch Nancy McKinstry machte ihren MBA an der Columbia-Universität, und wie Harwerth oder Lazarus beschloss auch sie, den Sprung in die große Stadt zu wagen und mit den großen Jungs zu spielen. »Nach etwa zwei Jahren im ersten Job bei einer Telefongesellschaft bin ich an die Business School gegangen – das war entscheidend für meinen Weg. Ich beschloss, eine hochkarätige Managementkarriere anzustreben, denn zurück zur Schule zu gehen hieß zu kündigen und gleichzeitig meine Ausbildung zu finanzieren – das musste sich hinterher auszahlen. Das war keine leichte Entscheidung, sondern bedeutete, sich finanziell nach der Decke zu strecken«, sagt McKinstry, die von *Forbes* zu den hundert einflussreichsten Business-Frauen der Welt gezählt wird.

Als Beraterin bei Booz Allen Hamilton wurde McKinstry von einem Kunden aus der Medienindustrie abgeworben. Dieses Unternehmen wurde von Wolters Kluwer übernommen, der holländischen Verlagsgesellschaft, deren Chefin McKinstry heute ist. Damals war der Verlag stark dezentralisiert und fragmentiert. McKinstry hatte von dem Kleinklein schnell genug und wech-

selte für einige Zeit in den Chefsessel eines medizinischen Fach-
verlags. Als wenig später Wolters Kluwer in größere Einheiten
reorganisiert wurde, kam sie zurück auf einen Vorstandsposten
und wurde schließlich zum Kopf der Unternehmung.

»Wenn ich nun zurückblicke und mich frage, wie ich hier her-
gekommen bin, kann ich ein paar Dinge hervorheben: Erstens
musste ich immer arbeiten. Ich war eines von vier Kindern aus
der Mittelklasse, meine Eltern hatten nicht viel Geld. Wir Kinder mussten arbeiten, wenn wir irgendeine Extrawurst wollten.
Ich habe mit zehn als Babysitter angefangen und bei meinem
ersten echten Job war ich 13, Tellerwaschen in einem Camping-
lager. Es stand niemals in Frage, dass wir zur Uni gehen und
etwas aus unserem Leben machen würden. Dass wir unseren Lebensunterhalt selber verdienen würden, war immer klar.« Als
zweite prägende Erfahrung benennt McKinstry ihre Zeit bei
Booz. »Das ist wirklich eine Meritokratie. Entweder wird man
befördert oder man bekommt einen Tritt in den Allerwertesten.
In den Top-Beratungen wird wirklich nur die Leistung beurteilt:
die analytischen Fähigkeiten, den Mehrwert, den man für den
Klienten schafft, die Leistung im Team. Bei Booz ging es nicht
um das Netzwerk der Old Boys. Natürlich arbeitet man für einen
der Partner, der die Aufträge anschleppt – wer hart arbeitet und
gute Resultate produziert, wird auch befördert«, erzählt sie.

»Der dritte Erfolgsfaktor ist meine Ehe. Ich habe mit 25 geheiratet, wir haben zwei Kinder. Mein Mann unterstützt mich total,
hat aber als Arzt kein Businessleben. Selbst wenn ich viel reisen
muss, ist er doch abends zu Hause. Ich habe keine Ahnung, wie
Paare das machen, wenn beide viel unterwegs sein müssen. Das
muss schwierig sein.« So weit die äußeren Umstände, die der Managerin an die Spitze eines der größten Fachverlage Europas geholfen haben. Aber das ist, wie gesagt, nur die Oberfläche. »Um
ganz oben zu landen und in der Geschäftswelt erfolgreich zu sein,
muss man lieben, was man tut. Das gilt für Männer wie Frauen.
Ich liebe meine Arbeit, ich bin sehr leidenschaftlich in dieser
Frage. Es gibt Leute, die haben einfach nur Jobs, und dann gibt es
Leute, die nehmen ihren Beruf sehr wichtig und machen Karriere. Welchen Weg eine Person einschlägt, hat meiner Meinung

nach mehr mit ihrem inneren Anspruch, mit Erziehung und den persönlichen Wünschen zu tun als mit der äußeren Welt.«

Das Thema Meritokratie, das auch McKinstry erwähnt, beschäftigt uns. Immer wieder erzählen uns erfolgreiche Frauen, wie wichtig es für sie war, in einer Organisation oder auf einer Stelle zu arbeiten, wo wirklich nur die Leistung zählt. Wo fair gemessen wird, wer was kann, und wo Entscheidungen transparent und geschlechtsblind auf dieser Basis fallen. Dies scheint ein Punkt zu sein, an dem viele begabte Frauen kapieren, was sie alles erreichen können. Viele starten offenbar in dem Moment durch, wenn sie sich um Geschlechterrollen oder die Vetternwirtschaft unter alten Kumpels keine Gedanken mehr machen müssen, weil es nur um Performance geht.

So findet auch Clara Furse, die Vorstandsvorsitzende der Londoner Börse, dass der beste Gedanke ihres Lebens war, in die Londoner City zu gehen. »Darüber habe ich nicht länger als zehn Sekunden nachgedacht. Das war eine einfache Entscheidung. Die Londoner City steht stellvertretend für die Welt des Kapitals und hatte immer den Ruf, sehr international und sehr leistungsorientiert zu sein. Eine Meritokratie. Das war wichtig für mich«, erzählt die kühl und sehr kontrolliert wirkende Blondine. Und wie koordiniert sie Beruf und Familie? Sie erzählt, dass ihr Mann und sie es irgendwie immer wieder schaffen, zurechtzukommen. Ihrer Meinung nach geht es am Ende vor allem darum, dieses Leben zu wollen und die Anstrengung zu unternehmen, den anderen in der Familie gerecht zu werden. Dass die Kinder genug Aufmerksamkeit bekommen und all die anderen Grundlagen wie gute Ernährung und Bildung – das sei eine Teamaufgabe. Wenn der Mann bei dieser Teamleistung nicht mitziehe, werde es schwierig.

Furse ist so von der Machbarkeit der Dinge überzeugt, dass sie manche unserer Fragen nach den Problemen für karrierewillige Frauen kaum zu verstehen scheint. »Ich glaube, dieser positive Blick ist absolut wichtig.« Den hätte sie von ihren Eltern vermittelt bekommen. Sie sandten die Botschaft aus: »Das Leben ist das, was du daraus machst. Du hast die Wahl.« Mit dieser Kraft im Rücken habe sie Probleme als Gelegenheiten empfunden, etwas zu lernen. Furse erzählt heute noch liebevoll von ihrem Vater, der offensichtlich ein fantastischer Geschäftsmann war und zu Hause viel von seiner Arbeit berichtete. Dieser Mann war nicht unbedingt ihr Mentor, aber doch sehr an seinen Kindern interessiert. Er wollte einfach sicherstellen, dass jedes der fünf Kinder das Beste aus sich macht, erinnert sich Furse.

Fabiola Arredondo ist Ende 30 und schwanger mit dem zweiten Kind, als wir sie in einem New Yorker Hotel zum Interview treffen. Die Medienmanagerin mit Stationen bei Bertelsmann Music Group, BBC und Yahoo ist spanischer Abstammung, aber in Greenwich, Connecticut aufgewachsen und muss im Elternhaus ein ähnliches Klima erlebt haben. »Meine Eltern haben uns vermittelt, dass das Leben manchmal hart sein kann. Das versuche ich auch meiner Tochter mitzugeben, denn die Amerikaner machen da vieles falsch, wie ich finde. Sie verwöhnen ihre Kinder kolossal und beschützen sie extrem. Meine Eltern zumindest waren nicht so. Sie haben uns aufgefordert, auf eigenen Beinen zu stehen, unseren Kopf zu benutzen und unsere Probleme selber zu lösen. Ich halte das für wichtig, denn wer seine eigene Kraft kennt, wird in schwierigen Situationen nicht verzweifeln, sondern sagen: Vielleicht kenne ich die Lösung heute noch nicht, aber vermutlich werde ich sie demnächst rauskriegen. Das ist die Basis für Selbstvertrauen.«

Arredondo hat Glück, dass sie genau dieses Selbstbewusstsein und die Lust an Herausforderungen schon im Elternhaus vermittelt bekam. »Ich fürchte mich nicht vor einem Schritt zurück. Ich habe auch schon glamouröse Jobs abgelehnt. Ich habe immer versucht, Jobs zu finden, in denen meine Leistung objektiv gemessen und nicht subjektiv bewertet wurde. Folglich habe ich mich lieber auf operative Aufgaben konzentriert als auf Stabspositionen. Als ich bei der Bertelsmann Music Group anfing, hätte ich als Assistentin von Rudi Gassner, dem Chef von BMG International, anfangen können. Das war eine Position, die alle Einsteiger wollten, das war profiliert, glamourös, lustig und im Showgeschäft – aber für mich sah das aus wie eine Stabsposition. Stattdessen habe ich den Personalchef gebeten, mich in eine operative Rolle zu stecken, wo ich das Geschäft von Grund auf lernen könnte. Verständlicherweise hat er mir nicht gleich eine Abteilung gegeben, aber er hat mich in dieser kleinen, problembeladenen Abteilung für klassische Musik arbeiten lassen, wofür ich ihm ewig dankbar sein werde. Also landete ich in diesem winzigen Büro, das eigentlich ein dunkler Flur war, mit dem ältesten Computer weit und breit. Aber da, in dem härtesten Markt für BMG damals, habe ich gelernt, wie man Musik produziert, bewirbt und vertreibt. Vieles, was ich später gemacht habe, ist das Ergebnis der Erfahrungen, die ich da mitgenommen habe.«

Wollen ist wichtiger als haben

Gail Rebuck ist eines dieser »hungrigen« Immigrantenkinder. »Ich komme nicht gerade aus einer Familie von Bücherwürmern. Meine Großeltern väterlicherseits waren Flüchtlinge aus Litauen. Mein Opa war mit 15 schon Schneider und verkaufte im ärmlichen Londoner East End Anzüge. Meine Mutter musste schon mit 13 arbeiten und half so, ihre Familie zu ernähren. Bücher und Bildung haben bei uns keine große Rolle gespielt, aber ich wurde dennoch auf eine gute Schule geschickt. Mit ungefähr 14 brachte mich jemand darauf, später auf die Uni zu gehen. Der Gedanke wäre mir alleine nie gekommen.« Sie machte einen Abschluss in Geistesgeschichte und Französisch, hatte aber keine Qualifikation für einen Job: »Ich konnte nicht mal tippen, machte mir aber trotzdem keine Sorgen über meine Zukunft. Erst habe ich als Fremdenführerin gearbeitet, und dann fing ich an, die antiken Klamotten zu verkaufen, die Mitte der siebziger Jahre so angesagt waren. Eines Tages grübelte ich über den richtigen Preis für ein altes Fräckchen, als mir klar wurde, dass ich das nicht bis ans Ende meiner Tage tun wollte. Also machte ich einen sechswöchigen Sekretärinnenkurs und versuchte, einen Job in einem Verlag aufzutun. Danach war ich Produktionsassistentin bei einem Kinderbuchverlag, Redakteurin bei einem Hersteller von Reiseführern und bekam schließlich den Auftrag, eine Sachbuchreihe im

Taschenbuchformat aufzubauen. Das erste Manuskript, das ich kaufte, war Susie Orbachs ›Fat is a Feminist Issue‹.[58] Ich dachte, dass dieses Buch das Leben vieler Frauen verändern könnte, und das tat es dann auch.«

Rebuck findet, im Rückblick sei ihre Karriere wohl hauptsächlich durch ihren vollständigen Mangel an Konvention und Planung interessant. »Ich war immer eher bereit, Risiken einzugehen, neue Geschäfte aufzumachen und meinem Instinkt zu folgen, als langsam die traditionelle Karriereleiter hinaufzusteigen. 1982, fünf Jahre nach der Taschenbuchserie, wurde ich gebeten, zusammen mit vier anderen einen Verlag namens Century aufzumachen. Ich war jung und abenteuerlustig, also habe ich einen Kredit auf meine Wohnung aufgenommen, in die Firma investiert und das Risiko genossen. Das stellte sich als Gewinn bringender Einsatz heraus, denn 1985 wurde Century von Hutchinson übernommen, einem viel größeren Verlag. 1989 verkauften wir dann unser fusioniertes Century-Hutchinson an den größten Verlag der Englisch sprechenden Welt: an das US-Konglomerat Random House. Das war das Ende meiner Unabhängigkeit – und der Beginn meines neuen Lebens in einem Konzern. 1991 wurde ich dann gebeten, Vorstandsvorsitzende zu werden.« Das war eine völlig neue Liga und ein Schock für Gail Rebuck: »Obwohl ich den kreativen Teil der Organisation leitete, hatte ich doch keinerlei echte Erfahrung im Führen eines großen Unternehmens. Das Ganze wurde nicht einfacher dadurch, dass ich den Job von meinem früheren Chef übernehmen sollte, dem Hauptgründer von Century, für den ich zehn Jahre lang gearbeitet hatte«, erzählt die Frau, die sich trotz Topjob ihre braune Lockenmähne, ihre Lebhaftigkeit und eine unglaubliche Authentizität bewahrt hat.

»Da stand ich nun und sollte zum ersten Mal in meinem Leben ein komplettes Unternehmen führen. Ein Unternehmen, das ich

---

[58] Nach seiner Veröffentlichung in England wurde »Fat Is a Feminist Issue« zum Bestseller. Mit Blick auf unsere immer stärker diät- und figurbesessene Welt erklärt Orbach, dass schon kleine Mädchen die Angst, nicht hübsch genug zu sein, antrainiert bekommen.

mal in Teilen besessen, aber niemals geleitet hatte. Meine Töchter waren fünf und zwei, ich hatte einen schwierigen neuen Job und erkannte, dass ich den alles entscheidenden Schritt vom Führen einer Abteilung zum Führen des großen Ganzen ohne ein brauchbares Regelhandbuch würde bewältigen müssen.« Sie lernte beim Arbeiten und gab sich dafür zwei Jahre. Mittlerweile ist Gail Rebuck fünfzehn Jahre am Ruder – und »Fat is a Feminist Issue« ist in der wer-weiß-wie-vielten Auflage. Manche Leute und manche Bücher kommen eben nie aus der Mode.

Wie Gail Rebuck und viele andere erfolgreiche Frauen wird auch Jeanette Wagner, die Managerin von Estée Lauder, öfter gebeten, eine Rede zu halten. Meistens geht es um das Dauerbrenner-Thema Frau und Karriere. »Als Erstes sage ich immer: ›Sucht euch eure Eltern sorgfältig aus.‹ Dann kommt immer ein überraschtes Schweigen und dann lachen die Frauen, genau wie Sie jetzt. Aber ich meine das todernst. Meine armenische Mutter wurde mit acht Jahren Vollwaise, als die Türken ihre Familie ermordeten, und mein Vater war 15, als sie seine Familie umbrachten. Irgendwie haben es beide in die USA geschafft, wo sie geheiratet haben und zwei Kinder kriegten. Ich war das erste Kind, dann kam mein Bruder. Der war schon wichtig, denn wenn du deine ganze Familie verlierst, bekommt das Überleben des Familiennamens Gewicht. Dennoch konnten wir beide machen, was wir wollten, wir konnten Arzt werden oder Anwalt oder Ingenieur – irgendwas. Keiner hat je zu mir gesagt: Aber du musst heiraten! Die Ausbildung beider Kinder war gleich wichtig, obwohl in Amerika gerade eine Wirtschaftskrise war und meine Eltern kein Geld hatten. Aber nie hat jemand bezweifelt, dass wir beide auf die Uni gehen würden, mein Bruder und ich. Wer so aufwächst, in dem Wissen, dass alles möglich ist, vergisst das nie. Das bleibt für ein ganzes Leben«, sinniert Wagner.

»Also ging ich auf die Uni und dachte, die anderen Mädchen wären genauso erzogen wie ich. Dem war aber nicht so. Die meisten kamen aus wohlhabenden Familien, und von ihnen wurde ein Verlobungsring erwartet, noch bevor sie ihnen Abschluss machten. Wenn sie nicht mit einem dicken Diamanten am Ringfinger aus der Uni kamen, wurden sie als Totalausfall betrachtet.«

Wagner hatte Glück, dass ihre Eltern geschlechtsblind waren und Bildung wertschätzten. »Wer aus so einem Zuhause kommt, hat keine Hindernisse, außer der eigenen Angst. Ich hatte immer das Gefühl, Kontrolle über mein Leben zu haben. Das ist die Botschaft, die wir den jungen Frauen vermitteln müssen: Du kannst deine eigene Herrin sein! Und dann können wir nur hoffen, dass sie das nicht vergessen, wenn sie heiraten.«

Jeanette Wagner feiert zum Zeitpunkt unseres Gesprächs ihren 40. Hochzeitstag und ist zu Recht stolz auf das Erreichte. »Ich habe erst mit 35 geheiratet, denn warum sollte ich das früher tun? Heute können Frauen sich selbst Pelzmäntel, Diamantringe und Häuser kaufen – und ich kann nur empfehlen, dass junge Frauen das auch alles tun. Heute kann man so viel Sex haben, wie man will, ohne dafür verurteilt zu werden wie noch zu meiner Zeit, und Kinder kann man auch adoptieren. Heute ist der einzige Grund zu heiraten, dass man den Menschen gefunden hat, mit dem man den Rest seines Lebens verbringen will.« Ansonsten ist die Spezies Mann keine Kategorie, an der Wagner sich orientieren möchte: »Wer nur so gut sein will wie ein Mann, dem mangelt es an Ehrgeiz. Männliche Leistung habe ich nie für einen vernünftigen Standard gehalten. Ich wollte immer zu den Besten gehören. Punktum.«

Die in New York lebende Miki Tsusaka, die bei der Boston Consulting Group arbeitet, ist über 30 Jahre jünger als Jeanette Wagner, aber ihre Botschaft klingt ähnlich – vielleicht weil Tsusaka einen ähnlichen Hintergrund hat? »Ich bin und bleibe eigentlich Japanerin, obwohl ich mittlerweile die US-Staatsbürgerschaft habe. Ich kam mit meinen Eltern nach Amerika, als ich vier Jahre alt war. Mein Vater arbeitete für ein großes japanisches Handelshaus und wurde alle fünf Jahre zwischen den beiden Ländern hin und her versetzt. Ich wuchs also international und zweisprachig auf und wusste irgendwie schon immer, dass ich daraus etwas machen würde. Als meine Eltern schließlich nach Japan zurückgingen, sagte ich ihnen, dass ich gerne in den Staaten bleiben wollte. Ihre Antwort war: Wenn du es nach Harvard schaffst, darfst du bleiben. Also bin ich geblieben und dachte, ich sollte Jura studieren, zu den Vereinten Nationen gehen und den Weltfrieden stiften. Oder Pianistin werden, das stand auch zur Diskussion.« Sagt sie und lacht. Jetzt entwickelt sie eben Strategien für Unternehmen. Das immerhin so erfolgreich, dass sie als eine der einflussreichsten Beraterinnen in der Konsumgüterindustrie gilt.

»Ich kann heute montagmorgens aus dem Bett krabbeln und mir sagen: ›Du bist okay.‹ Die Kinder gehen zur Schule, ich vergesse nicht, Lippenstift aufzutragen, und ich bin da draußen und stehe meine Frau. Eine Menge Freundinnen von mir leben ein ähnliches Leben, haben eine vergleichbare Karriere und die gleichen Schwierigkeiten, alles unter einen Hut zu kriegen. Ich bin ziemlich sicher, dass keine von uns ein perfektes Leben führt. Gucken Sie beispielsweise mal in meine Schränke, da herrscht das wilde Chaos, ebenso in meinen Schubladen – aber hey! Was soll's!«

Frei im Kopf

Auch die Schweizerin Barbara Kux hatte wie die Klavier spielende Miki zunächst Musik im Kopf und wollte als kleines Mädchen Dirigentin werden. In gewisser Weise hat das auch geklappt, heute dirigiert sie nämlich den kompletten Einkauf des niederländischen Konzerns Royal Philips. Auch für sie war der Aufenthalt in den USA entscheidend. Mit 16 Jahren gewann sie ein Stipendium des American Field Service. Die Idee dazu war nach dem Ersten Weltkrieg entstanden: Wir wollen keine Kriege mehr, also lasst uns unsere Kinder die Menschen auf der anderen Seite der Welt kennenlernen. Finanziert wird dieses Völkerverständigungsprogramm, das jährlich Tausende junge Leute für einen Studienaustausch in die Staaten holt, von der amerikanischen Regierung. Vor Ort leben die Teenager voll integriert in Familien, gehen zur Schule und zum Sport. Barbara Kux erinnert sich voll Dankbarkeit an ihre Zeit in Amerika: »Was ich da gelernt habe, bringt man Kindern in der Schweiz oder in Deutschland nicht sehr gut bei: Was immer du tun willst, du kannst es tun! In Amerika gibt es keine Gartenzäune, die Grundstücke grenzen offen an die Straße. Wir hingegen haben um unsere Häuser Zäune, und so begrenzt ist auch unser Denken. Meine Lehrer beispielsweise haben mich gefragt: ›Werden Sie politische Wissenschaften studieren wie Ihr Vater?‹ Schon im Gymnasium wurde ich eingeordnet, ich habe immer nur Menschen aus der gleichen Umgebung getroffen. Es wurde immer alles schön aufgeteilt und geplant, nach Schichten, nach Traditionen. Amerika war dagegen ganz offen und ganz neu. Die Schule da war weiß Gott keine Eliteschule, trotzdem musste sich jeder beweisen, um akzeptiert zu werden. Wer nicht so intelligent war, musste halt top sein im Football oder top im Cheerleading. In irgendeinem Feld musste man zu den Besten gehören. Einerseits das Aufzeigen unbegrenzter Möglichkeiten und den Leistungsdruck andererseits fand ich ungeheuer belebend. Das ist mir bis heute geblieben.«

Sari Baldauf, nach vielen Jahren im Vorstand von Nokia eine der bekanntesten Managerinnen in Skandinavien, kam ebenfalls schon in jungen Jahren ins Ausland. Eine Erfahrung, die auch sie intensiv beschäftigte. »Mein Mann wurde in den Mittleren Osten versetzt, und ich bin ihm gefolgt. Ich hatte gerade meinen Magister abgeschlossen und wollte mit meiner Doktorarbeit anfangen. Stattdessen gingen wir also nach Abu Dhabi für zwei Jahre. Zuerst dachte ich, dass ich da Hausfrau sein würde, aber das hätte in meiner Ehe zu Mord und Totschlag geführt, also habe ich mir einen Job gesucht, was in vielerlei Hinsicht eine lebensbestimmende Erfahrung für mich war. Ich arbeitete für ein amerikanisch-arabisches Joint Venture mit nur zwölf Angestellten, aber wir waren alle verschiedener Nationalität – meine erste Erfahrung mit kulturellen Unterschieden in einem wahrhaft internationalen Umfeld. Das Ganze mit 24 oder 25 Jahren, in einer arabischen Kultur, wo zuerst alle durch dich hindurchsehen, als wärst du gar nicht da. Nur wer extrem stur ist und sich mit seinen Aufgaben echt gut auskennt, schafft es, dass die Araber auch einer Frau irgendwann zuhören. Wenn man diese Erfahrung mal hinter sich hat, hört man auf zu denken: ›Ich bin eine Frau, das kann ich nicht tun.‹ Denn selbstverständlich können Frauen alles machen. Wer es in Abu Dhabi schafft, schafft es überall«, glaubt Baldauf.

»Dann kamen wir zurück nach Finnland und ich wollte eigentlich meine Dissertation in Angriff nehmen, als mir plötzlich auffiel: Wenn du über Strategien für Technologietransfer schreiben willst, wäre es doch ganz hilfreich, wenn du ein wenig praktische Ahnung davon hättest. Einer meiner Bewerbungsbriefe ging an Nokia, wo ich genommen wurde. Begonnen habe ich in der Abteilung für Strategische Planung. Das war super, weil es mir einen guten Überblick über das ganze Unternehmen verschaffte und mich ins Rampenlicht setzte. Erstens gab es damals nicht viele Frauen in so einer Position, und zweitens habe ich eng mit dem Topmanagement zusammengearbeitet, weil ich dauernd irgendwelche Unterlagen für die Herren produzieren musste und an ihren Sitzungen teilnahm. Hätte ich Mist gebaut, wäre das allen aufgefallen, aber meine Fähigkeiten fielen eben auch auf. Es war also ein Vorteil, weiblich zu sein. Heute habe ich jede Menge praktische Erfahrung im Technologietransfer, aber nie eine Doktorarbeit geschrieben«, sagt sie und lacht.

»Irgendwann wollte ich dann raus aus dem Stab und rein in die Verantwortung für ein Geschäft und für die Menschen, die an mich berichteten. Also habe ich den Chefs gesagt: ›Okay Leute, das hat Spaß gemacht und ich liebe Strategie, aber ich bin es leid, anderen Leuten dabei zuzusehen, wie sie unsere Ideen schlecht umsetzen. Ich würde das Implementieren gerne selber mal probieren. Könnt ihr also mal überlegen, ob ihr nicht einen operativen Job für mich habt?‹« Lerne: Wer nicht fragt, der braucht sich auch nicht zu wundern, wenn der nächste Schritt auf der Karriereleiter nie erklommen wird. Die Herren bei Nokia jedenfalls ließen es auf einen Versuch ankommen. »1988 habe ich den ersten kleinen Geschäftsbereich übernommen: rund 360 Leute, alles Ingenieure, die weder Englisch noch Finnisch sprachen, wie ich fand. Die sprudelten eine wunderbar alberne Abkürzung nach der anderen hervor, aber das Geschäft wuchs schnell«, erinnert sich die Frau, die fast zu zart aussieht für den Riesenjob, den sie jahrelang stemmte.

1994 wurde Sari Baldauf schließlich in den Vorstandsrang befördert. Bei unserem Gespräch in Helsinki fasst sie ihre Erfahrungen so zusammen: »Ich bin keine Feministin, denn dafür besteht kein Anlass. Natürlich bin ich eine Frau, aber ich bezeichne mich als Humanistin. Ich bin tatsächlich der Ansicht, dass Frauen heute mehr Wahlmöglichkeiten haben als Männer. Die haben heute einen vielen größeren Druck in ihrer Rolle als Frauen, und es ist für einen Mann viel härter, mit den gesellschaftlichen Erwartungen zu brechen.« So oder so muss jeder Mensch selbst entscheiden, was er mit seinem Leben machen will, findet Baldauf.

Sichtbar bleiben

Die Französin Patricia Barbizet begann ihre Karriere beim Autohersteller Renault, ebenfalls unter lauter männlichen Ingenieuren. Wir treffen die Finanzexpertin in ihrem Büro in Paris, das in einer wunderschönen klassizistischen Villa in der Rue François Premier liegt. Dort ist das mit zeitgenössischer Kunst ausstaffierte Hauptquartier des Luxusunternehmers François Pinault, dem nicht nur das Auktionshaus Christie's gehört, sondern auch Marken wie Gucci und Yves St. Laurent. Seine Holding heißt Groupe Artémis, und Patricia Barbizet steht ihr als CEO vor. Die Absolventin einer französischen Business School erinnert sich an ihre Anfangsjahre bei Renault: »Meine beste Entscheidung war, ein Diplom zu machen, mit dem ich konkurrieren konnte. Ich wurde bei Renault nur deshalb mit demselben Gehalt eingestellt wie ein Mann, weil ich dieselbe Qualifikation hatte.« Die nächste gute Entscheidung war, zu Artémis zu gehen, findet Barbizet. Denn der Inhaber François Pinault traf seine Entscheidung autonom und musste sich nicht rechtfertigen, dass er lieber eine Frau einstellte als einen Mann. Einer der Hauptgründe, warum Frauen schwer vorankommen, sind Barbizet zufolge männliche Manager, die eine Frau als Risiko empfinden.

So weit die Erfahrungen und Auffassungen der Ausländerinnen. Und was sagen die deutschen Frauen, die sich einst dazu entschlossen, beides zu wollen, Kinder und Karriere? Regine Stachelhaus ist in der Geschäftsführung von Hewlett-Packard und gerade frisch zur »Managerin des Jahres 2005« gekürt, als wir sie in Böblingen besuchen, wo das deutsche Hauptquartier des Computerherstellers angesiedelt ist. »Für mich war immer wichtig, etwas bewegen zu können, etwas Interessantes zu machen, etwas Neues auszuprobieren. Ich scheue kein Risiko, was auch daran liegt, dass ich mein persönliches Leben nicht mit so hohen Ansprüchen ausgestattet habe. Ich brauche keinen aufwendigen Lebensstil. Die Dinge, die mich glücklich machen, kann ich leicht verwirklichen. Das gibt mir eine ungeheurere Freiheit. Ich lasse nicht alles mit mir machen, ich probiere Dinge aus, ich setze Grenzen, ich stelle Ansprüche. Meine Grundbedürfnisse sind simpel, damit bin ich nicht erpressbar.«

Stachelhaus wollte als Mädchen eigentlich fünf Kinder kriegen und Tierärztin werden, doch dann studierte sie Jura. »Mich interessierte ursprünglich das Strafrecht, es erwies sich dann aber im praktischen Tun nicht als Lebensaufgabe. Im Strafrecht kann man aus meiner Sicht zu wenig bewegen, zumindest von der juristischen Seite her. Man kann versuchen, Gerechtigkeit zu üben – aber dem sozialen Anliegen, das ich damals hatte, konnte ich so nicht entsprechen.«

Das ist typisch für Regine Stachelhaus. Sie hat keine Probleme damit, die Richtung zu wechseln und sich auf etwas Neues einzulassen. So erzählt die elegante Frau heute in einem kühlen HP-Konferenzraum, dass es beruflich eine ihrer besten Entscheidungen war, aus einer Stabsposition als Syndikusanwältin herauszugehen und sich auf eine operative Aufgabe im Einkauf einzulassen. Mit 40 kehrte sie als Chefin in die Rechtsabteilung der Firma zurück und wagte zwei Jahre später den ganz großen Schritt als Vertriebschefin der Endverbraucher-Sparte. Seit 2000 ist sie nun Mitglied der Geschäftsführung. Sie selbst sagt: »Ich war schon als ganz junge Frau mit drei Jahren Berufserfahrung im Vertrieb für alles zuständig, was nicht direkt Verkauf war: Auftragsabwicklung und Vertragsverwaltung bis hin zur Koordination der Hausmeistertruppen und Telefondamen. Danach war ich im Einkauf, wo ich auch Gebäudeplanung gemacht habe – das war auch total neu für mich. In meinem eigentlichen Beruf als Juristin habe ich also eher wenig Berufserfahrung gesammelt. Das war schon ein Risiko, denn wenn ich nach drei Jahren in der Wirtschaft gemerkt hätte, dass der Wechsel ins Unternehmen falsch war, wäre es ziemlich schwierig geworden, zur Juristerei zurückzukehren. Aber der Schritt in die Wirtschaft war richtig, denn da konnte ich so viel mehr lernen.«

Privat hält es die Mutter eines Sohnes für ihre beste Entscheidung, ein Kind zu bekommen. »Das sage ich auch allen Kolleginnen: Kinder kriegen! Immer! Die Babyfrage nicht hintanstellen! Kinder sind das Beste, was einem passieren kann. Kinderkriegen ist die tollste Erfahrung im Leben und das tollste Erlebnis. Teil dieser ›besten Entscheidung‹ war sicher auch, meinen Mann zu heiraten.« Ihr Mann ist Musiker aus Leidenschaft und übernahm im Wesentlichen die Rolle des Erziehers, während Stachelhaus ganz bewusst in die Rolle der Haupternährerin schlüpfte. »Er bekam seine Musik – und ich die Freiheit, auch höhere Aufgaben zu übernehmen.«

Ann-Kristin Achleitner musste einen anderen Weg finden, Kinder und einen Spitzenjob zu vereinen, denn ihr Mann ist als Topmanager selbst schwer beschäftigt. Sie wählte die akademische Karriere. Achleitner studierte Betriebswirtschaft und Jura im schweizerischen St. Gallen, promovierte in beiden Fächern und ging dann als Beraterin zu McKinsey. 1994 habilitierte sie sich ebenfalls in der Schweiz und wurde Professorin für Finanzmanagement an der European Business School in Oestrich-Winkel. Heute ist die dreifache Mutter Professorin für Entrepreneurial Finance an der Technischen Universität München.

Das schweizerische Unisystem, das pragmatischer ist als das deutsche, war ein Segen für Achleitner. In Deutschland dauert die Phase von Dissertation und Habilitation endlos. Achleitner ist kein Fan unseres Systems: »Dank der Schweizer Lösung war ich schon Ordinaria, als das erste Kind kam, und musste alle sachlichen Notwendigkeiten mit mir und meiner Verantwortung für die Studierenden ausmachen, aber nicht mit einem Chef. Das hat mir das Leben enorm erleichtert.« Andererseits wuchs damit auch ihre Pflichtgefühl: »Nach dem dritten Kind hätte ich gerne eine Auszeit genommen. Das wäre beispielsweise bei einer Unternehmensberatung auch gegangen; überall da, wo es abgeschlossene Projekte gibt. Mein Problem war nur: Am Lehrstuhl sind sieben Menschen, die auch meinetwegen diesen Job angenommen haben, vor allem als Promotions-Assistenten. Wenn ich weggehe, kriegen die plötzlich einen Doktorvater, den sie gar nicht kennen.« Aber auch die Unternehmenskultur ist ein Argument: »Wenn jetzt für einige Zeit jemand anderes einspringt, verändert sich alles. Wenn ich dann nach einer gewissen Zeit zurückkomme, muss ich ganz von vorne anfangen. Der Preis für so eine Pause ist also hoch. Also habe ich voll weiter gearbeitet, aber die Luft rausgelassen, so gut es eben ging«, beschreibt sie die notwendigen Kompromisse.

»Dennoch ist die Hochschule für mich eine ideale Möglichkeit, eine intellektuell anspruchsvolle Aufgabe zu haben, ohne einen schweren Spagat zwischen Familie und Beruf zu riskieren. Natürlich sind Kind und Karriere immer eine doppelte Herausforderung, an der Uni aber deutlich weniger als anderswo. Hier habe ich nicht das Problem, dass mein Chef mich auf Dienstreise schickt, obwohl mein Kind krank ist. Ich führe ein unglaublich selbstbestimmtes Leben, das ist ein großer Luxus.«

So positiv die Unikarriere sich aus der Sicht der Tochter darstellt, so sehr waren ihre Eltern dagegen. Offenbar konnte sich die Generation davor noch nicht vorstellen, dass eine Frau gleichzeitig als Wissenschaftlerin, Ehefrau und Mutter reüssieren kann. »Mein Vater war selbst Professor und hatte Habilitanden, aber Frauen in dieser Rolle wollte er nicht, da er glaubte, dass diese Doppelbelastung eine private Beziehung zerstören würde. Und meine Mutter meinte, sie habe noch nie eine nette Ordinaria gesehen. Sie war entsetzt, als sie von meinen Uniplänen hörte – kategorisch dagegen. Ich bin überhaupt nicht geschlechterblind erzogen. Beide Eltern waren gegen diesen Weg.«

Dennoch hat Achleitner ihren Lebenslauf nie bereut: »Ich habe mein ganzes Leben lang gearbeitet. Es macht mir ungeheuren Spaß, und ich möchte machen, was ich mache. Trotzdem wäre es mir noch lieber, wenn die Arbeitsbelastung besser steuerbar und es leichter wäre, phasenweise weniger zu arbeiten. Aber ganz aufhören kann ich mir einfach nicht vorstellen.« Der Gedanke ist für Achleitner so fremd, wie der, sich die Haare abschneiden zu lassen. »Meine Haare waren immer lang.«

Aber natürlich beobachtet sie auch, dass viele Frauen sich gegen den Job entscheiden. »Ich hätte niemals gedacht, dass so wenige von all denen arbeiten, mit denen ich groß geworden bin und mit denen ich studiert habe. Ich hätte nicht geglaubt, wie viele aus dem aktiven Dienst verschwinden. Dabei hatten wir alle ganz tolle Chancen, weil Frauen in der Regel ihre Kinder heute später kriegen. Früher galt man mit 28 als Spätgebärende. Heute hat man einige Jahre, in denen man arbeiten und was auf die Beine stellen kann, bevor man in die Kinderphase einsteigt. Ich rate jeder Frau, auch meinen Studentinnen und Assistentinnen, diese Phase bewusst zu nutzen. Ich denke, dass wir mit der Zeit immer mehr erfolgreiche Einzelfälle kriegen werden, aber von kritischer Masse kann nicht die Rede sein. Denn das Lebensmodell in den Köpfen der Frauen ändert sich ja kaum.«

Das Lebensmodell vieler Frauen hierzulande geht nach wie vor so: den Kindern um ein Uhr mittags die Spaghetti persönlich servieren und am Abend auf den Mann warten. Ein gefährliches Muster, wie wir finden, denn Rollen sind bekanntlich erlernt. Nicht zuletzt deswegen versucht Ann-Kristin Achleitner, selbst Vorbild zu sein. »Bei der letzten Schwangerschaft sagte mir ein Kollege, er fände das ungeheuer gut, dass ich mit meinem dicken Bauch im Vorlesungssaal stehe. Denn nur so gewöhnen sich die Jüngeren daran, darin etwas ganz Normales zu sehen. Fand ich gut, dass das ausgerechnet ein Mann sagte. Frau muss also gar nicht den Gorilla geben und sich auf die Brust schlagen und rufen ›Guck mal, ich bin Frau und hab es geschafft‹, sondern es reicht, ohne Kommentierung ganz einfach herumzulaufen, da zu sein und sichtbar zu bleiben.«

Die Kühlschrankmutter
Vorurteile gegen Karrierefrauen

»Das Leben ist kein Spaß, wenn man negativ denkt.«
Miki Tsusaka

»Kinder spielen. Dabei geht es manchmal laut zu. Bis der Nachbar die Mittagsruhe einklagt. Deutsche Gerichte nehmen solche Klagen an. Dabei erreichen Kinder auf keinem Spielplatz die Dezibelzahl einer zweispurigen Durchgangsstraße. Doch gegen die Straße klagt keiner. Kinder brauchen Platz zur Entfaltung. Auf Spielplätzen beispielsweise. Wo sie die finden? In Paris, Hauptstadt des Landes mit der europaweit höchsten Geburtenrate, direkt unter dem Eifelturm. Oder an der weltberühmten Place des Vosges, wo es ein Drei-Sterne-Lokal gibt und wo der ehemalige französische Kulturminister lebt. Wo es schön ist in Paris, da ist auch Platz für Kinder. Aber in München im Hofgarten, in Köln neben dem Dom, in Berlin vor dem Reichstag? Wo das ›richtige‹ Leben stattfindet, kann man in Deutschland keinen Kinderlärm brauchen.« Das schrieb Marie-Luise Lewicki, die Chefredakteurin der Zeitschrift *Eltern*, vor der vergangenen Bundestagswahl in einem offenen Brief an Familienministerin Renate Schmidt.[59]

Deutschland ist im Vergleich zu Italien oder Frankreich kein kinderfreundliches Land. Da hat Lewicki Recht, und das fällt auch allen Besuchern aus dem Ausland auf, zumindest wenn sie mit ihren Familien anreisen. Gleichzeitig – und das ist eine sehr merkwürdige Form der Schizophrenie – wird das Wohl der Kinder in Deutschland in einer Art und Weise absolut gesetzt, dass

---

[59] *Eltern.de:* www.eltern.de/familie_erziehung/familienpolitik/mehrkinder_brief.html

119

ihren Müttern oft die Luft weg bleibt. So manche Frau ist schon fast erstickt beim Versuch, den gesellschaftlichen Ansprüchen an ihre Erziehungsleistung gerecht zu werden. Sollte mit der Schulkarriere etwas schiefgehen oder ein Kind psychische Probleme haben, wird sofort nach der Mama gefragt. Berufstätig? Na, dann ist ja alles klar: ein klarer Fall von Vernachlässigung!

Ist es da ein Wunder, dass viele deutsche Frauen in diesem Klima das Kinderkriegen erst gar nicht wagen? Das statistische Bundesamt hat für 2005 erstmals weniger als 700 000 Geburten ermittelt – das ist der niedrigste Stand seit 1946. Anlässlich dieser Zahlen fragt Johanna Adorján in der *Frankfurter Allgemeinen Sonntagszeitung:* »Welcher Mann würde das auf sich nehmen? Nach jahrelanger Ausbildung, nach Studium und Berufserfahrung aussetzen, schlimmstenfalls für immer, wenn seine Arbeitsstelle betriebsbedingt, wie es in diesen Zeiten oft passiert, nicht mehr zu vergeben ist. Welcher Mann würde sich gerne dem Druck der Gesellschaft aussetzen, ein schlecher Vater zu sein, wenn es ihn irgendwann zurück in seinen Beruf zöge. Wenn er zugeben müsste, dass das Basteln von Figuren aus Kastanien und Zahnstochern zwar lustig, aber nicht die Erfüllung ist? Durch alle Schichten ist mindestens jede vierte Frau ohne Kind. Und wer kann es ihnen verdenken? Ernsthaft verdenken? In einem Land, in dem kleine Kinder im Zug in Extra-Abteile gesperrt werden, damit die Geschäftsleute in Ruhe in ihre Handys schreien können.«[60] Darüber, dass es in Deutschland mehr kinderlose Männer als Frauen gibt, redet kein Mensch. Meike Dinklage hat die so bitter nötige Verkehrung der Perspektive zur Grundlage ihres Buches »Der Zeugungsstreik« gemacht und damit ein Tabu gebrochen. »Frauen, die von den Männern ein hohes Maß an Beteiligung fordern«, schreibt sie, »haben nur geringe Chancen auf dem Zeugungsmarkt. Konventionelles Rollenverständnis, Entscheidungsschwäche, mangelnde Impulse gerade in Langzeitbeziehungen, die Angst, dass ein Kind zum Lebensrisiko wird in boom-

---

[60] Johanna Adorján, »Was ist nur mit den Frauen los?«, in: *Frankfurter Allgemeine Sonntagszeitung,* 19. März 2006

losen Hartz-IV-Zeiten ... So werden die Männer, auf dem indirekten Weg des Aussitzens, Vertagens, Hinterfragens zu den Entscheidern der Kinderfrage in der Biografie ihrer Partnerinnen.«[61]

Währenddessen fragen Erzieherinnen in deutschen Kindergärten die Kleinen immer noch, »was die Mami zu Hause denn so macht« oder »wo arbeitet denn dein Papa?« Für alle anderen Modelle der Kindererziehung haben wir das Wort »Fremdbetreuung« – was schon Bände spricht. Klingt es doch nach der lieblosen Verwahrung der Kinder durch irgendwelche dahergelaufenen Personen. In der Wahrnehmung der Deutschen ist ein Doppelverdienerhaushalt mit Kindern eher eine Neurotiker-Zuchtanstalt als eine Familie. Das ist natürlich grober Unfug. In Finnland oder Frankreich sind 80 Prozent der Mütter mit Kindern im Vorschulalter berufstätig – auf das Wohl und die Entwicklung der kleinen Finnen oder Franzosen hat das keinen negativen Einfluss. Überdies sind sie im Schnitt in der Schule besser als unser Nachwuchs, wie mehrere Auflagen der so genannten PISA-Studie nachhaltig beweisen. PISA zeigt sogar, dass nicht etwa die Kinder berufstätiger Mütter schulische Probleme haben, sondern eher Kinder aus einkommensschwachen Haushalten – was vielleicht auch dafür spricht, dass es für alle besser wäre, wenn die Mütter arbeiten, zum Familieneinkommen beitragen und sich eine professionelle Kinderbetreuung leisten können.

Wer trotzdem immer noch glaubt, dass nur von der Mama beaufsichtigte Kinder glückliche Kinder sind, versenke sich bitte in die entsprechenden wissenschaftlichen Untersuchungen. Die Amerikaner widmen sich mit am intensivsten der Frage, ob der Kindergarten den Kleinen schadet. Seit den frühen 1990er Jahren begleitet das National Institute for Child Health and Human Development (NICHD) Tausende von Kindern an zehn verschiedenen, über die USA verstreuten Orten bis ins Schulalter. Diese so genannte Child Care Study beobachtet den Zusammenhang zwischen kindlichem Verhalten, häuslicher Umgebung und der Art und dem Umfang der Betreuung außer Haus. So soll heraus-

---

[61] Meike Dinklage: »Der Zeugungsstreik«, Diana Verlag, München 2005

gefunden werden, wie sich Kinder unter welchen Umständen entwickeln. Die NICHD-Forscher haben einige wichtige Botschaften für alle, die sich losgelöst von überholten Glaubenssätzen ernsthaft mit Erziehung auseinandersetzen wollen.

Eine der beteiligten Wissenschaftlerinnen, Christine M. Todd, Professorin für Familienentwicklung an der Universität von Georgia, beschreibt das wichtigste Ergebnis der Langzeitstudie: »Es gibt keinen Beleg dafür, dass Betreuung während der Kleinkindjahre negative Effekte auf die spätere Entwicklung hat. Darüber hinaus zeigen Kinder mit einer höheren Stundenzahl täglicher Betreuung später in den Grundschuljahren bessere sprachliche und kognitive Fähigkeiten als Kinder, die weniger Stunden in der Betreuung verbracht haben.« Die Studie ergab jedoch vor allem, dass es ganz wesentlich auf die Qualität der Betreuung ankommt. Je besser ausgebildet die Erzieher sind, je weniger Kinder auf einen Betreuer kommen, desto besser. Kinderverwahr-Anstalten – die es zu Beginn des dritten Jahrtausends in Deutschland ohnehin nicht mehr gibt – sind in der Tat eine Katastrophe für kindliche Seelen. Aber Einrichtungen, die ernsthaft und liebevoll auf Kinder eingehen, sind für ihre Entwicklung förderlicher als die ausschließliche Beaufsichtigung durch die Mutter. Zumal im häuslichen Wohnzimmer allzu oft die Glotze läuft. Professor Todd schreibt: »Kinder, die in einer stimulierenden, gut geführten Einrichtung betreut werden, haben ein größeres Vokabular, eine längere Aufmerksamkeitsspanne, ein besseres Gedächtnis und kommen besser mit Gleichaltrigen zurecht.« Im Gegenzug zeigen zu Hause betreute Kinder, die mehr Zeit vor dem Fernseher verbringen, mehr Verhaltensauffälligkeiten, entwickeln einen kleineren Wortschatz und haben später größere Probleme, mathematische Aufgaben zu lösen.

Ob die Dauer der Betreuung außer Haus eine Rolle spielt, ist nicht ganz klar. Von den Kleinkindern, die mehr als 30 Stunden in der Woche im Kindergarten zubrachten, zeigten 16 Prozent später Verhaltensauffälligkeiten, wie etwa Aggression. Wobei »Aggression« in diesem Kontext meint, dass die Kinder aktiv Aufmerksamkeit fordern und dazu neigen, Erwachsenen zu widersprechen. Ein Teil der beteiligten Forscher findet deswegen, dass »aggressiv« der falsche Ausdruck sei. Vielmehr seien diese Kinder »eine Herausforderung« für die Erwachsenen. Wir fragen uns, welche Kinder für die Zukunft besser gerüstet sind: die lieben – oder diejenigen, die den Großen auch mal widersprechen? Aber wir sind ja auch keine Pädagogen. Interessant ist in diesem Zusammenhang jedenfalls, dass 16 bis 17 Prozent aller Kinder so genannte Normabweichungen zeigen, und zwar völlig unabhängig vom Bildungshintergrund. Dazu Professor Todd: »Die beobachteten Verhaltensauffälligkeiten von Kindern in Vollzeitbetreuung waren nicht höher als die in der Gesamtbevölkerung.«

Ein weiteres Ergebnis der Studie lautet: Vor allem die Situation in der Familie und die Qualität der häuslichen Umgebung ist entscheidend dafür, dass sich Kinder gesund entwickeln und fröhliche, zufriedene Menschen werden. Je anregender und liebevoller das Daheim, desto besser für die Kinder.[62] Die Studie ergab allerdings auch, dass gerade Kinder aus ärmeren, gestressten, zerstrittenen und wenig am Kind orientierten Familien oft in schlechter geführten Betreuungseinrichtungen landen. Wenn sich also ein wenig liebevolles Zuhause mit früher, lange andauernder, suboptimaler Betreuung koppelt, leidet die Entwicklung des Kindes.[63] Kurz und gut: Es kommt nicht auf die Zahl der Stunden an, die eine Mutter bei ihrem Kind ist, sondern darauf, dass zu Hause eine warme und anregende Atmosphäre herrscht. Dasselbe gilt für Fremdbetreuung: Wenn eine liebevolle und aufmerksame Tagesmutter, Nanny oder ein Au-pair sie übernehmen, schadet das dem Kind keineswegs.

Auch zahlreiche deutsche Studien haben nachgewiesen, dass es weder die Kinder noch die Mütter glücklicher macht, wenn die Frau komplett aus dem Beruf aussteigt, um sich ganz ihren Sprösslingen zu widmen. Der Münchner Pädagoge Wassilios

---

[62] Christine M. Todd: »The NICHD Child Care Study Results: What do they mean for parents, child-care professionals, employers and decision-makers?«, National Network for Child Care, May 2001

[63] »Early Child Care and Self-Control, Compliance, and Problem Behavior at Twenty-Four and Thirty-Six Months – The NICHD Early Child Care Research Network«, in: Child Development, August 1998, Volume 69, Number 4

Fthenakis stellte fest, dass in solchen Familien bei beiden Ehepartnern gehäuft Depressionen auftreten, was für die Kinder nicht eben stimulierend ist. Hier bewahrheitet sich mal wieder die Erkenntnis, dass für das Wohl des Kindes am besten ist, mit ihrer Lebenssituation zufriedene Eltern zu haben. Eine geforderte, aber glückliche Mutter mit Job ist für das Kind jedenfalls besser als eine, die zwar rundum zur Verfügung steht, aber frustriert und intellektuell unterfordert ist.

Dass die Vollzeit-Supermutter so super gar nicht ist, zeigt sich auch daran, dass deren Kinder in der Schule eher schlechter abschneiden als Kinder berufstätiger Mütter. Vollzeitmütter sind »keine optimale Lernumgebung«, stellt beispielsweise die Berliner Pädagogin Elsbeth Stern vom Max-Planck-Institut für Bildungsforschung fest. Gut gemachte, die Familie ergänzende Betreuung hat ihre Vorteile, denn dort lernen Kinder Sozialkompetenz und konstruktives Miteinander in Gruppen.[64] In Deutschland jedoch wollen das viele Frauen nicht hören – und viele Männer auch nicht. Schließlich müssten die Väter sich selbst stärker bei der Betreuung ihrer Kinder engagieren, wenn ihre Gattinnen wieder arbeiten würden.

Exportartikel Vorurteil

Die Neigung, kluge, engagierte und im Beruf erfolgreiche Frauen als kalte Biester abzuqualifizieren, hat in den deutschsprachigen Ländern Tradition. Einer, der sich mit dieser Sichtweise besonders hervortat und auch noch wissenschaftlich etablierte, war der Begründer der Autismusforschung. Der Österreicher Leo Kanner hatte 1919 in Berlin in Medizin promoviert und war 1924 in die Vereinigten Staaten ausgewandert, wo er eine Assistenzstelle in der psychiatrischen Abteilung eines Krankenhauses antrat. Er

---

[64] »Irrtum! Die Lüge von der Supermama und 11 andere Irrtümer rund um die Familie«, sowie »Kinderbetreuung tut Not!«, *Brigitte.de*, 1. Februar 2006

prägte den Begriff der »Kühlschrankmutter« als Bezeichnung für Mütter autistischer Kinder. Deren abweichendes Verhalten – insbesondere rigide Rituale, Kommunikationsschwierigkeiten und Selbstbezogenheit – führte er auf die angebliche emotionale Kälte der Mütter zurück. Dabei ist Autismus eine neurologische Störung und hat organische Ursachen. Kanners Fehlinterpretation ist nicht nur ein Beispiel dafür, wie Weltbilder die Forschungsergebnisse der medizinischen Forschung beeinflussen, sondern auch dafür, dass eine unvollständige Datenerhebung zu falschen Schlussfolgerungen führt. Es war nämlich nur ein bestimmter Typus Frau, die Hilfe suchend mit ihrem seltsamen Kind in Kanners Praxis kam. Ende der 1940er Jahre hieß das, durch ganz Amerika und von Arzt zu Arzt zu reisen. Diese Prozedur nahmen in erster Linie energische Frauen mit einer hohen Intelligenz und aus einer bestimmten Schicht auf sich, viele davon waren selbständig. Diese emanzipierten Frauen landeten dann zuhauf in Kanners Praxis – und der kam angesichts des »statistischen Materials« zu dem Schluss: Berufstätige Frauen sind kalt, und das macht Kinder autistisch. Die braven Hausfrauen, die ihre autistischen Kinder zu Hause lieber vor den Nachbarn versteckten, als sich mit ihnen auf die Suche nach Hilfe zu begeben, bekam der gute Mann nämlich gar nicht erst zu Gesicht. Rückblickend muss man leider feststellen, dass Kanner die deutschen Vorurteile gegen intelligente, beruflich engagierte Frauen in die Vereinigten Staaten exportiert hat. Seine verquere Logik ist im Alltag immer noch dominant: Wenn ein Kind Probleme hat, egal welcher Art, wird sofort die Mutter gekreuzigt.

Ann-Kristin Achleitner, Mutter von drei Kindern und Professorin an der Münchner TU, weiß das aus eigener Erfahrung: »Die tief sitzenden Vorbehalte gegen arbeitende Mütter sind ungeheuerlich. Es gibt hier unglaublich viele Empfindlichkeiten, gegen die Frauen immer latent kämpfen müssen. Diese Vorurteile werden vor allem auch von Frauen genährt, die anders leben. Deswegen ist es für viele berufstätige Frauen am einfachsten, wenn ihr Kind mit Kindern spielt, deren Mütter ebenfalls arbeiten. Die Probleme in Deutschland haben nichts mit der Zahl der Kindergartenplätze zu tun, bei zwei dementsprechenden Gehältern ist zur Not auch eine private Lösung finanzierbar. Natürlich bin ich ganz ausdrücklich für eine Verbesserung der Betreuungssituation, aber ich glaube nicht, dass die Gegebenheiten in Berufsfeldern wie dem Management dann deutlich anders wäre. Der entscheidende Faktor ist die mentale Einstellung. Hierzulande haben die Leute immer noch die Vorstellung, dass erfolgreiche Frauen unweiblich sind: Sie gelten als hässlich, männerlos und ein bisschen zickig …«

Dann verweist die Professorin auf die typische »Supermami«-Frauenliteratur und lacht: »Wir berufstätigen Mütter haben alle schon mal einen gekauften, perfekt aussehenden Kuchen zusammengehauen, damit er selbst gebacken aussieht. Er muss hausgemacht aussehen, sonst ist man eine schlechte Frau und Mutter. Dabei bin ich mir lange noch nicht sicher, dass die Frauen, die nicht arbeiten, durch die Bank die besseren Mütter sind. Natürlich gibt es unter den Hausfrauen auch Supermütter, aber einen Automatismus sehe ich da beileibe nicht.«

Die stets vorhandene Skepsis gegen Karrierefrauen werde zudem von der Vorstellung ergänzt, dass es die Herren unmännlich mache, wenn ihre Frau arbeitet. »Dieses Denken ist in den deutschsprachigen Ländern viel verwurzelter, als man meint. Männer sagen untereinander: ›Sag mal, hast du deine Frau nicht im Griff? Ihr könnt es euch doch eigentlich leisten, dass sie zu Hause bleibt.‹ Es gibt ganze Landstriche, wo das immer noch Teil der Kultur ist.« Bayern gehört offenbar dazu. Achleitner trat zwei Wochen nach einem Kaiserschnitt in München an, um ihre Berufungsvorlesung zu halten. Da sie noch nicht wieder lange stehen konnte, referierte sie teilweise im Sitzen. Sie erinnert sich: »Und dann passierte der Verbal-GAU: In der Berufungskommission fragte mich ein Kollege, wie ich mir denn vorstelle, diese Doppelbelastung zu schaffen. Ich kann mir nicht vorstellen, dass er das je einen Vater gefragt hat. Trotzdem war ich am Ende froh über den Einwurf, weil er öffentlich fiel. Im Nachhinein war es angenehmer, auf diese Frage frontal reagieren zu können.«

Erfolgreiche Doppelverdiener-Paare sind in unserem Land so selten, dass sie dem *Manager Magazin*[65] gar eine Titelgeschichte

---

[65] *Manager Magazin,* Januar 2006

wert waren. Neben dem Ehepaar Achleitner – Gatte Paul ist im Vorstand der Allianz AG – wurden weitere »Hochleistungsteams« porträtiert. Das Koppeln zweier Lokomotiven hat Vorteile, wie der Artikel zeigt. »Viele klassische Beziehungsprobleme treten bei uns erst gar nicht auf«, sagt Christine Bortenlänger, Chefin der Bayerischen Börse in München, die mit dem Bauingenieur Bernd Günter zusammenlebt. Teamwork, klare Kommunikation, Absprachen einhalten, Termine wichtig nehmen – das sind alles Tugenden aus dem Job, die auch jeder privaten Beziehung gut tun. Immerhin scheint Erfahrung im Management den Männern zu helfen, den Erfolg ihrer Ehefrauen oder Partnerinnen zu verdauen. Schließlich geht es im Job ja auch darum, mit Mitarbeitern nicht zu rivalisieren, sondern sie zu fördern, bis sie einen zur Not auch ersetzen könnten.

Hubert Burda, der mit der Schauspielerin Maria Furtwängler verheiratet ist, musste sich beispielsweise vom bayerischen Ministerpräsidenten Edmund Stoiber anhören: »Na, mein lieber Herr Burda, jetzt ist Ihre Frau ja wohl noch berühmter als Sie?« Burda soll nur souverän gelacht haben. Merke: Ein wirklich toller Mann hält auch eine starke, intelligente Frau aus. Besser jedenfalls als Politikersprüche. Die Burdas haben zwei Kinder und viel Geld, weshalb sie eine Haushälterin und eine Frau für die Kinder beschäftigen. Das Gros der elterlichen Erziehungsarbeit bleibt dennoch auch hier wesentlich an Muttern hängen: Hubert Burda sei kein »Kümmervater«, sagt seine Frau. »Mein Mann ist nicht der Erziehertyp und kümmert sich auch nicht um das Butterbrotgeschäft. Schule, Hausaufgaben, Arztbesuch. Das bleibt zu 90 Prozent bei mir hängen. Da gibt es sicher hin und wieder den Punkt, wo ich denke: Wieso immer nur ich?« Auch Frau Professor Achleitner hat gelernt, dass man »beruflich stark eingespannte Väter« nicht verlässlich »als Kinderbetreuung einplanen kann«. Nicht einmal an den Wochenenden. Auch Furtwängler sagt: »Das Leben meines Mannes hat sich nach der Geburt unserer Kinder nicht verändert – nur meines.«

Dasselbe Phänomen schildert Booz-Beraterin Irmgard Heinz. Im Februar 2006 kamen ihre Zwillinge zur Welt. Obwohl sie auf der gleichen Karrierestufe steht wie ihr Mann, »haben wir nie darüber nachgedacht, dass mein Mann weniger arbeitet«, sagt sie. »Fast entschuldigend«, wie das *Manager Magazin* kommentiert. Vor der Geburt reduzierte sie ihre Arbeitszeit auf 60 Prozent, nach dem Mutterschutz will sie mit diesem Volumen weitermachen. Dass der Gatte weiterwerkelt, als wäre nichts geschehen, wurde nie in Frage gestellt. »Das war allein meine Entscheidung«, sagt Heinz.

Sicher ist es schön, Zeit für die Kinder zu haben. Aber das wäre auch für einen Vater ganz nett, oder? Diese Vorzeigepaare sind so lange gleichberechtigt, wie es allein um den Berufsstatus geht. Die Gleichheit hört jedoch auf, wenn es ans Eingemachte, sprich: die privaten Lebensverhältnisse bei Gründung einer Familie geht. Auch bei erfolgreichen Doppelverdiener-Duos sind es immer die Frauen, die ihre Karrieren einschränken oder ganz aufgeben. Um das Wohl der Kinder geht es dabei nicht. Faktisch scheint es fast immer um die Bequemlichkeit der Ehemänner und Väter zu gehen. Das beobachtet auch Regine Stachelhaus, Geschäftsführerin bei Hewlett-Packard. »Die Diskussion, wer denn nun zurücksteckt, um die Kinder zu betreuen, geht immer zu Ungunsten der Frauen aus. Da wirkt eine Kombination aus den schlechteren Gehältern für die Frauen oder Ehen, in denen der Mann typischerweise fünf Jahre älter ist. Damit ist er in seiner beruflichen Entwicklung immer ein paar Schritte voraus, hat das bessere Gehalt – und sie steckt zurück und bleibt zu Hause.«

Vater werden ist nicht schwer, Mutter sein dagegen sehr

Etwas weniger drastisch sieht das die Luxus-Managerin Patricia Barbizet von der Artémis-Gruppe. Sie sagt, dass selbstverständlich ein wundervoller Ehemann dazugehört, wenn man Erfolg und Kinder verbinden will. Sonst könne man diesen Weg nicht gehen. Aber sie findet auch, dass die meisten Frauen offenbar gar nichts von der Verantwortung für die Familie abgeben wollen, denn dann würden sie sich vermutlich noch schuldiger fühlen. Also nehmen sie alles auf sich, Job und Familie. Das ist natürlich bequem für die Männer.

Es sind also die Frauen, die den Männern ihre Enthaltsamkeit in familiären Fragen zugestehen. Zum einen weil sie froh sind, überhaupt einen praktikablen Modus vivendi gefunden zu haben, und den nicht durch Gemecker gefährden wollen. Zum anderen aber auch ein wenig aus Dankbarkeit, dass der Gatte das manchmal auftretende Chaos einfach erträgt, während seine Kollegen mit Hausfrauen immer schön den Rücken freigehalten kriegen. Außerdem brauchen Frauen anscheinend das Gefühl, dass sie die Verantwortung für die Familie weitgehend selbst übernehmen, es ist Teil ihres Selbstverständnisses – und am Ende haben sie lieber Stress als Schuldgefühle.

Myra Hart, die Mitbegründerin des amerikanischen Handelsunternehmens Staples und heutige Professorin an der Harvard Business School, kennt die Probleme: »Die Rollen sind historisch so gewachsen und wir haben mit unseren Traditionen bisher nicht gebrochen. Wir können über alles philosophieren, aber die Realität wird von unseren Handlungen geprägt. Wenn wir wirklich ändern wollen, was Frauen tun und was Männer tun, wird das ein langer und schwieriger Prozess.« Der gesellschaftliche Druck betrifft auch die Männer, wie Hart erlebt hat: »Ich erinnere mich noch gut an den Juristen, der bei Staples für uns arbeitete. Als er kleine Kinder hatte, wollte er weniger arbeiten und seine Kinder zur Schule bringen. Die Leute im Unternehmen gingen automatisch davon aus, dass ihn seine Arbeit nun weniger interessieren würde – für einen Mann war das ein noch viel ungeheuerlicherer Vorgang als für eine Frau.« Und dann reflektiert sie über die massive Wirkung dieser Strukturen: »Viele Frauen fühlen einen Identitätsverlust, wenn sie aufhören zu arbeiten. Wie erst fühlt sich ein Mann, der plötzlich zu Hause bleibt? Der verliert doch seine Identität total. Schlimmer noch, in den meisten Fällen glauben die Leute, er habe seine Männlichkeit verloren.«

Das gilt glücklicherweise nicht überall. Die Skandinavier sehen das bei weitem entspannter, wie Sari Baldauf schildert. »Unter meinen Mitarbeitern sind oft die Väter zu Hause bei den Kindern geblieben, wenn die Karriere der Mutter gerade keine Pause zuließ. Später haben diese Paare die Rollen dann wieder getauscht. Ich glaube nicht, dass das männliche Selbstbewusstsein darunter leidet. In den romanischen Kulturen ist das eben nicht vorstellbar, die Männer da würden durchdrehen.«

Die Spanierin Isabel Aguilera, Geschäftsführerin einer der größten Hotelketten der Welt, stammt aus einer romanischen Kultur. Obwohl sie nach der Argumentation von Sari Baldauf ein prima Alibi hätte, lässt sie die tradierten Rollenvorbilder nicht als Ausrede gelten. Aguilera empfindet die Ausbalancierung von Beruf und Privatleben als einen sehr privaten Vorgang, der vermutlich mehr von der individuellen Persönlichkeit abhängt als vom Geschlecht. »Die Männer verhalten sich so, weil wir ihnen nicht klar genug sagen, was an ihrem Verhalten gut und was schlecht ist.« Dass Männer sich bei der Familien- und Hausarbeit drücken, wird offenbar auf breiter Front und durch alle Kulturen hingenommen. Frauen können zum Mond fliegen, aber wir können immer noch nicht die Väter unserer Kinder dazu auffordern, ihren Anteil der Verantwortung zu übernehmen. Das hat offenbar mehrere Gründe: Frauen wollen geliebt werden und fürchten verlassen zu werden, wenn sie den Männern zu viel zumuten. Oftmals wollen die Mütter aber auch die Verantwortung für die Kids nicht teilen – einerseits aus der großen Liebe zu den Kindern, andererseits weil die traditionelle Rolle es so von ihnen verlangt.

Dieses Phänomen schildert auch Regine Stachelhaus: »Ich hab in meinen Teams immer wieder erlebt, dass die Frauen beim ersten Problem, das die Kinder haben – sei es in der Schule, sei es irgendwo anders –, sagen, das sei ihre Schuld. Das wird ihnen von außen so gesagt und die Frauen selbst finden: Ja, so ist es. Sie akzeptieren völlig automatisch, dass es ihr Job ist, rund um die Uhr für die Kinder da zu sein, und reiben sich dabei völlig auf. Viele haben auch deswegen Angst vor einer Doppelbelastung, weil sie anders als in Frankreich glauben, sie seien für Familie und Job jeweils zu 100 Prozent zuständig. Das ist natürlich das, was ihnen gesellschaftlich suggeriert wird.« So weit die Beobachtung einer der erfahrensten Managerinnen Deutschlands. Ihr Vergleich mit dem Ausland wirft kein gutes Licht auf Teutonia.

»Ich habe Kontakt zu vielen Kolleginnen im Ausland, und es fällt schon auf, dass die gesellschaftliche Einstellung zum Thema Kind und Karriere dort ganz anders ist. Das Selbstverständnis der berufstätigen Frauen ist gesünder, aber auch die Art, wie sie wahrgenommen und akzeptiert werden. Wenn Frauen hierzulande arbeiten, müssen sie sich rechtfertigen und gegen Sprüche wie diese verteidigen: ›Ihr habt es wohl nötig, dass ihr sogar eure Kinder dafür opfert!‹ Arbeitsfreude wird hier als Egoismus interpretiert: ›Euch reicht wohl euer Häuschen nicht, da müssen beide arbeiten, damit der anspruchsvolle Lebensstil verwirklicht wird, auf Kosten der Kinder …‹« Diese massive Kritik, nicht nur an mutigen Frauen, sondern auch an dem Engagement und der Gestaltungslust, die dahinterstecken, ist erschütternd und traurig und wird der Zukunft unseres Landes schaden. Wer mehr hinkriegt als andere, muss sich in Deutschland fast entschuldigen.

Traurig ist auch, was Regine Stachelhaus in Böblingen passiert ist: »Als wir bei HP einen Kindergarten aufbauen wollten, haben wir nach Sponsoren gesucht, auch außerhalb des Unternehmens. Wir waren bei allen Gemeinderätinnen und bei den Kirchen, einfach überall – und haben nirgends Unterstützung gefunden. Wir haben deutlich gemerkt, dass die öffentliche Seite das weibliche Arbeitenwollen nicht unterstützt.«

Für sich haben die Stachelhausens eine praktikable Lösung gefunden – er ist Musiker und übernahm die Erziehung des gemeinsamen Sohnes. Auch das war nicht immer leicht. »Mein Mann und mein Sohn waren im ganzen Dorf bekannt wie bunte Hunde. Das war schockierend. Mein Mann brauchte jede Menge Selbstbewusstsein. Es war für ihn schwierig, diese Entscheidung nach außen zu vertreten, denn so viele Leute haben ihn angesprochen, ob er sich denn um seine Rentenversicherung und um seine persönliche Absicherung gekümmert habe – ich frage mich, wie viele Ehefrauen diese Frage je gestellt bekommen. Außer den Freunden im engsten Kreis haben alle gezweifelt, ob er sich nicht auf einen schrecklichen Kuhhandel mit mir eingelassen hat.«

Es ist erstaunlich, wie sehr weibliche und männliche Rollenstereotype uns auch im dritten Jahrtausend noch beeinflussen, obwohl Fußballer wie David Beckham in den Klamotten ihrer

Frauen herumlaufen, Städte wie Hamburg oder Berlin von schwulen Bürgermeistern regiert werden und das Land von einer Kanzlerin. Bei unserem Gespräch im November 2005 sinniert Stachelhaus noch über die gerade abgelaufene Wahl und die Fernsehdebatten zwischen Gerd Schröder und Angela Merkel. »Sie hatte sich offenbar entschlossen, männlich aufzutreten, im schwarzen Anzug mit gepolsterten Schultern, so wie Schröder auch. Im Gespräch ging sie ihn tough an, und er kam völlig aus dem Konzept. In der Folge gingen ihre Kompetenzwerte, die vorher ganz niedrig waren, schlagartig nach oben – aber ihre Sympathiewerte gingen gleichzeitig nach unten. Das hat mir zu denken gegeben: Eine Frau, die männlich auftritt, wird als unsympathisch wahrgenommen, und eine Frau, die sexy auftritt, als nicht kompetent. Eine männliche Frau gilt als Besen, eine weibliche Frau als nicht durchsetzungsstark. Was immer eine macht: Es ist verkehrt. In Frankreich ist das anders, da ist es normal, dass eine Frau weiblich ist *und* denken kann. Bei uns reagieren aber auch die Karrierefrauen konsterniert, wenn ihnen ein Mann vor dem Meeting mal ein Kompliment macht – die wollen am liebsten als Frau überhaupt nicht wahrgenommen werden. Das zeigt, wie verkrampft die Situation hier immer noch ist.«

Das findet auch Barbara Kux, die Schweizerin im Vorstand von Royal Philips in Eindhoven. Sie selbst hat bewusst auf Nachwuchs verzichtet. »Das sagt Angela Merkel ja auch – mit Kindern wäre sie nicht so weit gekommen. Mein Ziel ist es immer, eine Aufgabe gut zu machen, und ich hätte auch die Aufgabe als Mutter gut machen wollen. Beides zu kombinieren, die Balance zwischen einem Topjob und dem Privatleben zu finden, ist nicht einfach. Das gibt immer eine Zerreißprobe. So habe ich Glück und Erfüllung da gefunden, wo ich sie finden wollte.« Aber das mag auch eine kulturelle Frage sein – in Frankreich und Großbritannien gibt es viele Frauen, die Mutterschaft mit Managerjobs verbinden. Die kommen gar nicht auf die Idee, nicht zu arbeiten. »Es scheint ein wenig Teil der deutschen oder schweizer DNA zu sein, dass wir diese Vereinbarkeitsdebatte so ambivalent führen. Wobei ich auch immer sehr zeitintensive Jobs hatte, die Mutterschaft besonders schwierig aussehen ließen: Bei McKinsey war ich von Montag bis Freitag beim Kunden oder für ABB dauernd in Osteuropa. Ein globaler Job und Kinder – das ist schwierig. Mütter können meist nicht mal eben für drei Tage nach Asien fliegen.«

Clara Furse schätzt sich glücklich mit drei intelligenten, gesunden Kindern, denn ihr ist bewusst, dass die Doppelrolle nicht funktioniert, wenn man ein Baby hat, das besondere Zuwendung braucht, körperlich oder seelisch. Die Kombination aus Nannys und Schulen in England ermöglicht es den meisten Frauen dennoch, berufstätig zu bleiben. Trotzdem fühlt auch Furse sich oft zerrissen. »Du musst ganz sicher wissen, dass dein Kind gut aufgehoben ist, sonst kannst du nicht arbeiten.« Auch die Börsenchefin träumt immer mal wieder vom Aufhören oder nimmt sich vor, in Pension zu gehen. »Irgendwie willst du immer mehr Zeit haben, um diese Kinderparty zu planen und den Kuchen dafür mal selbst zu backen. Das ist ein ständiger Kampf: Dauernd versucht man, dem Tag all die Stunden abzuringen, die man bräuchte, um alles zu tun, was man tun will. Aber es befriedigt einen auch ganz schön, alles irgendwie unter einen Hut zu bringen.« Das Beste am Dasein als berufstätige Mutter sei jedoch, dass man sich für die ganzen langweiligen Aufgaben, wie Kinder in die Schule fahren und wieder abholen, Hilfe holen kann. Sagt sie und lächelt ihr Mona-Lisa-Lächeln, mit dem sie bislang alle ihre Kritiker im Zaum gehalten hat. Was musste Furse sich nicht alles anhören, während sich in den vergangenen Jahren ein Übernahmeangebot für die Londoner Börse ans andere reihte. Mal hieß es, sie sei »schlicht«, dann galt sie wieder als »arrogant«, nicht geeignet »für Höheres«. Als jedoch im März 2006 die New York Stock Exchange ein Gebot für ihren Laden abgab, galt sie wieder als »coole Strategin«.[66] Was wir damit sagen wollen, ist: Ladys, seid nicht so empfindlich. Lasst sie doch einfach reden, diese Leute.

Wenn es eine Lehre gibt aus den Gesprächen mit all diesen Frauen, dann lautet sie: Leben heißt Entscheidungen treffen. Das ist auch Jeanette Wagners Credo. Die Topmanagerin des Estée-

---

[66] *Financial Times Deutschland*, 14. März 2006

Lauder-Konzerns sagt: »Wenn du findest, dass du um fünf zu Hause sein musst, um dich um deine Kinder zu kümmern, dann musst du das machen, denn es ist wichtig für dich. Das ist deine Wahl und du solltest nicht denken: ›Ich kann das nicht machen, dann fliege ich hier raus.‹ Das ist Unsinn – wenn das passiert, warst du sowieso auf der falschen Stelle. Du musst deine Entscheidungen treffen, Entscheidungen, mit denen du leben kannst. Du darfst niemand anderen dafür verantwortlich machen. Jeder muss die Verantwortung für seine Entscheidungen übernehmen.«

Ohne Opfer geht es nicht

Fühlen sich Karrieremütter aus dem Ausland etwa nicht schuldig, wenn sie ihre Wahl getroffen haben? Und ob! Auf die »Schuldfrage« angesprochen, lacht sie, aber ihre Worte sprechen eine andere Sprache, als Patricia Barbizet ausführt, dass alle Karrierefrauen mit Kindern in ihrem Umfeld sich ihrer Meinung nach ständig schuldig fühlen. Vermutlich sei das eine Generationenfrage, denn ihre Altersgruppe fühle sich schon deswegen schuldig, weil die Welt noch nicht reif für sie war, als sie mit dem Arbeiten anfingen. Die Vokabel »Bedauern« findet sie aber passender als »Schuld«, denn die steht auch für die Erfahrung, dass man nicht in allen Bereichen gleichzeitig Erfolg haben kann. Auch ihr geht es um die bewusste Entscheidung mit allen Konsequenzen: Natürlich fühle man sich schuldig, wenn man gerade in Indien herumfliegt und die vierjährige Tochter hat einen Auftritt als Tänzerin in der Schule. Aber da gebe es nur eine Möglichkeit: Rational damit umgehen und es der Tochter erklären – ihr sagen, dass es wundervoll ist, einen Job zu haben, und dass man zu Hause unglücklich und die überschüssige Energie schlecht für alle wäre. Es schadet auch nicht, Kindern beizubringen, dass eben nicht immer alles perfekt ist im Leben. Außerdem muss man sich natürlich Unterstützung suchen, sagt Barbizet, die Oma, die Schwiegermutter, eine Tante, irgendwer muss dann eben einspringen.

Die Britin Gail Rebuck, CEO von Random House, gehört auch zu der Generation, die Barbizet beschreibt. Sie erinnert sich: »Über die Jahre bin ich als gnadenlos ehrgeizig, hart und bei meinem Weg nach oben als menschenverachtend beschrieben worden und natürlich auch als schlechte Mutter, weil ich arbeite. Manche Leute werden immer sagen, dass man nicht gleichzeitig ein Unternehmen führen und Kinder großziehen kann. Es ist interessant, in wie vielen Zeitungsartikeln erfolgreiche Frauen als hart und gewissenlos beschrieben und wie selten männliche Führungskräfte als schlechte Väter verantwortlich gemacht werden, selbst wenn sie ihre Kinder nur an den Wochenenden zu Gesicht kriegen.«

Schuldgefühle scheinen sie weniger zu plagen als eine große Wut über die Ungerechtigkeit der Welt. Die Topverlegerin zitiert ein Buch, das in der angelsächsischen Welt ziemlich Furore machte: »Baby Hunger«, eine Untersuchung von Sylvia Ann Hewlett. Dazu Rebuck: »Dieses Buch belegt, dass in den Vereinigten Staaten 40 Prozent aller Frauen über 40, die mehr als 100 000 Dollar im Jahr verdienen, kinderlos bleiben, aber nur 19 Prozent der Männer. Von den einkommensstarken Männern sind 83 Prozent verheiratet, aber nur 57 Prozent der Frauen. Dabei sagen aber nur 14 Prozent der Karrierefrauen, dass sie keine Familie wollten. Sie opferten also ihr Familienleben für ihre Karriere.«[67] In Großbritannien hat das Kabinett eine Studie in Auftrag gegeben, um herauszufinden, wie viel geringer das Lebenseinkommen einer Frau mit Kindern ist als das eines gleich qualifizierten Mannes. Für eine gut ausgebildete Frau addierte sich der Frauenmalus auf 162 000 Pfund, also beinahe eine Viertelmillion Euro.

Ein paar Wochen später haut Agenturchefin Shelly Lazarus in dieselbe Kerbe wie ihre britische CEO-Kollegin Gail Rebuck. Wir sitzen mit ihr in einem dieser typischen fensterlosen Konferenzräume im Hauptquartier von Ogilvy Mather Worldwide an New

---

[67] Sylvia Ann Hewlett: »Baby Hunger. The New Battle for Motherhood«, Atlantic Books 2003

Yorks 49. Straße und trinken Kaffee aus Pappbechern. Auch das ist typisch amerikanisch, nicht mal auf den Chefetagen gibt es richtiges Geschirr. »Irgendwer hat mal gesagt, dass erfolgreiche, berufstätige Mütter Frauen sind, die Ungerechtigkeit aushalten können. Denn irgendwem wird man immer nicht gerecht, egal, welche Entscheidung man trifft«, sagt sie und lacht fröhlich.

»Ich habe mich niemals schuldig gefühlt, denn ich hatte Glück. Mein Mann ging zur amerikanischen Luftwaffe und ich dachte, das wäre ein toller Zeitpunkt, um zwei Jahre auszusetzen, schließlich hatte ich gerade ein Baby bekommen. Doch nach acht Monaten stand ich völlig neben mir, so sehr habe ich mich gelangweilt. Bis vier Uhr nachmittags konnte ich das machen, am Boden sitzen und mit Klötzchen spielen. Aber nach vier Uhr war ich am Ende, ich konnte nicht mehr. Dabei war ich verrückt vor Liebe zu meinem Sohn, was ich auch nicht ahnte, bevor er geboren war. Aber ich wusste, dass es besser für uns alle sein würde, wenn ich mir wieder einen Job suche.« Das war genau die richtige Entscheidung: »Diese Erfahrung war Gold wert, danach habe ich mich nie mehr schuldig gefühlt. Ich wusste ja jetzt, was für mich der richtige Weg ist und wo meine Prioritäten sind. Außerdem habe ich ständig Sachen gemacht, die sich die Frauen heute gar nicht mehr trauen: Ich habe Klienten gesagt, dass ich jetzt zur Schulaufführung gehe, beispielsweise. Aber berühmt geworden bin ich, weil ich mich geweigert habe, sonntagabends zu fliegen. Ewig wurden Meetings angesetzt, die Sonntagabend begannen und bis Mittwochmorgen dauerten. Ich habe gesagt: ›Wisst ihr was? Ich komme Montag nach. Das erste Dinner verpasse ich dann eben.‹ Die Wochenenden waren Familienzeit, und damit basta.«

Nach der Erkenntnis, dass Kindergebrabbel und Bauklötzchen bei aller Liebe nicht den ganzen Tag ausfüllen, nahm Lazarus einen Job als Abteilungsleiterin in einem Warenhaus an. »Samstags musste ich oft arbeiten. Mein Mann kam dann im Geschäft vorbei mit Teddy, unserem Ältesten. Ich habe immer versucht, die Kinder auch an meinem Berufsleben teilhaben zu lassen. Manchmal habe ich sie mit ins Büro genommen, habe ihnen abends erzählt, was ich tagsüber gemacht habe, zeigte ihnen die von mir entwickelten Kampagnen. Von Reisen gab es immer ein Mitbringsel, damit sie an meinen Abenteuern teilhaben konnten. Sie haben sich immer integriert gefühlt, ich habe sie nicht vor meinem Job abgeschirmt.« Das scheint die richtige Strategie gewesen zu sein, denn Shelly findet ihre Kinder großartig. »Sie haben einfach gelernt, locker zu sein. Manchmal haben wir halt erst um halb neun zu Abend gegessen, selbst als sie noch ganz klein waren, weil ich wieder mal spät nach Hause kam. Andere Kinder waren da schon für mindestens eine Stunde im Bett. Wenn dich als Mutter nervt, dass die Kinder nicht jeden Abend um sieben in der Kiste liegen, dann hast du ein Problem. Ein Teil des Geheimnisses ist: Mach dich nicht wahnsinnig, pass dich irgendwie an. Meine Kinder sagen heute, dass sie eine schöne Kindheit hatten.«

Die Nachbarinnen waren allerdings anderer Meinung. »Die haben auf mich herabgeblickt. Heute nicht mehr, aber damals, als es noch so wenig berufstätige Mütter gab. Mir hat niemand ins Gesicht gesagt, dass ich eine schlechte Mutter sei, aber es wurde meinen Kindern vermittelt, die das gar nicht mochten. Am härtesten hat es wohl meinen Ältesten getroffen, weil ich so eine Ausnahmeerscheinung war, als er noch klein war. Als Teddy in den Kindergarten ging, begann er zu fragen, warum ich nicht bei Tageslicht nach Hause kommen würde, wenn ich schon arbeiten gehen müsste. Die Erzieherinnen selbst haben mich nicht angesprochen, aber es war ganz klar, dass eben der kleine Kerl sich das anhören musste.«

Für einen Moment huscht Bitterkeit über das ansonsten amüsierte Gesicht von Shelly Lazarus. Und dann zitiert sie Anna Quinlin, eine politische Kommentatorin, die in den USA ungefähr so bekannt ist wie bei uns Sabine Christiansen: »Anna Quinlin hat mal gesagt: ›Jede Mutter, die keinen Job außerhalb der eigenen vier Wände hat, muss glauben, dass alle Mütter, die einen haben, ihren Kindern nur Schokoladenkekse zu essen geben und sie ohne Strümpfe und Schuhe in den Schnee hinausschicken.‹ Und dann hat sie noch gesagt: ›Weißt du was? Die brauchen das. Lass sie in ihrem Glauben, streite nicht mit ihnen. Sie brauchen das, um sich gut zu fühlen.‹«

Natürlich war es auch für Lazarus kein reiner Spaziergang, CEO einer der größten Werbeagenturen der Welt zu werden. Ohne Opfer geht es nicht. »Ich habe keine Hobbys. Ich gärtnere nicht. Ich male nicht. Ich habe sehr enge persönliche Freunde, die ich selten sehe. Ich liebe Bücher, aber während die Kinder heranwuchsen, hatte ich wenig Zeit zum Lesen. All diese Dinge gibst du auf. Aber das ist ja auch alles aufschiebbar – du weißt ja, dass du irgendwann wieder dazu kommen wirst. Für den Moment ist es einfach wichtiger, mit den Kindern zusammen zu sein. Mein Mann und ich sind an den Wochenenden auch nicht mehr ausgegangen, außer mit den Kindern. Unter der Woche musste ich oft reisen, und die Wochenenden gehörten eben der Familie. Ein paar Freunde habe ich deswegen verloren. Sie luden uns immer wieder samstags zu Dinnerpartys ein und ich habe einfach gesagt: Es tut mir leid, ich gehe samstagabends nirgendwohin. Ebenso habe ich aufgehört, Leute einzuladen. Es ist ja nicht nur die Party am Abend – der Punkt ist doch, dass du den ganzen Tag Vorbereitungen hast, wenn du abends ein Essen gibst. Also habe ich das gelassen – und plötzlich stellst du fest, dass dieser ganze Kram sowieso völlig bedeutungslos ist.«

Neben der Fähigkeit, zu den eigenen Entscheidungen zu stehen, Prioritäten zu setzen und bestimmte Opfer in Kauf zu nehmen, ist natürlich exzellente Kinderbetreuung das Alpha und Omega der arbeitenden Mutter. Die New Yorker BCG-Partnerin Miki Tsusaka sagt lächelnd: »Das Leben ist kein Spaß, wenn man negativ denkt.« Sie hat drei Kinder zwischen 13 und sechs und fand vor 13 Jahren die perfekte Nanny über eine Annonce in der *New York Times*. Nancy McKinstry klingt ganz ähnlich: »Mein Sohn wird 16 dieses Jahr und das heißt, wir haben seit 16 Jahren denselben ›Babysitter‹. Diese Kontinuität ist wichtig, es muss ein verlässliches Netzwerk für die Kinder geben. Die Frauen, die ich habe aufgeben sehen, wechselten meist ihre Nanny alle vier Monate. Und viele waren mit einem Mann verheiratet, der zwar viel Geld verdiente, aber seine Frau nicht wirklich unterstützte. Dann kam immer die Frage: Wer verdient mehr – und das ist dann das Ende.«

Am besten geht's arbeitenden Müttern natürlich, wenn ihnen

auch der Staat zur Seite steht. Die Artémis-Chefin Patricia Barbizet ist stolz auf ihr Vaterland: In Frankreich gibt es jetzt seit fünfzig Jahren eine wirklich familienorientierte Politik. Hier kann man die Betreuungseinrichtungen nutzen, ohne dass einem die Schwiegermutter vorwirft, die Kinder zu vernachlässigen. »Die Regierung hat diese Systeme installiert, um den Frauen zu helfen, Kinder und Karriere zu verbinden, und man kann sich auf die Qualität der Betreuung verlassen.«

Schon in der Bibel steht, dass sich die Sünden der Ahnen fortsetzen bis ins siebte Glied. Das gilt offenbar auch für die Tugenden der Mütter. Was Schwiegermütter und Mütter ihren Töchtern erlauben, prägt auch die kommenden Generationen. Das zumindest legt die Geschichte von Lady Barbara Judge nahe. »Ich bin der Meinung, dass es absolut möglich ist, eine Karriere und Kinder zu haben. Es ist schwierig und man muss es wirklich wollen, aber es geht. Ich habe nur ein Kind und hätte gerne mehr gehabt. Denn wenn die Nanny mal eingeführt ist, geht es auch mit zweien. Ehrlich gesagt habe ich es meiner Mutter zu verdanken, dass ich das alles hingekriegt habe. Sie ist inzwischen 83 und arbeitet immer noch, und zwar solange ich denken kann. Sie hat zu mir gesagt: ›Du bekommst genauso viel von deinen Kindern, wie du ihnen gibst. Aber du musst nicht auf ihnen sitzen. Fühl dich nicht dauernd schuldig und tu vor allem nichts für sie, was sie nicht auch selbst für sich tun könnten. Du musst nicht alles selber machen. Das kann auch eine andere, liebevolle Person tun.‹ Wenn Kinder noch eine zusätzliche Quelle der Liebe in ihrem Leben haben, umso besser.«

Mütter und Töchter – ein spannendes und ein spannungsreiches Feld. Immer wieder erzählen uns die Frauen von ihren Töchtern und was sie tun, auch um ihnen ein Vorbild zu sein. Miki Tsusaka beispielsweise kommt aus einer Familie arbeitender Frauen, die Mutter leitet heute eine Schule in Japan. »Es hängt viel davon ab, wie du selbst aufgewachsen bist. Ich denke oft darüber nach im Hinblick auf meine eigenen Kinder und bei der Frage, ob ich meine Söhne anders behandeln soll als meine Tochter. Ich versuche, sie die Kunst des Machbaren zu lehren. Meine Tochter ist davon überzeugt, dass sie einen Beruf haben wird. Sie ist jetzt schon selbstbewusst und angriffslustig. Sie ist diejenige mit den Supernoten in der Schule. Sie hat jetzt schon ihre Ziele.«

Auch Agnès Touraine versucht ihrer Tochter vorzuleben, wie man eine möglichst stimmige Person wird, mit einem privaten und einem professionellen Leben, einer Familie und einer Karriere.»Man muss Delegieren lernen. Diese Diskussion hatte ich gestern Nacht mit meiner Tochter. Um Mitternacht saß die immer noch da und löste eine Mathematikaufgabe. Ich musste ihr erklären, dass man im Leben nicht perfekt sein kann. Wer ewig der Perfektion hinterherrennt, wird meistens scheitern. Es ist ungeheuer wichtig, sich Ziele zu setzen, die erreichbar sind.« Perfektion ist dabei fehl am Platz.»Man darf die Haushälterin nicht dauernd kritisieren, weil sie die Dinge vielleicht anders angeht als man selbst.«

Auf die Frage, ob ihre Kinder sich je beschwerten, weil sie so wenig zu Hause ist, sagt Touraine:»Nein, gar nicht. Und das ist ein wichtiger Aspekt. Viele Leute sagen nämlich, dass Kinder nicht ordentlich groß werden können, wenn die Mutter sie nach der Schule nicht persönlich in Empfang nimmt. Viele Leute, vor allem Journalisten, fragen mich: Wie geht es denn Ihren Kindern? Und ich frage zurück: Haben Sie den männlichen CEOs diese Frage auch gestellt? Die Antwort ist immer Nein. Und dann sage ich:›Ach, und warum fragen Sie dann mich?‹ Meine Kinder sind sehr stolz auf mich. Als ich 2003 bei Vivendy Universal aufgehört habe, sagte meine Tochter:›Mami, ich hoffe, du bleibst jetzt nicht zu Hause. Das wäre eine Schande.‹ Meine Kinder sind super, und ich bin auch sehr stolz auf sie. Es könnte auch anders sein, denn es gibt Familien, in denen sich die Kinder über die abwesende Mama beschweren. Andererseits kenne ich auch einige Haushalte, die Probleme haben, obwohl die Mutter zu Hause ist. Vermutlich gibt es keine verlässliche Regel, außer der, dass Kinder glücklich sind, wenn ihre Eltern glücklich sind. Deswegen streite ich mich auch dauernd mit diesen Frauenmagazinen, denn die vermitteln immer, egal was wir machen, es ist falsch. Wenn wir scheitern, sind wir selbst schuld. Wenn wir Erfolg haben, sind wir Karrieristinnen, die sich nicht um ihre Kinder kümmern und sich aufführen wie Männer. Und wenn wir zu Hause bleiben, dann fragen sie uns: ›Was machen Sie eigentlich den ganzen Tag? Haben Sie nichts beizutragen?‹ Und wenn wir außer Haus gehen, heißt es: ›Geht es eigentlich Ihren Kindern gut?‹« Selbstverständlich geht es den Kindern nicht immer gut. Aber es geht ihnen schon deswegen nicht immer gut, weil sich kein Mensch zu jeder Zeit und überall wohlfühlt.

Schön ist auch die Geschichte von Gail Rebuck: »Meine Töchter – eine ist 19 und an der Uni und die andere ist 16 – haben, während sie aufwuchsen, bei ihren Eltern Gleichheit erlebt. Ich habe sie auch schon gefragt, ob sie sich benachteiligt fühlen, weil ich manchmal nicht da war. Und sie sagen: ›Ach du meine Güte, nein!‹ Manchmal drohe ich im Spaß, nicht mehr zu arbeiten und bei ihnen zu Hause zu sein. ›Tu das nicht‹, sagen sie dann immer, ›bitte geh arbeiten!‹ Und lachen über mich. Ich hoffe, dass sie heranwachsen und eines Tages auch Kinder wollen und so etwas wie ein ausgeglichenes Familienleben. Sie werden das nach ihren eigenen Vorstellungen machen, und vielleicht erleben sie auch eine grässliche Überraschung, wenn sie zu arbeiten anfangen. Aber ganz sicher können sie mit dem Gefühl antreten, dass sie tun können, was sie wollen.« Nancy McKinstry, die in Amsterdam Wolters Kluwer führt, erzählt: »Bevor wir hier hergezogen sind, gingen meine Kinder in eine New Yorker Privatschule, eine akademisch sehr anspruchsvolle, ziemlich harte Einrichtung. Da kriegt man einen guten Blick auf die Mütter aus der privilegierten Schicht, die sich entschieden haben, zu Hause zu bleiben. Diese Frauen sind sehr gut ausgebildet und oft ziemlich ehrgeizig. Meiner Erfahrung nach wurden sie mit ihrem Entschluss zum Hausfrauentum nicht unbedingt glücklicher als die Frauen, die sich anders entschieden haben. Die Nur-Mütter haben oft alle Energie in die Aufgabe gesteckt, ihr Kind zu einem Erfolg zu machen – bis zu einem Punkt, wo ich mich dann fragte, ob das noch richtig verstandene Mütterlichkeit ist. Damit will ich sagen: Egal, welchen Weg du gehst, versuche glücklich zu werden mit deiner Wahl, denn den einzig richtigen Weg gibt es nicht.«

Kampfstillerinnen versus Rabenmütter
Wie Frauen sich gegenseitig das Leben
schwer machen

> *»Es gibt hier keine Solidarität unter den Frauen.«*
> Regine Stachelhaus

»Wenn Frauen sich für ein Lebensmuster entschieden haben, wird auf Frauen mit anderen Vorstellungen eingehauen. Die einen reden von den ›Übermüttern‹, die anderen von den ›Rabenmüttern‹. Beides ist ja wohl gleichermaßen unpassend«, findet Regine Stachelhaus, die deutsche »Managerin des Jahres 2005«.

Die Hewlett-Packard-Geschäftsführerin ist oft fassungslos über das Ausmaß der Aggression unter Frauen: »Viele Mütter, die sich ausschließlich für ihre Kinder entschieden haben, leben ihren zum Teil enormen Ehrgeiz über ihren Nachwuchs aus. Ich habe mich auf all den Elternabenden immer über den verbissenen Ehrgeiz der Mütter gewundert, die sich Gedanken machten, wie sich die Religionsnote zusammensetzt, um den Notenschnitt vielleicht doch noch irgendwie zu heben, und die so versuchten, Erfolge über ihre Kinder zu verwirklichen. Dieselben Frauen lehnen es militant ab, wenn sich jemand für ein anderes Lebensmuster entscheidet. Sie stehen an vorderster Front, wenn es darum geht zu sagen: ›Das schadet dem Kind! Das einzig akzeptable Lebensmuster ist meines.‹ Und das Kind wird gefördert, bis es blau anläuft. Genauso heftig ist allerdings auch die Arroganz der arbeitenden Frauen. Die sagen über die anderen: ›Und dann sitzt die zu Hause und hat gar keinen Überblick mehr über das, was läuft, hat nichts erreicht.‹ Es gibt hier keine Solidarität unter den Frauen.«

Martina Rißmann hört von ihren Beraterinnen oft, dass es andere leichter haben beim Karrieremachen. Weil sie ohnehin Single sind und keinen Job mit Mann und Kind organisieren müssen oder weil die Schwiegereltern für die Kinderbetreuung stets zuverlässig zur Stelle sind. »Es wird immer irgendetwas konstruiert an Rahmenbedingung, warum es die Erfolgsfrauen leichter haben als man selbst. Diese ganze Entschuldigungshaltung sagt aber doch bloß: Eigentlich geht es nicht – und wenn eine es doch schafft, ist es ein Sonderphänomen. Zu sagen: Es geht, guck dir die X an und die Y, die kriegen das hin – das wird in Deutschland einfach nicht gemacht.«

Die Erfahrung lehrte Rißmann: »Die Familienkonstellation beeinflusst stark, ob Frauen beruflich am Ball bleiben. Da, wo die Männer Wissenschaftler, Musiker oder Surflehrer sind oder Mütter gar allein erziehend, bleiben die Frauen dran, auch wenn sie hinterher vier Kinder haben. Denn die müssen das Geld verdienen und sich nach außen auch nicht ständig für ihre Karriere entschuldigen, weil sie ja der Hauptverdiener sind. Wenn er hingegen ein ordentliches Einkommen hat, heißt es sofort: Die kann es sich doch leisten, zu Hause zu bleiben, warum tut sie das sich und den Kindern an?«. Der Erfolgsfaktor ist nicht, dass der Mann sich um die Kids kümmert. Es geht vielmehr darum, dass die Frau sich nicht dauernd vor der Schwiegermutter rechtfertigen muss.

Jeanette Wagner kennt Deutschland gut, weil sie als Managerin des Verlagshauses Hearst seinerzeit *Cosmopolitan* auf den deutschen Markt brachte. Damals schon, in den siebziger Jahren, wunderte sie sich über die Rückständigkeit des Landes in Frauenfragen und wie leichtfertig viele Frauen die Verantwortung für das finanzielle Wohl der ganzen Familie ihrem Ehemann aufhalsen. »Wir brauchen Rollenmodelle, über die auch die Presse schreiben sollte. Und diese Vorbilder sollten intelligente Personen sein, die nicht verleugnen, dass eine Karrierefrau eine ganze Menge Dinge auf einmal jonglieren muss. Personen, die aber auch sagen: ›Jede muss die Verantwortung für ihr eigenes Leben übernehmen, Selbstverantwortung ist nicht delegierbar.‹ Leider sehe ich nichts davon in der deutschen Presse, und ich sehe auch nicht viele deutsche Frauen, die sich engagieren, um anderen deutschen Frauen zu helfen.«

Die amerikanische Finanzchefin eines großen deutschen Automobilzuliefer-Unternehmens, die nicht namentlich zitiert werden möchte, hat so ihre Erfahrungen in einer reinen Männerwelt gemacht. Trotzdem sagt sie über deutsche Verhältnisse: »Frauen unter sich sind oft viel schlimmer als Männer mit Frauen. Viele Frauen gucken schon so, dass man sofort sieht, dass sie kein Selbstbewusstsein haben. Und wenn eine keine innere Balance hat, geht es ewig um die Frage: Wie sieht die denn aus? Es gibt viel Neid unter den Frauen, viele reagieren auf eine Karrierefrau sehr negativ, fast ängstlich, eifersüchtig. Und dann geht es immer um die Frage, wer ist jünger, dünner, hübscher. Ob das vielleicht eine interessante Person ist oder ob man sich was zu sagen hat, fragen sich viele Frauen gar nicht, wenn sie einer Karrierefrau begegnen. Stattdessen kommt oft: Hat sie ein Auge auf meinen Mann geworfen? Einmal hat mich die Frau eines Kollegen so dumm angeredet, dass ich ihr gesagt habe: ›Was wollen Sie eigentlich von mir? Ich will nicht mit Ihrem Mann schlafen.‹«

Die mangelnde weibliche Solidarität ist dennoch kein deutsches Sonderphänomen, sondern internationaler Standard. Als wir der Multiaufsichtsrätin Fabiola Arredondo sagen, dass viele Teutoninnen offenbar immer noch das Mutterkreuz vor sich hertragen, sagt sie: »Aber die Frauen in den USA doch auch!« Im Übrigen findet sie, dass die Vereinigten Staaten in der allgemeinen Wahrnehmung viel zu gut wegkommen, was die Vereinbarkeitsdebatte angeht. Arredondo, deren Familie aus Spanien stammt und die lange in London lebte, hatte weniger Probleme, Kinderbetreuung in Frankreich oder England zu organisieren, als in den USA. »Es gibt erstaunlich wenig öffentliche Unterstützung für berufstätige Eltern in Amerika.«

In der angelsächsischen Welt gibt es derzeit auch wieder einen scheußlichen Heim-an-den-Herd-Trend. Die Wahrnehmung, dass berufstätige Frauen schlechte Mütter sind, erhebt gerade von neuem ihr Schlangenhaupt. Dafür typisch ist die folgende Begebenheit. In einer Talkshow treffen vier Mütter aufeinander, zwei davon Hausfrauen, die anderen beiden Karrieremütter. Eine der Karrierefrauen – Mutter von vier Kindern – erzählt von ihrer derzeit schwierigen, arbeitsreichen beruflichen Situation und dass sie manchmal erst um ein Uhr nachts aus dem Büro kommt und morgens um halb sieben wieder loszieht. Eine der Nur-Mütter zischt daraufhin: »Sie kennen Ihre Kinder ja überhaupt nicht, wenn Sie so wenig Zeit mit ihnen verbringen.« Die abgewatschte Frau ist so geschockt, dass sie den Rest der Sendung fast nichts mehr sagen kann; beide Karrierefrauen werden von den Hausfrauen gründlich verdroschen. Es wird ihnen prophezeit, dass sie eines Tages verstörte, hasserfüllte Kinder haben werden, die außerstande sind, vernünftige Beziehungen aufzubauen.

Die Autorin Lauren Booth war eine der abgekanzelten Karrierefrauen in dieser Sendung und verarbeitete diese Erfahrung zu einem Artikel im renommierten Intellektuellenblatt *New Statesman*. Dort schreibt sie: »Okay – aber was ist die Alternative? In den meisten Großstädten sinken die meisten Familien mit nur einem Einkommen auf Armutsniveau ab. Das kann auch nicht gerade gut sein für unsere Kinder.« Eine der Nur-Hausfrauen zählte in besagter Talkshow stolz auf, was sie an materiellem Luxus alles aufgegeben habe, um ihr Kind selbst zu Hause aufwachsen zu sehen. Lauren Booth setzte dieser Hexenjagd ordentlich zu: »Am Morgen nach dieser Talkshow – eigentlich hatte ich einen drängenden Abgabetermin – habe ich meine Tochter Alexandra nicht bloß bei ihrer Tagesmutter Dawn abgeliefert, sondern bin noch auf eine Tasse Kaffee geblieben. Wir Großen sahen unseren Töchtern zu, wie sie fröhlich spielten. Nach einer Weile ging uns das Geplauder aus und die Tagesmutter guckte mir offen in die Augen und sagte: ›Was ist los?‹ Plötzlich wurde mein Hals ganz eng und ich guckte auf meine Hände und dann sprudelte es aus mir heraus: ›Ich bin eine schlechte Mutter, weil ich mit dem Baby zu Hause sein sollte, und diese Frau hat gesagt, dass mein Kind niemals in der Lage sein wird, selbst Beziehungen aufzubauen und, und, und …‹ Dawn stöhnte auf. ›Oh, diese Leute, die uns immer ein schlechtes Gewissen machen wollen. Ich bin auch lange ins Büro gegangen und habe meine Kinder in die Betreuung gegeben. Heute denke ich, das Einzige, was mit meiner Tochter nicht stimmt, ist, dass sie zu sehr klammert. Sie sollte mehr Zeit

mit anderen Leuten verbringen‹.«[68] Schuldgefühl, du bist eine
Erfindung berufstätiger Mütter!

Spätestens seit Daniel Golemans Bestseller »EQ 2 – Der Erfolgsquotient«[69] zur emotionalen Intelligenz gelten Frauen als
das gefühlsmäßig und kognitiv überlegene Geschlecht. Sie sind
angeblich einfühlsamer, sensibler, team- und kommunikations-
fähiger, einfach besser in allem Zwischenmenschlichen. Unserer
Erfahrung nach stimmt das nur halb. Jawohl, die Durchschnitts-
frau ist besser darin als der Durchschnittsmann, die Gefühlslage
eines Gegenübers intuitiv zu erfassen. Dass sie aber mit dem Er-
spürten grundsätzlich liebevoller umgeht als ein ignoranter Kerl,
ist ein gut gepflegtes Märchen. Frauen nutzen nämlich auch gerne
die psychologischen Schwachpunkte einer anderen Person: Berufstätige Mütter machen sich Sorgen, wenn sie nicht bei ihren
Kindern sind, und Hausfrauen trampeln genau auf diesem
schlechten Gewissen herum. Viele hauptberufliche Mütter sorgen sich hingegen um ihren Intellekt und ihre finanzielle Zukunft – das wiederum ist ein Fest für Karrierefrauen, kann man
in diese Wunde doch so schön zurückschlagen: »Hausfrauendasein macht doof!«

Frauen sind zwar emotional intelligenter, aber sie nutzen diese
Fähigkeit auch gerne, um aufeinander einzudreschen. Auch das
ist offenbar ein universelles Phänomen. Sagt zumindest die Forschung. Frauen werden zum Liebsein erzogen und lernen spät
oder gar nicht, ein geeignetes Ventil für ihre negativen Emotionen zu finden. Die Pädagogin Hildegard Macha schreibt: »Ein Risiko der Sozialisation von Mädchen und Frauen liegt auch in den
mangelnden Ausdrucksmöglichkeiten für Wut und Aggression.
Im Sozialisations-, Erziehungs- und Bildungsprozess werden
diese bei Mädchen negativ sanktioniert. Diese entwickeln deshalb Strategien, ihre Aggressionen auf andere Art auszuleben,
etwa auf diskriminierende Weise unter den Mädchen. Durch das

---

[68] Lauren Booth: »There are people who just want to make us working moms
feel guilty«, In: *New Statesman*, 1. April 2002
[69] Daniel Goleman: »EQ2 – Der Erfolgsquotient«, Carl Hanser Verlag, München 1999

Fehlen von produktiven Strategien, die nicht zum normierten Bild des Mädchens passen, werden Wut, Zorn, Neid und Konkurrenz zwar nach außen hin verleugnet, aber als zerstörerische Energie in die Interaktion eingebracht. So werden etwa Allianzen zwischen Freundinnen geschmiedet, um beliebte, attraktive oder beneidete Mädchen zu diskriminieren und den sozialen Kontakt zu diesen zu unterbinden oder zu erschweren. Auf diese Weise werden Mädchen ausgegrenzt und verletzt.«[70] Dieses Phänomen ist ebenfalls international zu beobachten. Und was Klein-Clärchen lernt, betreibt Clara später mit umso größerer Wendigkeit. Weibliche Solidarität ist auf der ganzen Welt eine Chimäre.

Allerdings scheint es im Ausland mehr Frauen als in Deutschland zu geben, denen es gelingt, die Kritik ihrer Freundinnen, Schwestern, Schwiegermütter oder Krabbelgruppengefährtinnen abzuschütteln und ihren eigenen Weg zu gehen. Viele nutzen gar die Kritik an ihrer Person, um noch genauer zu definieren, was ihnen für ihr persönliches Leben wichtig erscheint. Die heute in Amsterdam arbeitende Amerikanerin Nancy McKinstry beispielsweise beschreibt an einem sehr persönlichen Erlebnis ihren Umgang mit Kritik: »Sie war eigentlich eine ganz nette Frau, diese Mitarbeiterin von mir. Damals pendelte ich: Wir lebten mit unserem zweijährigen Sohn in New York, mein Mann ist Arzt und hatte dort seine Praxis. Ich verbrachte drei oder vier Tage jede Woche in Chicago. Und dann sagte diese Frau eines Tages zu mir: ›Mein Gott, wie kann du nur deinen Zweijährigen alleine lassen‹, und das hieß natürlich im Klartext: ›Was bist du nur für eine herzlose Mutter!‹ Ich war damals ziemlich überrascht von diesem Kommentar. Weil ich eigentlich eine freundschaftliche Beziehung zu der Kollegin hatte, habe ich versucht, diese Äußerung nicht persönlich zu nehmen. Aber sie hat mich gelehrt, dass man im Leben ganz sicher sein muss, das Richtige für sich selbst und die Familie zu tun. Man darf die Auffassungen anderer Leute nicht zu sehr an sich heranlassen.«

---

[70] Hildegard Macha: »Rekrutierung von weiblichen Eliten«; in: *Aus Politik und Zeitgeschichte* (10/2004)

Isabel Aguilera, die spanische Hotelmanagerin, wurde auch immer wieder zur schlechten Mutter erklärt. »Ich liebe es zu organisieren und aus komplexen Situationen einfache zu machen. Ich glaube, dass ich das mit meinen Kindern gelernt habe, die fünf Jahre auseinander sind. Die anstrengendsten zwei Jahre waren die, als mein Sohn anfing, auf eigenen Beinen die Welt zu erkunden, und die Kleine noch im Krabbelalter war. Das hat mich fast umgebracht.« Aguilera erinnert sich an die alten, komplizierten Zeiten zurück. »Ich hatte keine Nanny, weil ich mir die damals nicht leisten konnte. Jetzt habe ich das Geld für eine Haushaltshilfe oder eine wirklich gute Schule oder ein Taxi, wenn es klemmt. Doch damals habe ich in meine Karriere investiert und hatte kein tolles Gehalt, aber zwei Kinder und jede Menge Rechnungen. Im Alltag hatte ich es immer eilig. Dazu kam ein ausgeklügeltes Netzwerk an verschiedenen Babysittern, eine konnte nur morgens kommen, eine andere hatte ein Auto und konnte die Kinder in der Schule abholen, eine dritte war die Notlösung, falls jemand anderes ausfiel … und irgendwie habe ich das hingekriegt. Manchmal musste ich nach Barcelona reisen und konnte mein Baby ja nicht auf der Türschwelle liegen lassen. Also habe ich die zusätzlichen Reisekosten eben bezahlt und es mitgenommen und in Barcelona in einer Kinderkrippe abgegeben. Vor dem Rückflug habe ich mein Kind dann wieder eingesammelt.«

Auf die Frage, ob ihre Kinder ihr die Abwesenheit nie übelgenommen haben, lacht Aguilera. »Sie kennen es gar nicht anders, denn so bin ich halt. Im Übrigen glaube ich, dass man eine wunderbare Mutter sein kann, auch wenn man ständig quer durch Europa fliegt, und eine schlechte Mutter, obwohl man dauernd für die Kinder da ist. Meine Kinder sind stolz auf mich. Dass ich sie nie von der Schule abgeholt habe, war ihre einzige Beschwerde. Aber wenn eine Theateraufführung oder eine Sportveranstaltung in der Schule war, bin ich immer hingegangen und habe dafür gesorgt, dass sie mich ganz am Anfang sehen und wissen, ich bin da. Manchmal bin ich direkt danach wieder verschwunden, aber ich war da und das war wichtig.« Der Vater der Kinder hingegen glänzte durch Abwesenheit. »Er hat mir nicht geholfen. Ich war diejenige, die für das Abendessen und alles andere gesorgt hat. Diese Komplexität hat mir geholfen, schnell, effizient und organisiert zu werden.« Aguilera liebt beide Welten: »Beim Arbeiten habe ich es nie bedauert, nicht zu Hause zu sein – und wenn ich bei meinen Kindern war, habe ich das Büro nicht vermisst. Ich konnte den Fokus verändern, und das ist auch für ein erfolgreiches Berufsleben sehr wichtig.«

Aguilera ist überzeugt: »Den Kindern geht es gut, sie werden versorgt. Alle ihre Bedürfnisse sind erfüllt – warum sollte ich mich schuldig fühlen? Das ist doch einfach dumm. Ich finde es angebrachter, wenn sich jemand schuldig fühlt, weil die Leute in Afrika verhungern oder weil es so viel häusliche Gewalt gibt. Ich fühle mich deswegen schuldig, da ich das sehr bedauere, aber nichts dagegen unternehme. Aber warum sollte ich mich für etwas schuldig fühlen, was überhaupt kein Problem darstellt? Fühlt euch doch schlecht für etwas, das eure Sorgenfalten verdient!« Und dann fängt sie an, von der Verantwortung und dem Einfluss der Frauen zu sprechen, die Welt von morgen zu formen. »Die wesentliche Macht der Frauen ist doch, dass sie hauptsächlich die Kinder erziehen. Wir sollten ihnen Selbstrespekt beibringen, den Jungs und den Mädchen. Unseren Söhnen sagen wir, dass sie später Berufe haben. Dasselbe sollten wir auch unseren Töchtern beibringen.« Auch ganz alltägliche Dinge helfen, aus den Kindern selbständige und verantwortlich handelnde Menschen zu machen. »Ich kann meinen Kindern beibringen, wie man mit Stress umgeht und mit verschiedenen Aufgaben im Leben, und sie fragen: Sind deine Schuhe geputzt? Hast du dein Bett gemacht? Und so kommt immer eine neue Aufgabe in einer immer komplexeren Umgebung dazu. Niemals sollten die Kinder das Gefühl bekommen, dass sie nur zur Schule gehen müssen und dass sich um alles andere jemand anderes kümmert. Erziehen ist auch eine soziale Verantwortung.«

Lady Barbara Judge weiß, wie viele ungute Gefühle die Gesellschaft einer berufstätigen Mutter einflößt. »Andere Frauen jagen dir Schuldgefühle ein, darauf kannst du wetten. In Hongkong haben sie mir übel nachgeredet, weil ich einen internationalen Job hatte und viel gereist bin. Mein Sohn ist heute 22 und in Wharton, das ist die Business School der University of Pennsylvania, sehr erfolgreich. Neulich habe ich ihn gefragt: ›Na, wirst du mal ein nettes hübsches Mädchen heiraten, das sich um die Kinder kümmert? Oder wirst du eine heiraten wie deine Mutter, die dauernd um die Welt rennt, um ihren Job zu machen? Eine, die nie daheim ist?‹ Und mein Sohn sagte: ›Mami, du warst dauernd da. Eigentlich warst du zu viel zu Hause.‹ Natürlich weiß er auch, dass ich viel weg war. Aber ich war immer da, wenn es drauf ankam, immer, wenn es wichtig wurde.« Das ist heute noch viel unproblematischer als damals: »Als ich jung war, musste man seinem Chef noch vorflunkern, dass man zu einem Meeting geht, wenn in der Schule eine Aufführung war. Heute kann man dem Boss sagen: ›Ich muss in die Schule, mein Sohn spielt heute in einem Theaterstück.‹ Die Welt ist also schon ein ganzes Stück besser geworden«, freut sich die Lady. Trotzdem versauern viele Frauen zu Hause. »Wenn deine Kinder groß sind und du hast keinen Job, was machst du dann? Shopping? Das ist ein trauriges und einsames Leben. Zu Hause zu bleiben und zu putzen ist eine langweilige, traurige und harte Arbeit. Es ist viel härter, ständig die Küchenschränke auszuwaschen, als einen Job in der Welt draußen zu haben.«

Mylady ist mit dem Thema Stutenbissigkeit offensichtlich bestens vertraut. Aber anstatt zurückzubeißen, macht sie einen Sport daraus, sich dazu konträr zu verhalten. »Einige der schlimmsten Personalberater hier in England sind Frauen. Die helfen nur Nachwuchsfrauen, aber niemandem in ihrem eigenen Alter. Viele sagen: ›Ach, das kannst du ihnen nicht vorwerfen. Sie haben so hart gearbeitet, um dahin zu kommen, wo sie sind. Denen hat auch keiner geholfen, und jetzt wollen sie halt keine neben sich dulden.‹ Ich akzeptiere dieses schreckliche Verhalten nicht und werfe ihnen das vor. Man nennt es Bienenköniginnen-Syndrom, ich kenne ein paar von der Sorte. Deswegen achte ich besonders darauf, dass ich Frauen mit Potenzial unterstütze. Jedes Mal, wenn ich heute einer Frau helfe, sage ich ihr: ›Du musst nichts für mich tun. Hilf ganz einfach einer anderen Frau. Tu irgendetwas Nettes für eine andere.‹ Denn die meisten Frauen helfen einander nicht. Die meisten reden nur über Solidarität, praktizieren sie aber nicht.«

Stutenbissigkeit im Job

Dass sich Hausfrauen und Karrieremamis gegenseitig nicht grün sind, leuchtet uns irgendwie ein – da prallen schließlich Glaubenssätze und Lebensentwürfe aufeinander. Wenn die eine der anderen Gruppe Recht geben würde, hieße das ja gleichzeitig, die eigenen Entscheidungen und Grundsätze in Frage zu stellen. So etwas zu tun überfordert die meisten Menschen. Schwerer verständlich ist jedoch das Phänomen der kämpfenden Amazonen unter den berufstätigen Frauen. Die Frauen, die sich nämlich entschlossen haben, die Doppelrolle als Mutter und Managerin zu wagen, finden in den Unternehmen nicht etwa lauter Gleichgesinnte vor, die schon deswegen solidarisch sind, weil sie mit den gleichen Sorgen und Problemen kämpfen. Viele Frauen erleben, dass sie sich nicht nur mit den Männern anlegen müssen, sondern auch noch von anderen Frauen angefeindet werden. Häufig genug sind auch weibliche Vorgesetzte kein bisschen verständnisvoller für die Probleme einer berufstätigen Mutter als ein männlicher Macho-Boss – im Gegenteil.

Unlängst veröffentlichte der britische *Guardian* ein Bekennerschreiben. Verfasserin ist Esther Rantzen, eine Fernsehmoderatorin, die in England ungefähr so bekannt ist wie bei uns Thomas Gottschalk. Jahrelang präsentierte sie bei der BBC eine Sendung über Probleme von Verbrauchern, in der sie so seelenvoll auftrat wie Mutter Beimer persönlich. Nun, nach 40 Jahren im Geschäft, schreibt sie: »Ich war nicht nur zäh, sondern auch fies und das war nicht notwendig. Eines Tages schickte mir eine meiner Mitarbeiterinnen ein Taxi zur falschen Adresse, weshalb ich 20 Minuten zu spät ins Büro kam. Und ich fragte sie laut: ›Hast du schon mal über eine Gehirntransplantation nachgedacht?‹ Was habe ich mir nur eingebildet?« Rantzen hat ihre Lektion offenbar gelernt, aber nur weil eine Print-Reporterin diese Begebenheit zufällig mitbekam und in ihrer Zeitung veröffentlichte. Plötzlich sah die Mutter Beimer der englischen Nation aus wie eine kreischende Furie. Eine bittere Lektion für Rantzen, die ihr wohl zu denken gab.

Geläutert schreibt Rantzen im *Guardian:* »Die männlichen Tyrannen, die ihre Befehle einst mit Schimpfwörtern versehen durch die Gegend bellten, haben die Unternehmen verlassen. Sie wurden durch nette, kooperative ›neue Männer‹ ersetzt, die Fotos von ihren Babys im Büro aufstellen. Gleichzeitig schienen sich eine Menge der ›neuen Frauen‹ in die entgegengesetzte Richtung zu bewegen. Ob sie sich nur gegen die bei Frauen immer vermutete Schwächlichkeit zur Wehr setzen wollten, oder ob sie einfach die schlimmsten aller Männer imitierten, oder ob sie die Fähigkeit, zur bösen Hexe zu werden, per se in sich tragen – zu viele haben sich einen Stil zugelegt, der immer auf dem schwächsten Glied herumhackt. Sie freuen sich, Ideen rüde abzuschießen, den Nachwuchs öffentlich zu demütigen und verletzliche Teammitglieder in Tränenausbrüche zu treiben.«[71]

Nun mag die britische Medienindustrie ein ungewöhnlich hartes Pflaster sein, aber die Neigung von Frauen, ihren Geschlechtsgenossinnen das Leben schwer zu machen, ist auch in anderen Branchen verbreitet genug, dass in der jüngsten Vergangenheit mehrere Bücher dazu erschienen sind. Für den deutschsprachigen Markt schrieb Anja Busse »Zicken unter sich«.[72] Ihr Buch beschreibt ein in der Damenwelt liebevoll gehegtes Credo: Die Welt könnte so schön sein, wenn nur Frauen mehr zu sagen hätten. Besonders in den Unternehmen geht es so hartherzig zu, weil fast ausschließlich Männer sie regieren. Mit diesem Vorurteil räumt Busse gründlich auf. Schon in der fünften Zeile ihres Buches fällt der Begriff Stutenbissigkeit, den die Autorin nicht mal in Anführungszeichen setzt. Ihre Generalthese zum Thema Frauen am Arbeitsplatz lautet: Unter Kolleginnen geht es zu wie im Krieg, nur dass die Damen in der Regel nicht das Visier hochklappen, sondern vielmehr wehrkraftzersetzend tätig werden: Gerüchte streuen, mobben, Intrigen spinnen – alles weibliche

[71] Esther Rantzen: »Why women bosses are bullies«, in: *Guardian Unlimited,* 26. Februar 2006
[72] Anja Busse: »Zicken unter sich – Konflikte und Lösungen im weiblichen Konkurrenzkampf«, Orell Füssli Verlag, Zürich 2004

Spezialitäten. Kurz, so Busse: »Der Psychoterror unter Frauen ist allgegenwärtig und alltäglich.«

Die Personaltrainerin befindet: Frauen agieren häufig extrem unprofessionell, weil zu emotional. Sie können einander nicht kollegial-neutral begegnen, sondern sind entweder miteinander befreundet oder sich spinnefeind. Nett zueinander sind sie nur so lange, wie alle in derselben – untergeordneten – Position sitzen. Sobald eine es wagt, sich als Chefin zu erheben, fallen die anderen über sie her wie Hyänen. Die Konsequenzen liegen auf der Hand. Männer müssen sich nicht damit aufhalten, weibliche Konkurrenz zu attackieren, die erledigen deren Geschlechtsgenossinnen schneller und wirkungsvoller selbst. »Der Klassenfeind sitzt nicht immer jenseits der Geschlechtermauern, sondern oft genug im eigenen Land«, so Busse. In der englischsprachigen Welt sind gleich drei neue Werke über den weiblichen Konkurrenzkampf im Büro auf dem Markt. Das spricht für sich und die Virulenz eines Problems, dessen Existenz wir lieber erst gar nicht zugeben würden, weil all die Bekenntnisse letztlich doch den Fieslingen in die Hände spielen, die immer schon gewusst haben, dass »Weiber!« als Führungspersonal untauglich sind. Aber ein Problem verschwindet halt nicht schon durch die Weigerung, es zur Kenntnis zu nehmen.

Am Arbeitsplatz herrscht nun mal Wettbewerb: um die besten Jobs und die dicksten Gehaltsschecks, um Redezeit im Meeting, die besten Mitarbeiter im Team, ja sogar um den Parkplatz vor dem Haupteingang. Männer finden das normal, viele genießen es gar zu konkurrieren. Schließlich haben sie sich schon als Jungs geprügelt, um herauszufinden, wer der Platzhirsch auf dem Schulhof ist. Frauen hingegen werden vom Konkurrenzkampf im Büro offenbar überrascht, wiewohl einem die Anekdoten in Nan Mooneys Buch »I can't believe she did that!«[73] verdammt vertraut vorkommen. In über hundert Interviews mit Arbeitnehmerinnen verschiedener Branchen und Hierarchiestufen hat Mooney

---

[73] Nan Mooney: »I can't believe she did that!«, St. Martin's Press, New York 2005

Erkenntnisse darüber gesammelt, wie und warum Frauen sich im Job gegenseitig ausbooten, hintergehen, anfeinden.

Das Gerempel um die sonnigen Plätze an der Macht scheint Frauen zu entsetzen. »Ich dachte immer, wir Mädels müssen zusammenhalten«, beschreibt die Autorin die typisch weibliche Haltung. »Wir fühlen uns emotional verpflichtet, einander zu unterstützen, wollen und müssen aber auch miteinander konkurrieren.« Dass Frauen persönlich stärker interagieren und daher die besseren Führungskräfte sind, wird gerne betont, die Kehrseite aber fällt unter den Tisch: Frauen nehmen alles persönlich, insbesondere den Ehrgeiz anderer Frauen. Kurz, von der Mär, Frauen seien schon deswegen die besseren Chefs, weil sie weniger mit ihrem Ego beschäftigt seien, können wir uns getrost verabschieden. Die Gründe für Stutenbissigkeit sind Mooney zufolge vielfältig. Erstens: Die Einzelkämpferin hatte jahrelang Exotenstatus und lebte allein unter Männern. Erscheint am Konferenztisch plötzlich noch eine Dame, fliegen die Pfeile. Zweitens: Stellvertreterkriege. Nur nach außen wird um das interessante Projekt oder das schönere Büro gekämpft, eigentlich geht es um die Frage: Wer ist jünger, dünner, schöner? Die Lady auf der optischen Pole Position hat den Schwarzen Peter und ein paar unvermutete neue Feindinnen. Drittens haben viele Frauen der älteren Generation der Karriere wegen aufs Kinderkriegen verzichtet und rächen sich nun an den Jüngeren, die versuchen, aus den drei großen »K«s die drei großen »B«s zu machen: Baby, Businesslunch und Beautycase.

Susan Shapiro Barash, eine feministische Wissenschaftlerin, haut in »Tripping the Prom Queen«[74] (was so viel heißt wie: »die Königin des Schulballs zu Fall bringen«) so ziemlich in dieselbe Kerbe und lässt ebenfalls jede Menge Frauen zu Wort kommen, die ihre hässlichen Gedanken und Gefühle für andere Frauen bekennen. Das zu lesen tut weh. Alle drei – Busse, Mooney und Shapiro Barash – versuchen am Ende nachzuweisen, dass Frauen

---

[74] Susan Shapiro Barash: »Tripping the Prom Queen«, St. Martin's Press, New York 2006

so »zickig« agieren, weil sie es halt so gelernt haben. In anderen Worten: Wenn Weiber keifen, ist ihre Erziehung schuld oder die Gesellschaft oder das patriarchalische System. Wo bitte bleibt da die Selbstverantwortung der Frauen? Wenn Männer sich in Konkurrenzsituationen aufführen wie Säbelzahntiger, werden ja auch keine Ausreden akzeptiert.

Alltag im Job
Sind es nur die Männer – oder machen Frauen auch Fehler?

»Nach all den Jahren ist mir inzwischen klar, wenn da
bei einer in der Beurteilung steht ›zickig!‹ – dann schafft die's!«
Martina Rißmann

»Vier Streithähne, ein Mädchen und jede Menge Papier«[75] beti-
telt die *Frankfurter Allgemeine Sonntagszeitung* im Herbst
2005 einen Artikel über den als »Wirtschaftsweise« bekannten
Sachverständigenrat, in dem nun mit Beatrice Weder di Mauro
erstmals eine Frau sitzt. Das wäre zum Lachen, wäre es nicht so
unverschämt. Erstens tut dieser Artikel so, als wäre die Ökono-
min mit einer wissenschaftlichen Referenzliste so lang wie der
Amazonas eine »Quotenfrau«. Zweitens unterstellt er, dass sie
»nur ein Mädchen« ist und daher nicht ernst zu nehmen. Drittens fragt sich, wer einen erwachsenen Mann, der wie Weder
di Mauro von der Weltbank kommt, als »Buben« bezeichnen
würde. Diese Diskreditierung durch Verniedlichung sollten die
Herren Journalisten mal mit Horst Köhler versuchen, ebenfalls
Ex-Weltbanker und heute Bundespräsident.

Der Befund erfreut nur die Artenschützer: Es gibt sie noch, die
Dinosaurier, denen es am liebsten wäre, wenn Frauen im Job maximal für die Qualität des Kaffees zuständig wären. Neil French
beispielsweise gilt als einer der profiliertesten Kreativen in der
internationalen Werbeszene. Der Chef der französischen Agen-
tur WPP Group nannte auf einer Veranstaltung in Toronto als
Grund, weshalb es kaum Frauen in seiner Branche gäbe, »because
they are crap« – was man getrost mit den Worten übersetzen
kann: »weil sie Mist sind«. Während Serviererinnen in Dienst-

---

[75] *Frankfurter Allgemeine Sonntagszeitung,* 30. Oktober 2005

mädchenuniformen Drinks verteilten, tönte er auf der Konferenzbühne stehend: »Frauen schaffen es nicht bis an die Spitze, weil sie es nicht verdienen.« Der Job als Art Director sei ein hartes Geschäft und kein Spiel: Wer Kinder haben und abends nach Hause gehen wolle, sei für den Job eben nicht engagiert genug. French, 61, hat inzwischen seinen Job aufgegeben und besteht darauf, dass er gegangen sei und nicht gegangen wurde.[76] Macho bleibt eben Macho.

Lawrence Summers, nach einigen Jahren in der Clinton-Regierung Präsident der Harvard-Universität, sagte in einer Rede, es sei auf einen »angeborenen Unterschied« zurückzuführen, dass es so wenige Frauen in der Mathematik und in den Naturwissenschaften gebe. Das klang, als habe er eigentlich sagen wollen: Frauen sind halt ein bisschen doof. Es gab entsprechend Aufruhr, und mittlerweile ist auch Summers zurückgetreten. Aus ganz anderen Gründen, wie er nicht müde wird zu betonen. Die Zahlen sprechen übrigens gegen seine umstrittene These, zumindest für die USA: An den Schulen wählen nicht nur genauso viele Mädchen naturwissenschaftliche und mathematische Kurse wie Jungen, sie haben im Schnitt auch deutlich bessere Noten als die Jungs. Dasselbe Bild zeigt sich an den amerikanischen Universitäten: Im Jahr 2001 gingen 51 Prozent der Grundscheine in diesen Fächern an junge Frauen; 1966 waren es nur 25 Prozent.[77] Aber das nur am Rande.

Angstneurosen sind offenbar neuerdings ein männliches Phänomen, wie sich einer Geschichte aus der *Zeit* entnehmen lässt, in der eine Verlassene unter dem Titel »Zu gut für ihn. Viele Männer suchen das Weite, wenn ihre Ehefrau zu erfolgreich wird« berichtet. Der prototypische Mann heißt dort ›Hans‹, und er verlässt die prototypische Karrierefrau ›Undine‹. »Vor allem in akademischen Kreisen sind die Geschichten von Hans inzwischen Legion. Noch vor zehn oder zwanzig Jahren waren die verlassenen Frauen Lehrerinnen oder Krankenschwestern, die den

---

[76] *Wall Street Journal*, 21. Oktober 2005
[77] *Wall Street Journal*, 28. Januar 2005

Gatten in den harten Jahren des beruflichen Aufstiegs ernährt und die Kinder großgezogen hatten. Der Mann verließ sie dann irgendwann und tat sich mit der klügsten Assistentin, Aspirantin, Doktorandin zusammen. Dieses Muster gibt es immer noch. Doch daneben hat sich ein neues etabliert. Heute gibt es sogar in unserem Land ein paar Frauen, die in Politik, Wissenschaft und Wirtschaft Karriere gemacht haben. Da die Etappen einer akademischen Karriere besonders streng festgelegt sind, zeigt sich hier das Muster am deutlichsten. Irgendwann schaffte sie die Habilitation, während er einfach nicht fertig wurde. Irgendwann bekam sie den Lehrstuhl, während das bei ihm nicht klappte. Irgendwann taten sich für sie neue Möglichkeiten auf, während er steckenblieb. Irgendwann schaffte sie einen Schritt, der ihm vorbehalten bleiben sollte. Fast wie ein Naturgesetz stellt sich dann die junge Frau ein, die dem angeschlagenen und in seinem Selbstbewusstsein so sehr gekränkten Mann die gehörige Bewunderung entgegenbringt. Hals über Kopf verlässt er uns und tut sich mit einer Frau zusammen, die zu ihm aufblickt. Endlich ist er wieder richtig Mann«, schreibt die Anonyma.[78]

Klingt nach verletzter Eitelkeit. Ähnliche männliche Abwehrgefühle zeigten sich bei einer Untersuchung der Unternehmensberatung German Consulting Group unter 220 männlichen Führungskräften. Die fanden zwar, dass Teamfähigkeit, Bescheidenheit, Konsens-, Konflikt- sowie Begeisterungsfähigkeit im Management »typisch weibliche« Stärken sind. Aber nur 10 Prozent der Befragten fanden diese Fähigkeiten im Topmanagement »unerlässlich«. Dort käme es vielmehr auf Entschlussfähigkeit, Durchsetzungskraft und Risikobereitschaft an – Eigenschaften, die sie natürlich als »typisch männlich« charakterisierten.

Die üblichen Stereotypien sind ganz offensichtlich nach wie vor fest in den Köpfen verankert. Martina Rißmann erzählt aus ihrem Job als Personalchefin der Boston Consulting Group: »Wir haben mal die ganzen Bewertungen der Beraterinnen durch ihre meist männlichen Kollegen ausgewertet. Wenn eine Frau pola-

---

[78] *Die Zeit*, 24. November 2005

risiert, dann witzigerweise meist nicht bei den harten Fakten, sondern bei den weichen. Nach all den Jahren ist mir inzwischen klar, wenn da – zugespitzt gesagt! – bei einer in der Beurteilung steht ›zickig!‹ – dann schafft die's!«

Aus dem Land der Dinosaurier

Vorurteile sind weiß Gott kein deutsches Phänomen, sondern leider universell. Lassen Sie uns also zuerst ein paar Geschichten erzählen, was unseren Gesprächspartnerinnen so alles passiert ist. Die Begebenheiten sind zum Teil brüllkomisch – auch, wenn ihr Hintergrund eigentlich zum Heulen ist – und sie sind tröstlich. Selbst die beste, erfolgreichste, durchsetzungsstärkste Frau ist irgendwann, irgendwo von irgendwem schon mal wie eine komplette Idiotin behandelt worden, ganz einfach, weil sie mit einem XX-Chromosom ausgestattet ist – oder schlimmer noch, weil sie eine Frau und auch noch jung ist. Trotzdem gibt es Mittel und Wege, mit den Kerlen zurechtzukommen. Manche Geschichten sind 30 Jahre alt, manche erst ein paar Wochen her. Regine Stachelhaus beispielsweise erinnert sich mit Schaudern ans Juristische Seminar: »Mein Lehrer fragte mich am ersten Tag, ob ich nicht das Gefühl hätte, dass ich den Jungs hier den Platz wegnehme. Folglich habe ich kaum den Mund aufgemacht.«

Stachelhaus ist heute zu profiliert und mächtig, um noch ernsthaft wegen ihres Geschlechts angegriffen zu werden. Im Rückblick sieht das etwas anders aus: »Ich hatte früher im direkten Umfeld schon das Gefühl, man traut mir nichts zu, weil ich eine Frau bin. Dass ich stärker hinterfragt werde als andere. Meine Erfolge wurden mit Erstaunen zur Kenntnis genommen und Misserfolge – die in jeden Job ebenso reingehören – wurden sofort mit der Frage kommentiert: Liegt das denn an der Person?« Heute engagiert sie sich bei HP als Mentorin und weiß, was jüngeren Frauen immer noch blühen kann. »Es gibt Situationen, in denen mit allen Mitteln gekämpft wird. Unlängst hat mir ein Mentee von so einer Begebenheit erzählt. Nach einer inhaltlichen Diskussion hieß es, auf der nächsten Weihnachtsfeier könne sie doch als Bunny-Häschen auftreten. Da ist ja wohl jeder Respekt flöten gegangen!«

Sari Baldauf erinnert sich, dass sie als Nokia-Managerin an einem Corporate-Management-Kurs an der Kaderschmiede IMD, dem International Institute for Management Development, in Lausanne teilnahm. »Wir waren 70 Personen, zwei davon weiblich: Eine Dame aus Schweden und ich aus Finnland. Eines Abends hatte ich diese Plauderei mit einem Mann aus Argentinien, der plötzlich anfing, mir einen Vortrag zu halten, dass ich meine Aufgabe im Leben total missverstehe. Ich solle lieber mal schön nach Hause gehen und sicherstellen, dass ich hübsch aussehe. Später ist mir so was eigentlich nicht mehr passiert.«

Sie habe sich eine Menge anhören müssen, erzählt auch Patricia Barbizet, die ihre Karriere bei Renault begann. Frauen seien nicht fürs Arbeiten gemacht, hieß es beispielsweise, schließlich hätten sie kein Gehirn, sondern nur ein Gehirnchen. Außerdem würden sie ständig in Tränen ausbrechen. Damals bekamen Frauen eine Menge Unsinn erzählt. Das hatte aber nichts damit zu tun, dass die Frauen Fehler gemacht hätten, sondern diese Sprüche waren einfach Teil der männlichen Kultur. Die Männer im Büro hatten noch nie mit Frauen zusammengearbeitet, also projizierten sie alle ihre Vorstellungen vom Wesen einer Frau auf die Kolleginnen.

Die britische Verlagsmanagerin Gail Rebuck berichtet von ganz ähnlichen Problemen der Männer, mit Kolleginnen umzugehen. »Wenn Frauen nicht so einfach in eine Schublade zu stecken sind, entsteht eine Menge Furcht in den mehrheitlich männlichen Zirkeln, die fast alle Branchen dominieren. Du bist nicht ihre Ehefrau, nicht ihre Mutter, auch nicht ihre Geliebte und auch keine hilfreiche Assistentin – du bist etwas anderes. Aber was? Vermutlich ein grauenvolles Biest.« Eine diskriminierende Begebenheit ist Rebuck besonders im Gedächtnis geblieben: »Einmal, ich war noch blutjung, in meinen Zwanzigern, bekam ich die Verantwortung, ein Buchprogramm aufzubauen. In der Mittagspause ging ich mit einer Gruppe von Männern aus, die schon lange bei diesem Verlag waren. Dabei wurde ich einem Herrn als die Herausgeberin dieses Programms vorgestellt. Ich war jung und weiblich und das war's für ihn. Er guckte mich verächtlich an wie einen Totalausfall und sagte: ›Diesen Job kannst du unmöglich machen.‹ Und ich sagte: ›Und ob ich kann.‹«

Die Gegenwart beschreibt sie wie folgt: »Entscheidungsfreudige Frauen, die in Meetings etwas zu sagen haben und die aktiv die Initiative ergreifen, werden hinter ihrem Rücken oft als ›herrisch‹ oder ›grob‹ beschrieben. Warum ist das so? Ein Teil beruht auf reinen Vorurteilen. Tief drinnen verabscheuen Männer einer bestimmten Generation erfolgreiche Frauen. Bestenfalls fühlen sie sich in ihrer Gegenwart unbehaglich, schlimmstenfalls haben sie Angst vor ihnen. Alles spielt sich vor der Annahme ab, dass du ein schlangenköpfiges Monster bist, dass du dein Geschlecht verraten hast durch die Übernahme von Macht. Die Leute fühlen sich bedroht, wenn Geschäftsbeziehungen nicht in den sicheren Grenzen der Stereotypien ablaufen, mit denen sie aufgewachsen sind.«

Auch Agnès Touraine hat sich diskriminierende Sprüche anhören müssen, zum Beispiel von ihrem Chef im französischen Verlag Hachette. »Als ich dort fünf Jahre lang die strategische Planung gemacht hatte, bin ich zu meinem Chef gegangen und habe ihm gesagt, dass ich ein Unternehmen führen will. Er hat mir gesagt: ›Du kümmerst dich zu Hause nicht um deine Küche. Also warum sollte ich dir eine Küche in meinem Unternehmen anvertrauen?‹ Ich habe ihn als Macho beschimpft, er hat mir den Job gegeben, und dann habe ich ihm eine seiner Küchen geführt. Am Ende haben wir immer viel gelacht zusammen.« Als sie Hachette 1995 schließlich verließ, war sie Chefin eines ganzen Bereichs. Sie erzählt weiter, mit einem Lächeln: »Wenn du irgendwo die Chefin bist, sagt dir keiner mehr, dass er mit dir nicht arbeiten will. Trotzdem gibt es immer wieder seltsame Situationen. Du kommst in einen Raum voller Banker und wirst gefragt: ›Oh, Sie sind bestimmt die PR-Dame? Wo ist denn Ihr CEO?‹ Oder du kommst mit deinem ganzen Team in ein Hotel und dein Finanzchef, der an dich berichtet, bekommt ein fantastisches Zimmer mit Blick über den Fluss. Du hingegen kriegst die Besenkammer, die auf den Parkplatz rausgeht, weil alle denken, er ist der Boss.«

Die Amerikanerin Lady Barbara Judge ist überzeugt, dass die Basis der Vorurteile stabil ist, nur die Verpackung ist heute etwas subtiler:»1973 habe ich in einer Anwaltskanzlei in New York für einen extrem schwierigen Mann gearbeitet. Er warf einen Blick auf einen meiner Texte und sagte:›Barbara, dieser Titel hier ist nicht mittig, tipp das noch mal.‹ Und damals gab es noch keine Computer! Oder ich hatte einen 30-seitigen Text fertig, in dem ich schrieb›das Unternehmen‹ und er sagte:›das heißt Konzern‹. Das nächste Mal schrieb ich dann›der Konzern‹, dann hieß es:›das muss Unternehmen heißen‹. Ich bin drangeblieben, weil ich ihn eigentlich für einen guten Mann hielt.« Heute ist sie immerhin die Chefin der Behörde, die in Großbritannien über die Atomenergieunternehmen wacht. Dummes Zeug muss sie sich aber immer noch anhören. »Unlängst wurde mir eine Position als Aufsichtsrätin angeboten«, erzählt die Juristin. »Das Unternehmen wollte zwei neue Räte einsetzen, außer mir noch einen Mann, der für diese Aufgabe mehr Geld bekommen sollte als ich. Ich habe meinen Ohren kaum getraut, als sie das damit begründeten, dass er auch Chef des Kunst-Komitees werde. Da habe ich gesagt:›Gut, dann werde ich Chefin des Vergütungsausschusses.‹ Am Ende habe ich abgesagt, ich mochte diese Leute nicht.«

Was macht frau dagegen?

Frauen, die ihren Weg trotz aller Vorurteile gehen, brauchen fraglos ein dickes Fell und einen noch dickeren Sack voll Humor. Das Credo unserer Gesprächspartnerinnen ist: Stereotypien gibt es immer noch, manchmal sogar ganz offene Diskriminierung. Doch wie sie mit solchen Begegnungen der dritten Art umgehen, das steuern die Frauen weitgehend selbst: Man kann beleidigt sein, tagelang darüber nachdenken oder man kann lachen. Letztlich kommt es nur auf die Stabilität des weiblichen Selbstbewusstseins an. Deswegen wird die Unternehmensberaterin Agnès Touraine nicht müde, den Frauen immer wieder zu sagen:

»Versucht, das nicht ernst zu nehmen. Es ist extrem wichtig, dass ihr das ignoriert. Sich aufzuregen ist ein typisch weiblicher Fehler. Du musst dich entspannen und auch so rüberkommen. Es ist eine Schlüsselqualifikation für Frauen, Wichtiges von Unwichtigem trennen zu lernen.«

So ähnlich klingt auch Sari Baldauf, die zu Beginn ihrer Karriere für zwei Jahre in Abu Dhabi in einem kleinen arabisch-amerikanischen Joint Venture arbeitete und einige demütigende Momente erlebt hat. »Am Ende musst du dich einfach nur gut in deiner Materie auskennen und deine Hausaufgaben machen, vermutlich etwas härter arbeiten als ein Mann in derselben Situation. Aber wenn du das tust, dann lassen sie dich auch arbeiten. Und nach und nach lernen sie, dich in deiner professionellen Rolle zu respektieren, was halt ein bisschen dauert.«

Auch Nancy McKinstry setzte auf Kompetenz – und sich durch. »Natürlich hat es im Rückblick immer Situationen gegeben, bei denen ich aufgrund meines Geschlechts ausgeschlossen worden bin. Die Jungs, die zusammen auf einem Projekt sitzen, gehen zum Golfspielen oder in einen Stripteaseclub, um zu trinken. Da gehörte ich natürlich nicht dazu. Aber hat mich das gebremst? Nein, denn Erfolg hängt nicht daran, sondern an der Frage, ob man Resultate liefert. Es geht um harte Arbeit und am Ende um Ergebnisse.«

Ihre Landsmännin Jeanette Wagner ist ziemlich kurz angebunden bei der Thematik: »Ich habe eine ordentliche Portion Diskriminierung erlebt. Aber das ist egal. Ich habe mich damit nie aufgehalten. Ich bin an der Meinung solcher Leute nicht interessiert. Denn ich weiß, dass ich smart und fähig bin und hart arbeite. Natürlich gibt es Idioten und idiotische Kommentare – aber da kann man doch nur drüber lachen! Man muss einfach Humor entwickeln.« Dann erzählt sie von der Zeit, als Leonard Lauder sie für die internationale Abteilung einstellte. Sie sollte als Vice President das Marketing für Estée Lauder übernehmen. »Diese internationale Abteilung war 1975 noch ganz klein mit einem Umsatz unter 60 Millionen Dollar. An meinem ersten Arbeitstag hatte ich nicht mal ein richtiges Büro, es gab keine Einführung und schon gar keinen, der mich zum Lunch eingeladen hätte. Der Kerl, der damals Aramis International führte, war ein Engländer, zuvor in der königlichen Reiterstaffel und fast zwei Meter groß. Als ich ihm vorgestellt wurde, stand er auf, blickte auf mich herab und sagte: ›Ich finde es absolut unmöglich, dass Leonard Lauder Sie eingestellt hat. Frauen sollten zu Hause bleiben, Babys kriegen, für ihre Männer kochen und zur Kirche gehen.‹ Ich habe einen Lachkrampf gekriegt und gesagt: ›Wo haben sie denn dich gefunden? In einer Höhle?‹ Fünf oder sechs Monate lang hat er nicht mit mir gesprochen. Dann aber kam er eines Tages zu mir und bat mich um Hilfe bei einigen seiner Marketingprobleme, weil er gesehen hatte, dass ich für Lauder ein paar interessante Dinge zum Laufen gekriegt hatte. Da habe ich gesagt: ›Aber selbstverständlich, Michael.‹ Ich habe ihm geholfen, seine Probleme lösten sich und am Ende des ersten Jahres hat er eine Überraschungsgeburtstagsparty für mich geschmissen und mir ein Gedicht geschrieben. Man braucht einfach bloß Humor. Mit solchen Fledermäusen sollte man sich einfach gar nicht erst abgeben. Das ist Verschwendung. Sie werden dir begegnen, keine Frage. Aber sich über sie zu ärgern ist dumm, das ist nur Ballast auf deinem Rücken und du willst doch vorankommen. Ohne Humor geht's nicht!«

Manchmal hilft nur kündigen

Aber was, wenn Kompetenz, gute Ergebnisse und Humor nicht helfen? Was rät eine Frau wie Regine Stachelhaus einer Mentee, die zum Auftritt im Bunny-Kostüm aufgefordert wird? »Hinterher muss sofort ein Vieraugengespräch mit dem betreffenden Mann stattfinden. Die Männer hassen es, wenn sie frontal angesprochen werden mit der klaren Frage: Was ist hier eigentlich gelaufen und warum? Dem muss sie eindeutig klarmachen, dass dieser Spruch völlig despektierlich war. Sie muss ihm sagen: ›Das hat mich gerade von dir sehr enttäuscht, von dir hätte ich so viel mehr erwartet.‹ Das hat in der Regel den Effekt, dass dieser Mann ein weiteres Gespräch dieser Art nie mehr führen möchte.

Außerdem müssen Frauen untereinander über so etwas reden. Das muss man ansprechen und sich gegenseitig helfen, Strategien dagegen zu entwickeln.«

Lady Judge allerdings hat erfahren, dass selbst die hartnäckigsten Eierköpfe offen für Frauen in Führungspositionen werden, wenn sie erst mal erkannt haben, dass sie ihnen nutzen – inhaltlich und finanziell. Die Geschichte mit ihrem Grusel-Chef geht nämlich noch weiter: »Damals gab es keine weiblichen Partner in Kanzleien, null, in ganz New York nicht. Nach ein paar Jahren wurde dann bei uns eine Kollegin Partnerin. Ich habe mich für sie gefreut, aber ich wusste, dass ich jetzt nichts mehr werden konnte, denn niemals würden sie zwei weibliche Partner in der Firma dulden. Doch im November 1977 stand mein Chef in einem Partnermeeting auf und sagte: ›Was wir nicht brauchen, ist noch eine Partnerin. Aber was wir brauchen, ist ein wirklich guter Unternehmensrechtler.‹ Und dann hat er mich auch zur Partnerin gemacht. Das war das einzige Mal, dass jemand sich für mich so stark gemacht hat. Das war großartig, denn Partner zu werden war damals ein dolles Ding.«

Die Botschaft aus dieser Geschichte ist vielfältig. Erstens: Schlag sie mit ihren eigenen Waffen – sei nützlich! Am Ende kann einer Umsatzträgerin keiner widerstehen. Zweitens: Hab Geduld mit männlichen Unsicherheiten. Nicht jede Kritik ist wirklich geschlechtsspezifisch gemeint, es gibt Leute, die sind von Haus aus schwierig. Drittens: Am Ende setzen sich Kompetenz und ein kühler Kopf auch durch. Wutanfälle, Tränen, Moralvorträge und Vorwürfe bestärken Dinosaurier hingegen noch in ihrer Annahme, dass mit Frauen nichts anzufangen sei. Lady Judge, die sowohl in Kanzleien als auch in Banken und in öffentlichen Institutionen gearbeitet hat, findet im Übrigen, das Leben einer Frau sei in einem Fachberuf leichter als im General Management. »Anwältinnen, Ärztinnen, Wirtschaftsprüferinnen haben eine ganz klar umrissene Glaubwürdigkeit, die dafür sorgt, dass Männer ihnen zuhören. In der Industrie hingegen muss man dafür schon die Chefin sein, also muss man am Ende sein eigenes Unternehmen gründen oder sich eines kaufen.« Das ist sicher richtig, aber am Ende fatal, denn auf der Karriereleiter kommen die Generalisten zumeist weiter als die Fachkräfte. Manchmal muss frau wohl auch einfach kündigen.

Regine Stachelhaus sagt: »Man muss schon aufpassen, dass man es sich nicht zu einfach macht, denn beileibe nicht alle Konflikte, die Frauen erleben, haben tatsächlich was mit Vorurteilen zu tun. Solche Leute und Situationen gibt es allerdings auch. Es stärkt einen, wenn man lernt, solche Konflikte zu regeln. Eine Lösung kann sein: Aus der Konstellation geh ich raus, hier werde ich nichts. Das kann sogar eine naheliegende Lösung sein. Man kann natürlich auch versuchen, den Kontrahenten zu überzeugen. Wenn der offen ist, ist das eine gute Investition. Wenn man jedoch merkt, dass man auf sehr starke Vorbehalte trifft, ist es besser, der jeweiligen Ehefrau das Thema zu überlassen. Ich habe keinerlei Motivation oder gar missionarischen Trieb, einen Mann zu ändern.«

Für Großbritanniens Börsenchefin Clara Furse ist nicht das Geschlecht der größte Konfliktpunkt. »Tatsächlich fand ich die Altersfrage oft problematischer.« Mit 40 wurde sie von der Schweizer Bank UBS zur internationalen Chefin für ein bestimmtes Produkt befördert und hatte plötzlich an verschiedenen Orten auf der Welt geschäftlich zu tun. An einigen dieser Orte gab es Männer, die es offenbar schwierig fanden, die zarte Blondine ernst zu nehmen. Hilfesuchend erzählte sie einem befreundeten Kollegen, dass sie immer durch die Weltgeschichte fliege und all diese Meetings mache. Dort würden immer alle brav nicken, und wenn sie dann nach Hause komme, würde nichts von dem umgesetzt. Der Kollege machte als Grund ihr Alter aus. Das konnte die 40-jährige Frau erst gar nicht glauben. Aber alle anderen Beteiligten waren über 50 – und Furse war die Chefin. Dann entsteht eine Pause im Gespräch, und sie lächelt. Sie hat die Konsequenzen aus dieser Beobachtung gezogen und gelernt, deutlicher zu werden und weniger subtil. »Manchmal muss man ganz einfach sehr ausdrücklich werden. Aber das hat mehr mit dem Lebensalter oder interkulturellen Fragen als mit dem Geschlecht zu tun.«

Unbedingt erwähnenswert ist auch eine Bemerkung von Lady Judge, die findet, dass sich eine ambitionierte Frau gut überlegen muss, wen sie heiratet. »Ich muss leider sagen, dass es auch auf den richtigen Ehemann ankommt. Manche sind hilfreich – nicht in dem Sinn, dass sie den Abwasch machen. Aber sie unterstützen dich, indem sie dich ziehen lassen. Sie sind stolz auf dich, bestätigen dich und sagen: Du kannst das! Es gibt auch Ehemänner, die dich ebenso lieben, die aber instinktiv anders reagieren. Wenn du eine Stelle nicht bekommst, sagt diese Sorte Mann: ›Schatz, du hast auch so genug zu tun, du musst das nicht machen.‹ Von der richtigen Sorte Mann hörst du: ›Das ist jetzt dumm gelaufen, aber ich wette, du kriegst den nächsten Job.‹ Beide lieben dich, aber der eine ist völlig zufrieden, dass du einen Job nicht antreten kannst, und der andere versucht dir dabei zu helfen, die Stelle an Land zu ziehen.«

Männer, die lieber stützen als stutzen, gibt es übrigens auch unter Unternehmern, Managern, Professoren und Beamten. Geradezu rührend ist die Geschichte von Miki Tsusaka und ihrem älteren Kollegen. »Als ich zu BCG kam, dachte ich nicht, dass ich lange bleiben würde als Japanerin im New Yorker Markt. Denn Partner in dieser Firma zu sein bedeutet, Beziehungen zu den höchstrangigen Managern der Wirtschaft aufzubauen. Da fragst du dich dann schon: Bin ich glaubwürdig? Niemand hier oder beim Klienten sieht aus wie ich. Ich bin nicht nur weiblich und jung, sondern auch noch asiatisch – da habe ich wohl ein Problem. Das habe ich eines Abends beim Essen einem meiner Mentoren erzählt. Er war groß und kräftig, ein lauter Amerikaner, ein brillanter Stratege, der keinen Unsinn duldete. Wenn die Klienten etwas sagten, was er nicht gut fand, konnte er losdonnern: ›Aber das ist doch Bullshit!‹ Er war die Sorte Mensch, bei der so etwas akzeptiert wird. Und er sagte zu mir: ›Das ist doch Mist, das glaubst du doch selbst nicht! Du solltest nicht so von dir denken, denn wenn du sagst: Ich bin klein, weil ich klein aussehe, dann wirst du niemals irgendwo Erfolg haben. Im Übrigen sehen dich die Leute um dich herum doch gar nicht so.‹ Darauf ich: ›Oh, wirklich? Die sehen nicht, dass ich eine kleine japanische Frau bin?‹ Dieser Zuspruch hat mir ungeheuer geholfen.«

Ann-Kristin Achleitner, Ordinaria an der TU München, kann sich nicht an eine Frau erinnern, von der sie je entscheidend gefördert worden wäre, aber durchaus an Männer. »Es gibt genau zwei Typen Männer, mit denen man in der Regel richtig gut zusammenarbeiten kann. Entweder Männer, die selbst eine Frau haben, die gerne berufstätig ist und kleine Kinder hat. Männer, die also die Konflikte aus eigener Anschauung kennen und das einordnen können. Ein Beispiel aus der jüngsten Vergangenheit: Kindergartenplätze werden dienstags genau während einer Stunde nachmittags vergeben, Termine machen geht nicht. Folglich gab es eine Zeit, da fehlte ich regelmäßig Dienstagnachmittags, weil ich einen Kindergartenplatz jagen musste. So einem Kollegen kann ich das sagen und ihn bitten, mich in einer Sitzung zu vertreten. Die andere Sorte sind Männer Anfang 60, die selbst Töchter haben. Die finden ihre Mädels toll und wissen nicht recht, ob die jetzt wirklich relativ schnell Hausfrau werden sollen. Die fühlen sich plötzlich ein. Einerseits denken die sich dann ›Mensch, die hat tolles Potenzial, das kann man doch nicht brachliegen lassen!‹ Andererseits haben die ganz klassische Vorstellungen und wollen natürlich für ihre Tochter ein glückliches Familienleben. Das ist eigentlich keine schlechte Bewusstseinslage, in der die sich auch mal auf Experimente einlassen und sich fragen: Wie könnte es denn gehen?«

Regine Stachelhaus hat ähnliche Erfahrungen gemacht. »Ich persönlich habe erlebt, dass die meisten Männer sich gar nicht so sehr mit dem Thema beschäftigen wollen, weil sie sagen: ›Wir haben kein Problem. Wer sich richtig anstrengt bei uns im Unternehmen, kann was werden – egal, ob Mann oder Frau.‹ Wenn ihre eigenen Töchter dann allerdings 35 werden und die Väter feststellen müssen, dass ihr Kind nicht mit Respekt behandelt wird, ändert sich die Perspektive und sie erkennen das Problem. Offenbar hilft nur persönliche Betroffenheit. Töchter sind dazu ein typischer und häufiger Weg.«

Typische weibliche Fehler

Okay: Es gibt viele Männer, die Frauen ausschließlich in ihren althergebrachten Rollen als Mutter, Geliebte, Putzfrau und Assistentin sehen wollen. Das ist ein Umstand, an dem wir nicht vorbeikommen. Aber lassen wir ihn mal für einen Augenblick beiseite und wagen die These: Losgelöst von allen Aktivitäten der letzten Machos schießen sich viele Frauen auch durch ihr eigenes Verhalten selbst aus dem Rennen. Die Autorinnen des Buches »A Woman's place is the boardroom« beispielsweise fassen das in ein paar griffigen Thesen zusammen: 1. Die Abneigung vieler Frauen gegen die politischen Spielchen in großen Organisationen erleichtert den Männern den Aufstieg. 2. Viele Frauen werden immer unsicherer, je höher sie steigen und je weniger andere Frauen es in ihrer Umgebung gibt. 3. Frauen wirken auf ihre Vorgesetzten weniger selbstbewusst, weil sie ihre Fehler ehrlicher zugeben als Männer, die immer nur über ihre Stärken reden.[79] Kurz, die Frage, an der viele Frauen offenbar scheitern, lautet: Wie sehr passe ich mich an, um in die vorherrschende Kultur zu passen?

Maureen Dowd hat dazu ein paar zitierenswerte Gedanken formuliert. Die *New York Times*-Kolumnistin beschreibt dafür den Kulturwandel der letzten Jahrzehnte. Von ihrer Mutter bekam sie zu ihrem 25. Geburtstag ein Buch von Yvonne Antelle mit dem entlarvenden Titel »Wie man einen Mann einfängt und hält« geschenkt. In dem 1967 gedruckten Schinken stehen so schöne Sachen wie: »Betrachte dich selbst als eine sanfte, mysteriöse Katze ... Männer sind fasziniert von fröhlichen, glänzenden Objekten, von Massen von lockigem Haar auf dem Kopf ... von Schleifen, Bändern, Rüschen und leuchtenden Farben ... Sarkasmus ist gefährlich. Vermeide ihn gänzlich.« Dowd hat ihr Exemplar aufgehoben, als Anachronismus auf der Schwelle zum Zeitalter der Gleichheit. Doch 1995 erschien nicht nur zu Dowds

---

[79] *Financial Times,* 12. September 2005

Verblüffung in den USA ein weiteres Buch mit dem Titel »Die Regeln«, das sehr schnell zur Bibel des Anbändelns wurde. Die darin vertretene These: Männer wollen jagen und Frauen sind das Wild – also tun sie gut daran, »schwer zu kriegen« zu spielen. Ein kleiner Auszug zeigt den ganzen Wahnsinn: »Sprich am Telefon maximal zehn Minuten mit ihm ... Selbst wenn du Chefin in deinem eigenen Unternehmen bist, wenn du mit einem Mann zusammen bist, den du magst, sei leise und rätselhaft, benimm dich ladylike, schlag die Beine übereinander und lächele ... Trag schwarz glänzende Feinstrumpfhosen und lass den Rock hoch rutschen, um das andere Geschlecht zu verzaubern.« Weitere zehn Jahre später ist die *Cosmopolitan* immer noch die bestverkaufte Zeitung auf dem Campus amerikanischer Universitäten, und auf den Covern der Frauenzeitungen dies- und jenseits des Atlantiks finden sich immer noch bloß Girlie-Themen: »Mach ihn scharf – mit zehn Worten oder weniger«, das »Braut-Spezial« und »Die zehn besten Sex-Tipps«.

Auf einer Party wurde der Journalistin Dowd von einem stadtbekannten Produzenten eröffnet, dass er zwischen seinen beiden letzten Ehen mit dem Gedanken gespielt habe, mit ihr anzubändeln. Er habe es sich aber wieder anders überlegt, weil er ihren Job als Kolumnistin zu einschüchternd fand. Männer ziehen Frauen vor, ließ er sie wissen, die »anschmiegsam und bewundernd« sind. Während männliche Macht wie ein Aphrodisiakum auf Frauen wirkt, ist weibliche Macht ein Potenzkiller für Männer. Dies ist mittlerweile wissenschaftlich belegt. An der University of Michigan fanden Psychologen in einer Untersuchung mit Studenten heraus, dass Männer auf der Suche nach einer längerfristigen Bindung eher eine Frau in einem untergeordneten Job heiraten würden als eine mit Führungsfunktionen. Der Grund: Sie glauben, dass eine Frau mit einem guten Job sie eher betrügen wird.

Wie das in der Praxis aussieht, konnten amerikanische Fernsehzuschauer in der Talkshow »60 Minutes« erleben: Da erzählten junge Frauen mit einem Studienplatz an der Harvard Business School, dass sie den Männern, mit denen sie ausgehen, ihre Uni verschweigen. Die »H-Bombe« nennen sie ihre Schule, denn: »Sobald du Harvard Business School sagst, ist die Konversation beendet.« Männer lernen offenbar früh, ihr eierschalendünnes Ego vor cleveren Frauen zu schützen.

Hohe Wogen schlug auch ein Artikel in der *New York Times*, in dem mehrere Abgängerinnen amerikanischer Elite-Unis freimütig bekannten, dass sie planen, ihre Karriere aufzugeben, um zu Hause Kinder zu erziehen.[80] Dazu Dowd: »Dass Frauen endlich die alte Idee aufgeben, Männer zu kopieren und die Welt nach deren Wünschen zu gestalten, ist ein erfreulicher Fortschritt. Wenn das aber in dem Ausmaß geschieht, dass eine verwöhnte Klasse von Frauen das Problem einfach hinter sich lässt und schlicht plant, reich genug zu heiraten, um sich in die enge Welt der Abhängigkeit von einem Mann zu begeben, ist das ein ärgerlicher Rückschritt.«

Wir hören das alle nicht gerne, aber das Wichtigste im Leben einer Frau ist offenbar immer noch, bei Männern gut anzukommen. Das haben wir übrigens auch einmal sehr persönlich erlebt, bei einem eher merkwürdigen Gespräch – mit welcher der hier porträtierten Damen tut nichts zur Sache. Wir saßen in einem Dreieck um den Tisch, Barbara Bierach stellte die Fragen. Um zu antworten, drehte sich die interviewte Erfolgsfrau mit dem ganzen Oberkörper zu Heiner Thorborg und antwortete ihm strahlend. Gegen Ende ihrer Aussagen drehte sie sich wieder zu ihrer Geschlechtsgenossin, dabei erstarb ihr Lächeln. Mit steinerner Miene wartete sie auf die nächste Frage. Merke: Mit Frauen redet man nicht, wenn ein möglicherweise wichtiger Mann im Raum ist.

Zieh dir doch nicht jeden Schuh an

Die interviewten Topmanagerinnen haben selbst Fehler gemacht, wie sie freimütig bekennen – und auch die Fehler anderer Frauen beobachtet. Die Liste der häufigsten Flops lautet:

---

[80] *New York Times,* 20. September 2005

Frauen
- nehmen alles zu persönlich,
- entwickeln zu wenig Ehrgeiz,
- müssen selbstbewusster auftreten,
- sind viel zu lieb,
- haben Angst vor Verantwortung,
- interessieren sich für die falschen Themen,
- müssen dringend an ihrer Präsentationstechnik arbeiten und lernen, sich zu loben.

Unternehmensberaterin Agnès Touraine sagt beispielsweise: »Wir Frauen müssen entspannter werden, uns mehr zurücklehnen und darüber nachdenken, was wichtig ist und was nicht. Wenn ich zu einem Mitarbeiter sage: ›Das müssen wir noch mal neu angehen‹, sagt ein Mann ganz einfach ›ja‹. Eine Frau hingegen klagt: ›Wieso das denn? Da habe ich gestern bis zwei Uhr früh dran gesessen!‹ Viele Frauen nehmen die Dinge im Büro zu persönlich, zu emotional. Sie machen aus einer Mücke einen Elefanten. Auch haben Frauen die Neigung, dir wirklich sehr intime Fragen zu stellen. Ich erinnere mich an eine, die mir lang und breit von ihren Problemen erzählte, schwanger zu werden – und das war noch nicht mal das privateste ihrer Themen. Das geht einfach nicht in der Businesswelt. Eine Kollegin ist nicht schon deswegen meine beste Freundin, weil wir beide Frauen sind.«

HP-Geschäftsführerin Regine Stachelhaus schärft den Frauen ein, Konflikte nicht auf ihr Geschlecht zu beziehen. »Oft muss man tiefer bohren und sich auch mal fragen: Was ist hier wirklich passiert? War das Diskriminierung oder was sonst? Habe ich vielleicht wirklich Fehler gemacht? Um das eine vom anderen unterscheiden zu lernen, haben wir Mentorenprogramme eingerichtet und auch Frauennetzwerke. Jeder Berufsanfänger hat Probleme. Jeder wird mal nicht ernst genommen.« Stachelhaus bespricht solche Dinge und schwierige Situationen im Mentorenprogramm mit ihren Zöglingen. »Die Mentees erzählen mir, was genau passiert ist, und dann dröseln wir das gemeinsam auf. Das hilft ungeheuer. Wir müssen Sachliches und Persönliches sauber auseinanderdividieren. Einerseits darf man sich auch nicht zu oft selbst die Schuld geben. Leider neigen Frauen dazu, zu sagen: ›Ach, ich war halt nicht gut genug.‹ Andererseits sollte das Geschlecht keine Ausrede sein, man muss sich halt manchmal eingestehen: ›Vielleicht hatte ich für diesen Job wirklich nicht den richtigen Kick!‹ Man muss beides tun. Denn man entwickelt sich nicht weiter, wenn man alle Misserfolge aufs Frau-Sein schiebt.«

Auch Tränenausbrüche im Büro sind offenbar immer noch ein Thema, trotz aller Predigten über ihre Unangebrachtheit. Das heißt nicht, dass sich Frauen jede Gefühlsregung verbieten müssen. Die Nokia-Managerin Sari Baldauf glaubt: »Wenn jemand bei mir explodiert ist und hinterher zu mir kam, um sich zu entschuldigen, habe ich gesagt: ›Ich sehe, dass du sehr engagiert bist. Ich weiß das zu schätzen, ich respektiere das.‹ Ich habe übrigens auch schon Männer mit Tränen in den Augen gesehen, und ich selbst bin auch schon sehr emotional geworden. Wenn ich richtig sauer bin, zeige ich das – und auch, wenn ich mich richtig freue. Wer emotionale Intelligenz haben will, muss auch die Emotionen in Kauf nehmen. Wer sich engagiert, ist auch beteiligt. Dann ist man authentisch. Wer leidenschaftlich ist, wird halt manchmal gefühlig, das ist alles Teil des Pakets.«

Stachelhaus klingt ganz ähnlich: »Mit den Augen der Männer gesehen, reagieren Frauen vielleicht überemotional. Aber: In einer Entscheidungssituation auch mal diese Komponente mit reinzubringen ist eine Stärke der Frauen. Ich vertraue auf Intuition, das sekundenschnelle Zusammenbringen von allen meinen Erfahrungen, besonders bei Personalentscheidungen. Hinterher fällt mir dann die logische Begründung ein, und meine Entscheidung wird faktisch darstellbar. Ich muss die Intuition einsetzen, aber ich muss sie in einer Männerwelt mit Fakten untermauern.« Mit den Emotionen ist es eben wie mit allen wichtigen Dingen: Die Dosierung macht's.

Mehr Selbstbewusstsein, die Damen!

Viele unserer Gesprächspartnerinnen zeigen sich immer wieder fassungslos von dem Fleiß, mit dem Frauen ihr Licht unter den Scheffel stellen. Bei Agnès Touraine klingt das so: »Ich glaube, dass Frauen andere Frauen einstellen sollten, wann immer sie können. Ich bin ein Fan von positiver Diskriminierung! Aber auch da erlebt man so manche Überraschung. Im Lauf der Jahre habe ich sechs Frauen zu CEOs gemacht. Wenn du einen Mann beförderst, sagt der ›Dankeschön. Darauf habe ich jetzt zwei Jahre gewartet, es wurde aber auch Zeit.‹ Wenn du eine Frau auf so einen Job hievst, sagt die: ›Aber ich bin nicht sicher, dass ich das hinkriege.‹ Frauen müssen unbedingt lernen, selbstbewusster aufzutreten. Aber das ist wohl leichter gesagt als getan.« In dieselbe Kerbe haut Regine Stachelhaus: »Wenn Sie einem Mann einen tollen Job anbieten, erleben Sie nie, dass der Ihnen sagt: ›Will ich denn das?‹ Das klingt eher so: ›Na endlich, da warte ich schon drei Jahre drauf.‹ Frauen jedoch zweifeln: ›Kann ich das? Will ich das? Warum soll ich mir das antun?‹ Frauen hauen nicht auf den Tisch, wenn sie nicht vorankommen. Im Gegensatz zu den Männern schreien die nicht: ›Schweinerei, ich werde hier dauernd abgeblockt, jetzt reicht's mir, ich geh!‹«
Doch viele Frauen würden sich eher nackt auf eine belebte Kreuzung stellen als zuzugeben, dass sie ehrgeizig sind. Lady Barbara Judge hat in einer langen Karriere gelernt: »In einem Bewerbungsgespräch wird ein Mann immer alles bejahen, egal ob er Erfahrung mit etwas hat oder nicht. Eine Frau sagt ›nein‹, wo ein Mann sagt ›aber selbstverständlich‹. Frauen bringt man bei, nicht anzugeben und nicht aggressiv zu sein. Als ich damals bei der amerikanischen Börsenaufsichtsbehörde SEC Kommissarin wurde, schrieb jemand einen wirklich netten Artikel über mich mit dem Titel: ›Keine Entschuldigung für Ehrgeiz‹. Mir gefiel das, aber viele Leute waren entsetzt, sie sagten: ›Ehrgeiz? Bei einer Frau? Barbara, willst du ehrgeizig genannt werden? Das ist ja scheußlich. Das kannst du nicht wollen!‹ Offenbar gibt es Wörter, die für Männer und Frauen nicht dasselbe bedeuten. Die

Frauen kriegen nicht beigebracht, sich selbst in den Mittelpunkt zu stellen. Keiner zeigt ihnen, wie man jemand wird. Aber genau das müssen sie lernen.«

Auch BCG-Beraterin Martina Rißmann kennt dieses Phänomen. »In Bewerbungsgesprächen fällt mir immer wieder auf: Frauen sehen sich immer einen Level unter dem, was sie eigentlich können, während Männer immer einen höher wollen.« Außerdem gibt es offenbar eine Art »Brave-Mädchen-Syndrom«, das übersteigertes Selbstwertgefühl erst gar nicht aufkommen lässt. Ogilvy-Chefin Shelly Lazarus sagt: »Wir sind als brave Mädchen erzogen worden. Wir haben uns immer die Haare gekämmt, die Schuhe waren immer sauber, alle Details mussten sitzen. Aber wenn man ein großes Unternehmen führt, ist nichts perfekt. Da muss man die Details opfern, damit die großen Sachen passieren. Frauen sind oft so mit den Kleinigkeiten beschäftigt, dass sie das große Ganze aus den Augen verlieren. Außerdem sind sie zögerlich, wenn es darum geht, aufzustehen und eine konträre Meinung zu äußern. Das ist auch ein Teil des Brave-Mädchen-Syndroms. Aber es gibt nun mal Zeiten, in denen man sagen muss: ›Ich glaube nicht, dass wir uns in die richtige Richtung bewegen.‹ Anführer tun so was, die sind selbstbewusst. Führungskräfte stehen auf und sagen: ›Ich habe alle Argumente gehört, aber ich bin nicht Ihrer Meinung‹ oder ›Wenn wir das jetzt nicht sofort angehen, wird das Unternehmen in einem Jahr nicht mehr besonders gut dastehen.‹« Und dann erzählt sie von einer Studie, die das Verhalten von Männern und Frauen beim Betreten von Konferenzräumen untersuchte. Die Männer setzen sich alle auf die Stühle, die rund um den Tisch stehen. Die Frauen dagegen nehmen an der Wand entlang in der zweiten Reihe Platz, selbst wenn es am Tisch noch freie Stühle gibt. Das würde Männern im Traum nicht einfallen. Selbst wenn es am Tisch schon voll ist, zwingen sie die Leute zusammenzurücken und drängen sich dazwischen. »Für mich ist das eine ziemlich treffende Beschreibung davon, was abgeht.«

Barbara Kux hingegen ist das personifizierte Beispiel dafür, wie man Selbstbewusstsein ausstrahlt, ohne überzogen oder arrogant rüberzukommen: »Das Bild der Topmanagerin ist sehr ambivalent in Deutschland. Vor allem ist es kalt. Dabei stimmt das nur halb. Natürlich muss man seine Ziele erreichen und dafür muss man sich schon durchsetzen können. Es gibt Momente, da braucht man Ellenbogen. Sonst ist man immer nur ›die Nette‹ und wird nicht ernst genommen. Ich setze Ziele für mich und andere und versuche dann, meine Teams um mich zu sammeln. Ich gehe in einen Job oder in ein Meeting und frage mich: Was kann ich erreichen? Und wie? Ich baue mir ein Netzwerk auf. Es geht mir um Inhalte und nicht um Geschlechterfragen. Das hat auch damit zu tun, dass es in meinem Feld keine Frauen gab, als ich anfing, und bis heute wenige gibt.«

Das zu ändern, ist Kux ein Anliegen, allerdings nicht aus moralischen Gründen, sondern um heterogenere Teams zu schaffen. »Bei Philips habe ich fast 50 Prozent Mitarbeiterinnen: 2700 Frauen arbeiten weltweit in unserem Einkauf. Dass wir den Frauenanteil so steigern konnten, mag damit zu tun haben, dass der Chef eine Frau ist, und ich habe das auch gezielt gesteuert. Aber ehrlich gesagt waren bei den Kandidaten, die ich angeschaut habe, oftmals die Frauen ganz einfach die Besseren.« Diese Aussage finden wir interessant, zeigt sie doch, dass frau mit der Gestaltungsmacht, die eine herausgehobene Position mit sich bringt, eine Menge anfangen kann, beispielsweise andere Frauen fördern. Doch Einfluss und Verantwortung werden von zu vielen Frauen immer noch nicht als Chance wahrgenommen, sondern als Ausdruck schlechten Charakters.

Lob dich selbst, sonst tut es keiner

Männer fordern mehr, das weiß auch Jeanette Wagner: »Einige der Frauen, die ich berate, kommen zu mir und sagen: ›Die hätten mich eigentlich zum Vice President machen müssen …‹ Dann sage ich: ›Entschuldige mal, wann warst du denn bei deinem Boss, hast auf deine Arbeit verwiesen und gefragt, ob es einen Grund gibt, warum du noch nicht Vice President bist, und ob du noch etwas tun kannst, um die Sache zu befördern?‹ Dann stellt sich meistens heraus, dass die Dame auf die Idee noch gar nicht gekommen ist. Anschließend geht sie dann fragen und jetzt dürfen wir alle mal raten, was passiert: Sie wird befördert! Manchmal muss man einfach nur mal nachfragen und herausfinden, was noch stört auf dem Weg nach oben. Der größte Fehler von Frauen ist, dass sie nicht genug Verantwortung für ihre eigene Karriere übernehmen. Auch müssen sie lernen, dass sie die Firma wechseln, wenn sie in der falschen Umgebung sind. ›Sie schätzen mich hier und lieben mich … aber es passiert nichts‹ zu sagen ist Quatsch. Du bist nicht im Büro, um geschätzt oder geliebt zu werden, sondern um einen Job zu machen. Also übernimm auch die Verantwortung für deine Karriere.«

»Frauen warten, dass man sie zum Tanzen auffordert«, sagt auch Ex-Citibankerin Noël Harwerth. »Sie haben gelernt, dass man einen Mann nicht zum Tanz bittet. Also sitzen sie herum und warten, bis sie gebeten werden. Dasselbe machen sie im Job. Sie warten, bis einer fragt: ›Hätten Sie denn gerne eine schöne Beförderung? Würden Sie vielleicht gerne die Niederlassung in Skudthorp übernehmen?‹ Ich hatte schon Mitarbeiterinnen, die zu mir kamen und sagten: ›Ich bin übergangen worden, weil ich eine Frau bin‹ und ich musste sagen: ›Aber ich hatte ja keine Ahnung, dass dieser Job Sie interessiert!‹ Wenn man etwas will, muss man sich melden. Der arme Manager vor deiner Nase kann doch nicht alles wissen! Und so sitzen viele Frauen herum, schimpfen auf ihren Vorgesetzten und warten, dass jemand kapiert, wie wundervoll sie sind.« Schon aus finanziellen Gründen sollten Frauen offensiver auftreten, etwa bei Gehaltserhöhungen, »Frauen verlangen nicht nach mehr Geld«, weiß Harwerth. »Bei den Investmentbanken ist das ja auch ein stehender Witz: Ein Mann kriegt einen Bonus – und selbst wenn es eine Million Dollar ist, wird er sagen: ›Das ist ja lächerlich. Wie können die mich so beleidigen. Das ist nicht genug – ich kündige!‹ Eine Frau kriegt einen Bonus, macht den Umschlag auf und sagt: ›Ohhhh! Vielen, vielen Dank!‹«

Beim Thema Kampfeslust muss sich sogar eine erfolgsverwöhnte Bankerin wie Lady Barbara Judge selbst an die Nase fassen: »Frauen probieren es erst gar nicht, wenn es schwierig wird. Beispielsweise gab es zwei Aufsichtsratspositionen, die ich beide hätte haben können. Bei der einen wollte mich der abtretende Rat nicht, er wollte einen Mann mit Oxford- oder Cambridge-Hintergrund. Aber die Gruppe wollte mich, sie suchten einen Amerikaner mit dem richtigen Profil, der was von Fund Raising versteht. Weil ich das wusste, habe ich um den Job gekämpft. Ich bin losgezogen, habe mich angestrengt und am Ende auch gewonnen. Bei dem anderen Aufsichtsrat wollte mich der Chairman auch nicht, der hat ein Problem mit Frauen. Da habe ich nicht gekämpft, weil ich dachte: Warum soll ich mir das antun? Der Kerl stellt dich doch sowieso kalt. Hätte ich mich bemüht, hätte ich da auch gewonnen. Habe ich aber nicht – und ein Mann strengt sich eben an und kämpft.«

Woran Frauen scheitern? Martina Rißmann sagt: »Sie sind zu introvertiert! Sie werden beim Kunden nicht wahrgenommen, weil sie lieber hinter den Kulissen agieren – und das sehr kompetent und effizient. Das gilt nicht nur nach außen, sondern auch nach innen: Wichtig ist, sich durchsetzen zu lernen. Frauen müssen lernen, zu fordern, dass sie bei den anspruchsvollen Projekten für die wichtigsten Klienten eingesetzt werden. Klar müssen sie hier – wie ihre männlichen Kollegen auch – richtig eingeführt werden und reinwachsen. Viele Frauen entscheiden sich aber lieber für die interessanten Nebenthemen. Echte Herausforderungen, die anfangs vielleicht noch eine Nummer zu groß sind, trauen sie sich nicht zu, obwohl sie ihnen durchaus gewachsen wären.«

Vieles liegt auch an gekonnter Präsentationstechnik und Rhetorik, ein Feld, das viele vernachlässigen, nicht nur Frauen. Sari Baldauf erzählt: »Eine der wichtigsten Lektionen habe ich von einem ehemaligen Chairman von Nokia gelernt. Wenn du ihm etwas erklären musstest und hast es nicht geschafft, dein Anliegen in 90 Sekunden rüberzubringen, war seine Aufmerksamkeit flöten. Wenn du ihn jedoch gefesselt hast, bekamst du seine volle Aufmerksamkeit zur Not auch für 90 Minuten. Aber wehe, wenn nicht, dann warst du verloren, egal, wie gut durchdacht dein Vorschlag war. Präsentationstechnik und Rhetorik sind wichtig, auch in Meetings. Ich höre immer wieder von Frauen, in Konferenzen und Aufsichtsräten: ›Die Männer hören uns nicht zu. Wir sagen etwas, und die grunzen nur und machen weiter.‹ Ich glaube nicht, dass dies geschieht, weil die Leute Frauen bewusst klein halten wollen oder weil sie deren Beiträge für unwichtig erachten. Es geht einfach darum, wie Frauen ihr Anliegen präsentieren. Da gibt es so manche, die mal da drüber nachdenken sollte.«

Ehrgeiz für die richtigen Sachen entwickeln

Die Erwerbstätigenquote von Frauen in Deutschland liegt bei 58,4 Prozent, aber mehr als die Hälfte der 16 Millionen arbeitenden Frauen werkeln in nur fünf verschiedenen Jobs: im Büro als kaufmännische Angestellte, im nichtärztlichen Gesundheitswesen (also in der Krankenpflege und als Arzthelferin), als Verkäuferin, in den sozialen Berufen als Kindergärtnerin und Altenpflegerin und als Reinigungskraft. Der Hälfte der Frauen geht also in Berufe, in denen man kaum zu Einfluss und einem Chef-Posten kommen kann. In den neuen und hoch bezahlten Dienstleistungsberufen, in der Informations- und Kommunikationsbranche sind Frauen besonders selten. In den IT-Berufen gibt es gar nur 14 Prozent Frauen.

Viele Frauen vermeiden gar aktiv die Gefahr, Karriere zu machen. Das beobachtet auch Ann-Kristin Achleitner an ihrem Lehrstuhl: »Der Studentinnenanteil an der Technischen Universität in München in der Betriebswirtschaftslehre ist deutlich unter dem an der Ludwigs-Maximilians-Universität.« Der Grund: Die TU bietet technisch orientierte BWL an. »Die Verweigerung der technischen Aspekte durch die Frauen zieht sich durch. Wir beobachten beispielsweise, dass unter den hochinnovativen, eher technisch orientierten Gründungen nur wenige Gründerinnen zu finden sind. Diese Unternehmen werden vor allem von Naturwissenschaftlern gegründet. Frauen wählen diese Fächer nicht. In der ganzen Debatte um die Frage, warum es mehr männliche Gründer gibt, wird immer wieder gesagt, dass Frauen sich schwerer tun, einen Kredit zu bekommen. Das geht meiner Meinung nach am Kern des Problems vorbei – es liegt an der Ausbildungsentscheidung. Wir können genau zeigen, aus welchen Studiengängen die innovativen Unternehmer kommen. Und die sind extrem frauenarm.«

Das Problem beschränkt sich nicht nur auf die Wahl des Ausbildungsfaches. Die Frauen bleiben auch zu lange in Stabspositionen. Sari Baldauf sagt dazu: »Man muss früh anfangen, operative Verantwortung zu übernehmen, weil man sonst nicht die Fähigkeiten erwirbt, die zum Führen eines Unternehmens nötig sind. Wer 15 Jahre lang in der Personalabteilung bleibt oder in der strategischen Planung, lernt nicht, Umsatz zu machen und Leute effektiv zu führen.«

Martina Rißmann wittert hinter so manchem Rückzug mangelnden Antrieb: »Familie ist nicht der Hauptgrund, dass viele Frauen gehen. Die geben einfach irgendwann auf. Es wird immer anstrengender und auf dem langen Weg fragen sich offenbar viele: Will ich mir das antun, mich dem stellen? Es ist der ewige Ringkampf nach innen und außen. In vielen Fällen ist es offenbar einfacher zu sagen: ›Ich gebe auf.‹ Dagegen ist ja auch nichts einzuwenden, nur leider machen viele Frauen, die gehen, erst einmal beruflich nichts mehr. Die meisten sind schlicht verheiratet und können sich offenbar den Karriereknick leisten. Männer sind da anders, die leben nach dem Motto: ›Fahren Sie mich irgendwohin, ich werde überall gebraucht.‹ Frauen denken eher: ›Na, jetzt kann ich es mir auch erst mal gutgehen lassen.‹ Dabei übersehen sie leider, dass es einen Unterschied macht, ob ich einen Harvard-MBA habe und zehn Jahre als Führungskraft auf dem Buckel – und mir dann sage: ›Die paar Jahre Kinderpause, die gönn ich mir jetzt.‹ Oder ob ich nur drei Jahre bei einer Beratung war – das reicht dann eben nicht für den Wiedereinstieg.«

Was Frauen die Lebensfreude raubt
Die Angst vor der Macht, der Glasdecke und der Mythos vom weiblichen Führungsstil

> *»Du musst genau das machen, wovon du glaubst:*
> *Das kann man nicht machen.«*
> Eleanor Roosevelt

Office Depot, ein amerikanischer Händler für Büroausrüstung, hat nur noch zwei weibliche Aufsichtsräte. Myra Hart und Brenda Gaines – die Dritte im Bunde, Patricia McKay, wechselte gerade als Finanzvorstand ins Executive Team. Das besteht aus neun Köpfen, vier davon weiblich. Neben McKays Finanzressort sind bei Office Depot auch die Geschäftsfelder Service, Geschäftsentwicklung und IT sowie Personal fest in Frauenhänden. Muss also eine Klitsche sein? Nicht ganz. Office Depot macht rund 14 Milliarden Dollar Umsatz und verkauft mehr Produkte und Dienstleistungen als irgendein anderes Unternehmen – nicht nur in über 1000 US-Niederlassungen, sondern auch noch in 22 anderen Ländern. Amerikas wirtschaftliche Beletage wird weiblicher.

Ähnlich das Bild im Vereinigten Königreich. Eine Untersuchung der britischen Interim Management Association ergab, dass heute 35 Prozent der kurzfristig eingesetzten Interimsmanager Frauen sind. 58 Prozent der 500 größten britischen Firmen nutzten im vergangenen Jahr diese »Aushilfsführungskräfte«, wenn plötzlich ein wichtiger Manager wie ein Finanzdirektor oder Vorstand ausfiel oder wenn das Personal für ein neu gegründetes Geschäftsfeld knapp wurde. »Frauen sind als Interimsvorstände gut geeignet, weil sie mit dem Mangel an persönlichem Status in dieser Rolle gut klarkommen«, erklärt Nick Robeson, Chairman der Association, den überproportionalen Anteil der Frauen in diesem Sektor. Jane French beispielsweise, die vorher für die Handelskette Marks and Spencer und den Versicherungskonzern Buba tätig war, ist seit elf Jahren Personalvorstand auf Zeit. Sie sagt: »In Dauerjobs geht es früher oder später immer um Politik. Als Interim kann man objektiver entscheiden.« Das macht ihr offenbar Spaß: »In dem Job muss man ein Chamäleon sein und sich an veränderliche Umgebungen anpassen können.«[81] Es scheint fast, als ob die Konzerne mit hochrangigen Leiharbeiterinnen ausprobieren wollen, ob das klappt mit einem weiblichen Wesen im Vorstand.

Wenn Frauen managen, sind sie richtig gut. Dazu gibt es jede Menge Studien. Viele der Männer, die es aus welchen Gründen auch immer in die Chefliga geschafft haben, sind dagegen höchst durchschnittlich. Eine Untersuchung von Caliper – eine amerikanische Beratung, die auf Human Resources spezialisiert ist – analysierte in Unternehmen wie Accenture, Deutsche Bank, Ernst & Young, IBM oder Morgan Stanley, wie gut das Führungspersonal andere motivieren kann – was mittlerweile als Topkriterium für erfolgreiche Chefs gilt. Ergebnis: Die Frauen waren überzeugender. Herb Greenberg, CEO von Caliper, interpretiert das wie folgt: »Die weiblichen Manager, waren stärker daran interessiert, alle Standpunkte zu hören, um die bestmögliche Entscheidung zu treffen. Ihr finaler Entschluss hatte nicht notwendigerweise viel mit der Auffassung zu tun, mit der sie angetreten waren. Diese Bereitschaft, alle Seiten zu sehen, macht sie überzeugender.« Die männlichen Kollegen tendieren dazu, an ihren persönlichen Überzeugungen festzuhalten. Statt ihre Mitarbeiter vom gewählten Weg zu überzeugen, führen sie qua Amt, also durch ihre Position. Frauen suchen beim Entscheiden Konsens, Männer Dominanz.

Außerdem kam heraus, dass Frauen produktiver mit Rückschlägen und Misserfolgen umgehen. Zwar reagieren sie frustrierter als Männer, sogar übermäßig selbstkritisch. Aber sie setzen sich mit dem Flop auseinander, und sobald sie ihre Balance wieder haben, lernen sie aus ihren Fehlern. Männer hingegen schütteln einen Misserfolg einfach ab, verdrängen ihn. So sind

---

[81] *Financial Times*, 28. Dezember 2005

sie zwar schneller wieder beim ›business as usual‹, lernen aber auch weniger aus Problemen. Das erstaunlichste Resultat scheint uns jedoch, dass Frauen sehr viel eher bereit sind, auch mal die Regeln zu ignorieren und auf der Suche nach einer innovativen Lösung ein Risiko einzugehen.[82]

Zusammengefasst heißt das: Weibliche Chefs sind mangels Dominanzgehabe nicht so anfällig dafür, ihre Mitarbeiter zu demotivieren, weshalb Unternehmen mit mehr Frauen auf der Topetage erfolgreicher sind. Aber wenn das wirklich so ist – warum gibt es dann so wenig Lady-Bosse? In einer vom Shareholder Value getriebenen Wirtschaft müssten sich die Konzerne doch zerfleischen auf der Suche nach dem erfolgsverheißenden Geschlechts-Chromosom XX?

Dass weibliche Fähigkeiten und Jobs, in denen diese nützlich sind, nicht immer zusammenfinden, hat viele Ursachen. Was unserer Meinung nach in den Diskussionen jedoch stets zu kurz kommt, ist das zutiefst ambivalente Gefühl vieler Frauen in punkto Macht und ihre Manifestationen. Die meisten Männer begreifen Macht als Chance zur Gestaltung, die meisten Frauen empfinden Macht zumindest unterschwellig als böse. Der Personaltrainer Heinz Schulze-Wimmer beobachtet bei seinen weiblichen Klienten: »Sie sehen Macht als rücksichtsloses Durchsetzen und als Sammeln von überflüssigen Statussymbolen. Dadurch riskieren sie, auf so genannte weiche Themen festgelegt zu werden. Dabei ist Macht eine natürliche Motivation aller Menschen, die bei jedem Einzelnen unterschiedlich stark ausfällt. Schon der Säugling ›führt‹ die Mutter!«[83]

Frauen finden, dass Macht meist auf dunklen Pfaden erworben wird, und lehnen deren Insignien ab – und wenn sie Macht haben, verrenken sie sich mit ellenlangen Entschuldigungen. Die Verlegerin Friede Springer betont beispielsweise, dass sie ihren publizistischen Einfluss nicht benutzt: »Ich will nicht, dass sich meine Vorlieben in meinen Zeitungen widerspiegeln.« Damit

---

82 Caliper »Women Leaders Study«, 7. Juli 2005
83 *Süddeutsche Zeitung*, 13. September 2003

hatte ihr Mann und Verlagsgründer Axel Cäsar Springer keine Probleme: Vor Arbeitsantritt ließ er alle Journalisten eine Grundsatzerklärung unterschreiben, die ganz klar seinem Weltbild entsprach. Auf die Frage, was bei dem Begriff »Macht« in ihr vorgehe, sagt Maria-Elisabeth Schaeffler, die Erbin des Wälzlager-Herstellers INA-Schaeffler: »Ich muss an die Menschen denken, die hinter dem Unternehmen stehen, an ihre Familien.« Sie führt den Betrieb also nicht des Unternehmens oder der eigenen Familie wegen, sondern um ihre Mitarbeiter und deren Familien zu beschützen. Die Fernsehmanagerin Christiane zu Salm sagt: »Macht bedarf natürlicher Autorität« – Einfluss zu nehmen, hat ihr also das Schicksal erlaubt, nicht jedoch ihr eigener Anspruch.[84]

In der Studie »Frauen und Macht« – für die die Unternehmensberatung Accenture Managerinnen, Professorinnen, Ministerinnen und Unternehmerinnen aus Deutschland, Österreich und der Schweiz befragte – nennen die Frauen viele Gründe, die sie motivieren zu arbeiten. »Einfluss zu gewinnen« steht nur auf Platz neun der Rangliste, davor kommen die typisch weiblichen Themen wie »etwas Sinnvolles tun«, »Ideen in die Praxis umsetzen« und »Beziehungen pflegen zu Kunden und Mitarbeitern«.[85] Einzig die befragte Bankerin Carola Gräfin Schmettow, Gesellschafterin des Bankhauses HSBC Trinkaus und Burkhardt, äußert Zweifel am Verhältnis der Deutschen zum Machtbegriff. Kein Wunder, ihre Bank gehört zur Hongkong Shanghai Banking Corporation – also zu einem angelsächsisch geprägten internationalen Konzern. Sie sagt: »Macht – das Wort weckt hierzulande häufig Assoziationen wie Willkür und Gewalt. Anders in England, wo ›power‹ zumeist mit Kraft gleichgesetzt wird.«[86] Die hierzulande unguten Assoziationen bei der Verwendung des Begriffs haben auch mit dem Generalverdacht gegen Machtmissbrauch aufgrund der deutschen Geschichte zu tun.

---

[84] *Frankfurter Allgemeine Sonntagszeitung,* 5. Juni 2005
[85] Accenture: »Frauen und Macht«, 2002
[86] *Frankfurter Allgemeine Sonntagszeitung,* 5. Juni 2005

Probleme mit dem M-Wort

Die Frauen, die sich durchsetzen wollen, müssen lernen, auch mit dem Thema Macht entspannter umzugehen. Bankerin Clara Furse ist da ganz abgeklärt: »Natürlich gibt es Machtkämpfe in den Unternehmen. Aber das ist doch Teil des Vergnügens, deswegen ist man doch in einer Organisation, um zu sehen, wie Menschen miteinander interagieren. Und der Job des Managers besteht gerade darin, diese Interaktion in produktive Bahnen zu lenken. Unter der Prämisse, dass das Ergebnis konstruktiv ist – und das ist das Wesen erfolgreicher Unternehmen –, sind Machtkämpfe einfach ein Teil des Lebens. Bei meinen Kindern beobachte ich sie übrigens täglich, Machtgeplänkel sind normales menschliches Verhalten.«

BCG-Beraterin Martina Rißmann beobachtet die weibliche Ambivalenz, sich auf Verantwortung und Macht einzulassen, seit Jahren. Auch bei sich selbst. »Die meisten Frauen wollen keine Macht haben, denn damit sind schmerzhafte Fragen verbunden. Es gibt zwei große Momente in einer Frauenkarriere: Der erste ist, zu akzeptieren, dass die mich nicht alle nur lieb haben. Dass die mich unter Umständen auch mal zickig finden. Der zweite große Moment ist, zum ersten Mal bewusst den Hut in den Ring zu werfen. Als vor zwei Jahren die Wahl des Büro-Chefs in New York anstand, haben wir alle gedacht: Miki Tsusaka wird das. Aber sie wurde es nicht. Dann habe ich sie getroffen und sie lächelte: ›Ich habe gedacht, die wählen mich, weil sie sehen, dass ich einen guten Job mache. Aber das war nicht der Fall, denn ich habe nicht klar gesagt: Ich will das!‹ Damals haben wir zwei uns geschworen, dass wir uns jetzt immer gegenseitig vorschlagen, damit wir erst mal auf der Liste sind.« Sagt sie und lächelt. »Bei mir war es übrigens dasselbe. Als die Wahl zum Personalchef in Deutschland anstand, haben alle gesagt, eigentlich müsste die Rißmann das machen, nach allem, was sie bisher gemacht hat. Aber wirklich hinzugehen und zu sagen: ›Ja, ich will das‹, das war schwierig für mich. Denn das kann auch nach hinten losgehen. Wenn man sich exponiert und es dann nichts wird, ist das peinlich. Entsprechend furchtbar fand ich die Zeit vor der Wahl.« Ist ja auch furchtbar – sagen jetzt alle Frauen zu sich selber. Dabei sollten sie jedoch nie vergessen, dass viele Männer genau an der Stelle denken: Umso besser, ein Konkurrent weniger auf der Liste!

Viele unserer Gesprächspartnerinnen hatten Probleme, sich an ihren Status zu gewöhnen. Philips-Einkaufsvorstand Barbara Kux findet: »Männer lernen viel früher, mit Macht umzugehen und politisch clever zu sein. Das passiert bei denen früher. Jungs interessiert das stärker, und sie werden auch dazu erzogen, sich mit ihrem Status in der Gruppe aktiv auseinanderzusetzen. Wir Frauen müssen das meist als Erwachsene lernen.« Ex-Citibank-Vorstand Noël Harwerth weiß, warum Frauen am liebsten in der zweiten Reihe bleiben und gucken, wie sich die Männer in der ersten Reihe gegenseitig die Nasen blutig hauen: »Frauen fühlen sich nicht wohl mit den Fallen, die Verantwortung mit sich bringt, und auch nicht mit der Belastung, Macht in einer negativen Art ausüben zu müssen: Leute zu entlassen, harte Entscheidungen zu treffen. Es gibt diese Ambivalenz im Umgang mit Macht und der Art, wie sie ausgeübt wird.«

Auch die finnische Topmanagerin Sari Baldauf erinnert sich an die Magenschmerzen, die das Thema bei ihr auslöste: »Ich hatte Probleme mit dem Konzept von Macht. Ich war nicht immer sicher, dass es eine gute Sache ist, so viel Einfluss zu haben. Als ich ins operative Management von Nokia einstieg, waren fast alle Menschen, die an mich berichtet haben, Männer – Ingenieure. Sie wussten in ihrem Gebiet viel besser Bescheid als ich. Okay, ich war besser in Marketing und Fragen der generellen Geschäftsführung, aber sie waren supergute Experten und typischerweise älter als ich. Das ist nicht angenehm, sich in so eine Position zu begeben und zu lernen, ein Anführer zu sein. Ich habe aber gelernt, dass Macht immer mit Verantwortung einhergeht, und wenn man sie entsprechend einsetzt, ist Macht völlig okay.«

Gail Rebuck ist Vorstandsvorsitzende eines der wichtigsten Buchverlage der Welt und besteht dennoch darauf, dass sie keine Macht hat: »Das ist eine Furcht einflößende Sache. Es gibt so viel negative Emotion rund um den Begriff Macht. Frauen fühlen sich unwohl, wenn sie bezichtigt werden, machtvoll zu sein.

Denn das ist eher ein Vorwurf als ein Kompliment. Das hat natürlich auch mit den Medien zu tun und der Art, wie sie mit Autorität umgehen, insbesondere mit der von Frauen. In mancher Hinsicht sind das einfach nur die negativen Gefühle der Männer, die auf die Frauen projiziert werden. Da Männer sich unwohl fühlen mit weiblicher Macht, werden sie immer versuchen, diese Macht irgendwie zu diskreditieren.« Damit wird den Frauen der Wunsch nach Macht verübelt und aufs Private beschränkt, meint Rebuck: »In Familien haben die Frauen ja enormen Einfluss. Sie kontrollieren normalerweise das Zuhause, die Kinder, das Budget – das ist eine Machtbasis, mit der Frauen sich wohlfühlen. Aber wenn diese Macht in eine ökonomische Umgebung übersetzt wird, ist das Vergnügen vorbei. Ich kann das auch gut verstehen, ich bin auch nicht gerade glücklich, wenn die Leute zu mir sagen: ›Du hast Macht.‹ Ich sage dann immer: ›Nein, ich habe doch keine Macht.‹ Ich weiß auch nicht genau, warum, aber es hat auf jeden Fall mehr mit Psychologie zu tun als mit der aktuellen Situation im Unternehmen.«

Agnès Touraine unterrichtet neben ihren anderen Verpflichtungen auch und beobachtet, dass bei dem Thema nicht nur ihre eigene Generation zurückschreckt: »In jedem Uni-Kurs diskutiere ich mit meinen Studenten das Thema Leadership und frage: Wer von euch will ein Anführer werden? Keine einzige Hand hebt sich. In Frankreich gilt es als unhöflich, ja angeberisch zu sagen, dass man führen will. Am Ende frage ich dann: Seid ihr sicher, dass ihr nicht Boss werden wollt? Anführer? Manager? Am Ende finden sich dann zwei oder drei Jungs, die ›ja‹ sagen. Für Männer bedeutet Macht ein großes Büro, ein Auto mit Fahrer und zwei Sekretärinnen, die den Kaffee bringen. Für mich und andere Frauen bedeutet Macht die Möglichkeit, Dinge tun zu können und voranzukommen.«

Miki Tsusaka, die als Top-Beraterin ständig mit extrem einflussreichen Bossen verhandelt, sagt zwar: »Macht ist gut. Wenn es verdiente Macht ist. Denn reine Statusmacht irritiert uns alle nur. Aber wenn einer sie sich erarbeitet hat, dann ist Macht in Ordnung.« Doch die Einschränkung folgt sofort: »Aber natürlich gibt es da auch einen Geschlechteraspekt – der wahrscheinlich schon in der Art, wie ich antworte, sichtbar wird. Ich würde niemals in einer Machtposition sein wollen, wenn ich denke, dass ich sie mir nicht verdient habe. Ich bin mir nicht sicher, dass Frauen per se vor Macht zurückschrecken, es ist wohl auf eine hintergründig-psychologische Art mehr so, dass Frauen eine größere Angst haben zu scheitern.«

Die Angst vor einem Misserfolg ist aber nur ein Aspekt der Furcht vor der Verantwortung, wie Artémis-Chefin Patricia Barbizet berichtet, nach deren Erfahrung viele Frauen an diesen Machtkämpfen einfach nicht teilnehmen wollen. Wenn wir von Macht reden, haben die Frauen meist schon einen Level erreicht, bei dem es um ziemlich anspruchsvolle und hochprofitable Jobs geht. Trotzdem sind es Positionen, die mit dem Rest des Lebens harmonisieren und es den Managerinnen erlauben, alles unter einen Hut zu bringen: Ehemann, Kinder, Familie, professionelles und persönliches Leben. Denn der letzte Schritt, irgendwo Vorstand zu werden, bedeutet, sich deutlich stärker zu exponieren. Das kostet mehr Zeit, ist viel riskanter und auch viel wechselhafter. Wie in der Politik muss man sich der Kritik stellen. Barbizet berichtet, dass sich viele Frauen fragen: Will ich wirklich so viel auf mich nehmen, um dieses Niveau zu erreichen? Will ich mich wirklich auf dieses Neuland wagen? Viele Frauen sind dazu nicht bereit – und lassen die letzte Beförderungsmöglichkeit ganz bewusst vorüberziehen, um weiterhin eine halbwegs ausgeglichene Balance zwischen Beruf und Privatleben haben zu können.

Was wir von unseren Gesprächspartnerinnen hören, ist erhellend. Einerseits neigen Frauen ohnehin dazu, ruhig und effektiv vor sich hin zu werkeln und zu hoffen, dass früher oder später einer sie zum Tanzen auffordert. Andererseits löst allein der Begriff Macht in Frauen einen höchst unbekömmlichen Cocktail von Emotionen aus: Angst vor der dunklen Seite der Herrschaft, Angst vor einem möglichen Scheitern, Angst vor den Ansprüchen eines Topjobs, insbesondere der steigenden Sichtbarkeit. Die Kombination aus beiden Faktoren ist ungut: Kaum eine Frau schafft es wirklich bis auf einen Vorstandssessel.

Die nützliche Seite der Macht

»Um die Topebene zu erreichen, braucht man einen Killer-instinkt. Ich will nicht so aggressiv sein und Leichen auf meinem Weg zurücklassen. Ich will meine Werte nicht aufgeben. Das sollte nicht der einzige Weg nach oben sein«, sagt anonym eine amerikanische Managerin, die hierarchisch direkt unter dem Vorstand angesiedelt ist, in dem Buch »The Woman's Place is the Boardroom«.[87] Aber ist das wirklich der einzige Weg? Wir glauben das nicht, und unsere Gesprächpartnerinnen sind schon gar nicht dieser Auffassung. Dass Macht eine konstruktive Seite hat, wird gerade von Frauen oft vergessen. Dabei ist Gestalten toll und Aufbauen schöner, als nur den Bestand zu wahren. Und wenn Frauen schon diese vielen Stunden im Büro verbringen, in denen sie auf ihre Familien und Freunde verzichten – warum dann nicht auch dabei mitreden, was um sie herum passiert? Tja, warum?

Isabel Aguilera, Chief Operation Officer in einer der größten Hotelgruppen der Welt, ist eigentlich Architektin. Um etwas bauen zu können, muss man Arbeiter, Sand und Mörtel bewegen können. Diese Erfahrung war offenbar prägend, denn die Spa-nierin hat keine Probleme damit, ihre Autorität zu nutzen, da-mit die Dinge passieren, die sie für richtig hält. »Es gibt verschie-dene Gründe, warum man arbeitet. Manchmal ist es Macht, manchmal ist es Geld, manchmal ist es Bestätigung. Für mich be-deutet Macht bloß Unabhängigkeit. Ich will frei sein und meine Freiheit nutzen. Eine andere Form der Macht kenne ich nicht. Was ist das überhaupt? Mein Leitmotiv ist: Ich will es richtig ma-chen. Ich will zurückblicken können und sehen, dass die Dinge jetzt in einem besseren Zustand sind als zuvor. So viele Leute ha-ben Angst vor der Herausforderung, die etwas Unbekanntes mit sich bringt. Ich hingegen mag das.« Auch Barbara Kux liebt He-rausforderungen. »Ich persönlich sehe nicht Macht. Ich sehe

---

[87] *Financial Times*, 12. September 2005

Ziele – und wenn ich die erreiche, fühlt sich das gut an. Ich suche mir möglichst große Aufgaben. Philips hat beispielsweise schon ein paar Mal versucht, seinen Einkauf zu bündeln, was jedes Mal schiefgegangen ist. Das war für mich der Reiz zu sagen: Das mache ich jetzt. Das sind Aufgaben, die mich reizen, bei denen ich denke: Das ist jetzt aber mal wirklich interessant.«

Eine interessante Aufgabe und die Macht, sie zu gestalten, machen offenbar Spaß. Das findet auch Ex-Citibank-Vorstand Noël Harwerth, die sich wundert, warum es so wenigen Frauen gelingt, auch die erfüllende Seite eines Konzernjobs zu sehen. »Man muss auch die Gratifikationen mitnehmen, die das Leben in einer großen Organisation bietet. Damit meine ich nicht nur das Geld, also ein ordentliches Gehalt, einen guten Bonus, Sonderleistungen und schöne Aktienoptionen. Daneben offerieren große Organisationen noch eine Reihe anderer Belohnungen, die Frauen meistens nicht als solche erkennen und genießen: mit wirklich tollen Leuten zusammenzuarbeiten, die Verschiedenheit der Menschen aus unterschiedlichen Kulturen, die Möglichkeit zu reisen und Neues zu sehen, an komplexen Projekten zu arbeiten und dabei unglaubliche Summen Geld zu bewegen, Leute zu treffen, die schon an Orten waren, die ich nicht kenne, solche Dinge. Ich ging jeden Tag ins Büro und habe mir mindestens eine dieser Belohnungen abgeholt. Wenn ich nach Hause kam, konnte ich fast immer sagen: Mensch, ich hatte einen tollen Tag. Es war nett, mit diesem Typen von den Philippinen zum Essen zu gehen. Der hat mir eine Menge Zeug erzählt, wovon ich keine Ahnung hatte.« Harwerth versteht nicht, warum viele Frauen diesen Mehrwert nicht sehen und nutzen: »Sie gehen zur Arbeit, sie machen ihren Job, oft sogar sehr gut. Aber dabei bleibt es. Sie sagen, sie haben keine Zeit oder keine Nerven dafür, sie seien zu beschäftigt. Und dann kündigen sie plötzlich, weil sie finden, dass sie nicht genug kriegen für ihre Mühe.« Harwerth zufolge müssen Frauen lernen zu sehen, was jenseits des Schreibtischs an Privilegien winkt. »Männer lernen das schnell – und dann melken sie das System.«

Die Glasdecke: Mythos oder Realität?

Viele Frauen werden jetzt einwenden, dass sie mit der Macht gar keine Probleme hätten – wenn sie sie denn je überhaupt in die Finger kriegten. In sämtlichen Umfragen zu Karrierehemmnissen nennen Frauen die männerdominierte Kultur am Arbeitsplatz, den Mangel an weiblichen Vorbildern und die Tatsache, dass bei Beförderungen noch immer eher Männer zum Zuge kommen. So zum Beispiel auch in der Accenture-Studie »Frauen und Macht«. Die Rede ist von der sprichwörtlichen »Glasdecke« – eine unsichtbare, aber undurchdringliche Ebene, über die Frauen einfach nicht hinauskommen.

Aufschlussreich sind auch die Ergebnisse der Studie »Leaders in a Global Economy«, für die jeweils mehr als 500 männliche und 500 weibliche Führungskräfte befragt wurden, die in renommierten Firmen wie Citigroup, Goldman Sachs, IBM, Marriott oder Procter & Gamble arbeiten. Nur 11 Prozent der Männer erleben, dass der Ausschluss von wichtigen Netzwerken sie in ihren Ambitionen behindert, aber 26 Prozent der Frauen nehmen das so wahr. Teil eines Paares zu sein, in dem beide Partner ambitionierte Karrieren verfolgen, behindert nur 1 Prozent der Männer auf dem Weg nach oben, aber 15 Prozent der Frauen. Und schließlich gab kein einziger Mann an, dass ihn Vorurteile über sein Geschlecht beim Aufstieg behindern, während das knapp jede fünfte Frau sehr wohl so sieht.[88]

Es gibt die Theorie, dass Frauen nur dann zum Zuge kommen, wenn es irgendwo klemmt, wie ja auch die Interimsmanagerinnen zeigen. Sozialpsychologen von der University of Exeter beschäftigten sich mit der Rolle von Frauen in den 100 größten börsennotierten Unternehmen Großbritanniens und fanden heraus: Frauen kommen häufig dann ans Ruder, wenn ein Unternehmen

---

[88] Families and Work Insitute, Catalyst, Boston College Center for Work & Family: »Leaders in a Global Economy – A Study of Executive Women and Men«, 2002

auf der Kippe steht und die Gefahr des Scheiterns groß ist. Oder anders ausgedrückt: immer dann, wenn den Männern das Pflaster zu heiß wird und kein Kerl mehr bereit ist, für so ein Himmelfahrtskommando seine Karriere zu ruinieren. Wissenschaftler sprechen in diesem Zusammenhang nicht mehr von der »Glasdecke«, die Frauen beim Aufstieg behindert, sondern von der »Glasklippe«, von der führungsstarke Frauen unter Umständen hinunterstürzen.[89] Auf Deutsch könnte man auch den Begriff der »Trümmerfrauen« ironisch umdeuten. Eine solche, die aus den Trümmern retten sollte, was zu retten war, ist Angela Merkel, die nach dem Spendenskandal um Helmut Kohl zum Kopf der CDU gewählt wurde, um aufzuräumen. Gemeint sind auch Frauen wie Tomoyo Nonaka, die an die Spitze von Japans drittgrößtem Eletronikhersteller Sanyo berufen wurde, nachdem der Konzern für 2004 einen Rekordverlust meldete. Oder Damen wie Mary Minnick, die in Personalunion als Marketing-, Strategie- und Innovationschefin bei Coca-Cola versuchen soll, das angeschlagene Image des Konzerns wieder rund zu dengeln.

Doch Frauen flüchten bekanntlich nicht vor schweren Geburten. Das ergab übrigens auch die Studie der University of Exeter: 63 Prozent der weiblichen Vorstände, die von den Forschern unter die Lupe genommen wurden, verbesserten innerhalb von fünf Monaten das Unternehmensergebnis. Auch andere Untersuchungen belegen, dass Unternehmen mit einem heterogenen Managementteam bessere Ergebnisse erzielen. Die fünfzig US-Konzerne mit der höchsten Diversity erzielten 2004 eine um knapp 13 Prozent höhere Kursrendite als der US-Börsenindex Standard & Poor's 500. Insbesondere ein höherer Frauenanteil im Management ist wirtschaftlich rentabler – wie beispielsweise eine Langzeituntersuchung über zehn Jahre der Universität Aarhus in Dänemark belegt.[90]

Ist das die Realität hinter dem Begriff der Glasdecke? Dass sich

---

[89] *Karriere*, 02/2005
[90] *Welt am Sonntag*, 5. März 2006 und *Frankfurter Allgemeine Sonntagszeitung*, 5. Juni 2005

immer noch jede Fünfte im Job die Nase blutig rennt an den Vorurteilen über Frauen – obwohl die Unternehmen mit weiblichen Managern eigentlich besser laufen und die entsprechend gefördert werden müssten? Die Meinungen unserer Gesprächspartnerinnen dazu gehen auseinander.

Noël Harwerth meint ganz klar: »Ja, die Glasdecke existiert. Ich bin nicht Vorstandsvorsitzende einer börsennotierten Gesellschaft. Zwar habe ich das Glas durchstoßen und bin im Vorstandsbüro angekommen. Und es mag sogar sein, dass ich die Aufsichtsratsvorsitzende einer börsennotierten Gesellschaft werde, das ist innerhalb meiner Reichweite und meiner Interessen. Aber ich bezweifle, dass ich je Vorstandsvorsitzende einer Aktiengesellschaft werde. Wäre ich ein Mann, wären meine Chancen darauf um ein Vielfaches besser.« Auch Agnès Touraine findet: »Die Glasdecke existiert in Frankreich immer noch, keine Frage. Vermutlich ist sie sogar noch dicker als vor zehn Jahren. Aber ich denke, es wird besser werden. Immer mehr Frauen haben eine gute Ausbildung, das gibt mir Hoffnung. Ich glaube, dass eine neue Vision sehr wichtig ist, die sagt: Du kannst alles machen.«

Ihre Landsmännin Patricia Barbizet kennt das Phänomen jedoch nur vom Hörensagen. »Ich bin sicher, dass es die Glasdecke gab, aber ich persönlich habe unter ihr nicht gelitten. Wer am richtigen Ort ist, über die richtigen Fähigkeiten verfügt und bereit ist, eine Menge Mühe und Zeit zu opfern, der findet auch seinen Weg.« Die Frauen sollten nur nicht so tun, als ob es leicht wäre, einen hochrangigen Job und eine Familie unter einen Hut zu bringen, findet Barbizet, aber sie sollten auch nicht leugnen, dass es machbar ist. Fabiola Arredondo beobachtet sehr wohl, dass die Welt unfair ist – findet aber, dass dies nicht unbedingt eine Geschlechterfrage ist: »Es gibt sicher noch Felder, in denen die berüchtigte Glasdecke existiert, und da ist sie undurchdringlich. Aber in den meisten Situationen ist das nicht mehr der Fall. Mein Ansatz war immer: So ist das Leben! Egal, ob du ein Mann bist oder eine Frau, schwarz, asiatisch oder hispanisch – irgendwas ist immer. Man muss eben einfach weitermachen. Ich konzentriere mich auf das, was machbar ist, nicht auf das, was ich nicht ändern kann.«

Anderen wie Nancy McKinstry oder Sari Baldauf fehlt der Glaube an die Glasdecke gänzlich. »Ich bin optimistisch und meine, wer etwas wirklich will, kann es auch erreichen – vorausgesetzt, die Ausbildung und Entschlossenheit stimmt und man ist bereit, die nötigen Opfer zu bringen«, sagt McKinstry und münzt dies auf Frauen und Männer. »Ich glaube, dass es für Frauen alle Möglichkeiten gibt, aber es ist härter als für einen Mann, ganz nach oben zu kommen. Auf der anderen Seite: Jeder, der es bis an die Spitze schafft, muss unterwegs ein paar ziemlich gute Entscheidungen getroffen haben und muss bereit gewesen sein, ein paar harte persönliche Opfer zu bringen.«

»Ich hatte nie das Gefühl, Opfer zu bringen«, sagt hingegen Sari Baldauf. »Allerdings habe ich glücklicherweise kapiert, dass man ziemlich hart arbeiten muss und das auch wollen muss – aber das gilt für beide Geschlechter. Aber ich hatte nie das Gefühl, dass man mich behindert oder gar stoppt. Aus meiner Sicht gibt es keine Glasdecke, obwohl auch in Finnland viele Frauen finden, dass es eine gab oder gibt – und das, obwohl hier bereits eine Menge Frauen hochrangige Positionen im öffentlichen und politischen Leben innehaben.«

Auch Lady Barbara Judge weiß, dass Frauen in der Regel besser sein müssen als Männer, um voranzukommen. Eine echte Bremse für Frauen sieht sie allerdings auch nicht: »Frauen haben es sehr wohl schwerer. Sie müssen immer noch besser sein als die Männer. Frauen können es an die Spitze schaffen, aber dafür müssen sie den Job doppelt so gut machen. Außerdem brauchst du als Frau einen, der dich fördert. Insbesondere wenn es auf die höheren Etagen geht, muss jemand da sein, der an dich glaubt. Es muss einer da sein, der Frauen nach vorne schiebt.«

Für Barbara Kux ist die Existenz der Glasdecke ehe eine Frage der inneren Einstellung als eine Realität: »Natürlich müssen Frauen mehr bringen, besser sein. Es ist schwieriger. Aber wenn man wirklich nach oben will, geht das auch. Wenn man sich jedoch eine Glasdecke denkt, dann ist sie auch da. Aber wenn man das Motto hat: ›Whatever you want to do, you can do it‹, dann gibt es schon per Definition keine.«

Auch Isabel Aguilera sieht die Barriere eher in den Köpfen der

Beteiligten als in der Realität: »Es gibt keine Glasdecke. Frauen und Männer können alles machen – oder fast alles. Die einzige echte Barriere im Leben ist Zeit. Darüber sollten wir uns bewusst sein und mit unserer Zeit gut umgehen, uns überlegen, was wir für uns selber tun und was für andere, denn verlorene Zeit kommt niemals zurück. Die Glasdecke ist nur da, weil wir denken, sie ist da. Wenn wir nicht an sie glauben, existiert sie auch nicht. Die Glasdecke ist etwas, das wir selbst installieren.« Jeanette Wagner schließlich meint, dass wir endlich aufhören sollten, über die Glasdecke zu sprechen – denn allein dadurch hielten wir sie existent. »Ich wünschte, dieses Wort würde verschwinden. Es ist so altmodisch und schon, als sie mich vor 25 Jahren zum ersten Mal danach gefragt haben, sagte ich: ›Ich habe mich damit nicht beschäftigt, ich habe den Lift genommen.‹ Man darf in diesem Jargon wirklich nicht steckenbleiben, das geht einfach nicht.«

Diese Aussage erinnert an Eleanor Roosevelt, die sagte: »Du musst genau das tun, wovon du glaubst: Das kann man nicht machen.« Eigentlich war sie »nur« die Gattin des amerikanischen Präsidenten Franklin Delano Roosevelt, engagierte sich aber so für Bürgerrechte und gegen Armut, dass sie eine der beliebtesten Amerikanerinnen ihrer Generation wurde. Nach dem Tod ihres Mannes wurde sie zur Delegierten der Amerikaner bei den Vereinten Nationen. Dort hat sie maßgeblich an der Menschenrechtserklärung mitgewirkt, die 1948 verabschiedet wurde. All das zu einem Zeitpunkt, wo Mädchen ihres sozialen Standes nur auf so genannte »Finishing Schools« nach England oder in die Schweiz geschickt wurden und maximal lernten, eine Köchin zu beaufsichtigen oder nett über die Literatur des Tages zu plaudern. Merke: Man kann endlos über die Dunkelheit der Welt lamentieren oder man kann versuchen, eine Kerze anzuzünden.

Die Schimäre vom weiblichen Führungsstil

Ein britischer Vorstandsvorsitzender sagt: »Männer werden das hassen, aber Frauen können besser lateral denken; sie sind weniger strukturiert, sehen die Dinge aber runder. Auch haben sie die ganzen sozialen Themen besser im Griff, egal, ob es um Kunden oder Mitarbeiter geht.«[91] Viele Studien und Bücher betonen, dass Führungsstil eine Sache des Geschlechts ist: Frauen gelten gemeinhin als überlegen. Lässt man beispielsweise Führungskräfte in einem so genannten 360-Grad-Feedback von Vorgesetzten, Kollegen und Mitarbeitern beurteilen, bekommen Frauen die besseren Noten. Managerinnen sind demnach fachlich kompetenter, setzen realistischere Ziele und beurteilen Mitarbeiter treffsicherer. Männer kriegen nur in zwei Disziplinen die besseren Noten – sie sind die besseren Strategen und analytisch stärker, insbesondere wenn es um technische Zusammenhänge geht.

Genutzt hat den Frauen ihre angebliche Überlegenheit bis jetzt nicht viel – und wir fragen uns inzwischen, ob die Theorie von der weiblichen ›Bossa nova‹ nicht kontraproduktiv ist. Vielleicht fürchten sich viele Frauen ja auch so vor dem Aufstieg, weil sie meinen, dass sie dann ständig die Superchefin geben müssen, die ohne Unterlass beweist, was Frauen doch für grandiose Leistungsträger sind? Wir haben also unsere Gesprächspartnerinnen gefragt, was sie von den Theorien zum weiblichen Führungsstil halten. Ihnen zufolge können die Damen sich entspannen. Es gibt Jobs und es gibt Leute, finden unsere Interviewpartnerinnen. Die passen zusammen oder auch nicht – das hängt an vielen Faktoren, von denen das Geschlecht noch der unwichtigste ist.

Shelly Lazarus meint beispielsweise, dass es egal ist, ob ein Mann oder eine Frau den Laden führt. Allerdings findet sie ein paar typisch weibliche Fähigkeiten durchaus hilfreich: »Frauen müssen nicht jede einzelne Auseinandersetzung gewinnen.

---

[91] Peninah Tompson/Jacey Graham: »A Woman's Place is the Boardroom«, Palgrave Macmillan 2005

Frauen sind entspannter, integrierender; sie sind bereit, sich alle möglichen unterschiedlichen Auffassungen anzuhören. Sie sind toleranter und müssen nicht immer die Schlaueste sein. Jedes Mal, wenn ein Mann beweist, dass er der Klügste im Raum ist, ärgert er nämlich mindestens fünf andere Leute am Konferenztisch. Die schlucken ihren Ärger zwar zunächst runter, aber sobald er durch die Tür ist, wollen sie ihn zu Fall bringen«, sagt sie und lacht. »Und meiner Erfahrung nach gelingt ihnen das auch, früher oder später.«

Patricia Barbizet betont ebenfalls die Integrationsfähigkeit von Frauen. Sie hat beobachtet, dass Frauen anders mit Macht umgehen und anders führen. Managerinnen fällen nicht nur eine Entscheidung, sondern sie erklären auch, was sie tun und warum, meint Barbizet. Außerdem seien sie mutiger darin, anderen Feedback zu geben, sei es nun gutes oder schlechtes. Frauen seien nicht so abgehoben, findet sie, schon weil die meisten Kinder haben und darüber nachdenken müssen, ob der Kühlschrank gefüllt ist und ob der Babysitter auch kommt. Frauen können das normale Leben nicht aus den Augen verlieren, deswegen geraten sie seltener auf einen Ego-Trip. In der Arbeitswelt sei es dasselbe, sagt Barbizet: Frauen reden anders, halten Konferenzen anders ab. Sie sind näher dran an den Menschen, weniger machtorientiert und vermutlich auch sensitiver beim Entscheiden. Sensitivität muss jedoch nicht heißen, dass Frauen nicht ebenso durchgreifen können wie ein Mann – sie tun es vielleicht nur etwas liebenswürdiger. Barbara Kux beispielsweise beschreibt das so: »Wenn es so etwas wie weiblichen Stil gibt, dann vielleicht, dass man die Härte etwas besser verpacken kann. Die eiserne Faust steckt im Samthandschuh, aber irgendwann muss das Eisen halt auch mal rauskommen, sonst wird man nicht ernst genommen.«

Nancy McKinstry beobachtet an Frauen ebenfalls tendenziell etwas mehr Verbindlichkeit, obwohl aus ihrer Art zu formulieren schon deutlich wird, dass sie sich nicht ganz wohl damit fühlt, bestimmte Eigenschaften eher dem Geschlecht zuzuschreiben als der Persönlichkeit eines Menschen: »Wir müssen uns wohl mit der Tatsache auseinandersetzen, dass bestimmte Zusammenhänge zu Stereotypen werden, weil ein Körnchen Wahrheit in

ihnen steckt, sonst würden sie nicht als Charakteristika wahrgenommen. Daher glaube ich schon, dass der weibliche Stil teamorientierter ist. Da geht es weniger um ›ich, ich, ich‹ und mehr
um die Gruppe. Mich persönlich stört es nicht, wenn ich einen
Kollegen genau dasselbe sagen höre, was ich zuvor formuliert
habe. Ich denke mir dann: Na also, sie haben akzeptiert, was ich
will. Ein Mann hingegen würde sich ärgern, dass jemand die Lor-
beeren für seine Ideen einstreichen will. Die meisten Frauen lassen so was einfach durchgehen.«

Gail Rebuck schließlich sieht eine aus der Not geborene größere Effizienz der Frauen: »Vom ersten Tag meines Berufslebens
an habe ich bemerkt, dass Männer mehr Zeit im Büro verbringen,
dabei aber nicht unbedingt produktiver sind als Frauen. Bevor ich
Kinder bekam, habe ich mir nichts dabei gedacht, abends lange
mit den Kollegen zu quatschen oder noch in die Kneipe zu gehen.
Das war das informelle Netzwerk, wo wichtige Sachen diskutiert
wurden. Weiter oben auf der Leiter fanden diese Gespräche dann
beim Dinner statt oder im Golfclub. Nachdem ich Kinder hatte,
bin ich grundsätzlich um sechs nach Hause gegangen. Das bedeutete natürlich, meinen ganzen Arbeitstag umzuorganisieren,
ich musste einfach fokussierter werden. Alles musste tagsüber
stattfinden, und ich hatte weniger Zeit zum Plaudern und für all
die Nettigkeiten, die das Leben im Büro versüßen. Heute mache
ich mir Sorgen, wenn ich bemerke, dass ein Mitarbeiter regelmäßig bis spät in die Nacht arbeitet. Damit gewinnt man bei mir
keine Sonderpunkte, denn es bedeutet entweder, dass wir als Managementteam diesen Menschen völlig mit Arbeit zugeschüttet
haben, oder dass er mit seinem Job total überfordert ist.« Und
dann bringt sie ein schönes Bild, das viel über ihre Haltung sagt:
»Ich stelle mir die Belegschaft vor wie eine Wand voller Glühbir-
nen – meine Aufgabe ist, alle Birnen gleichzeitig leuchten zu lassen, anstatt gelegentlich einen hellen Blitz der Brillanz zu produzieren, mitten im Zwielicht oder in totaler Dunkelheit.« Die
Topverlegerin macht eine Pause, um sich dann selbst eine rheto-
rische Frage zu stellen: »So – und was hat das jetzt alles mit Geschlecht zu tun? Ich konzentriere mich einfach auf meine Aufgaben. Das ist im Wesentlichen, die Leute zu unterstützen, die an

mich berichten, eine gute Arbeitsatmosphäre zu garantieren, sicherzustellen, dass wir alle am selben Strang ziehen. Worüber ich dabei absolut nicht nachdenke, ist Geschlecht und ob es ein Vorteil oder ein Nachteil ist, weiblich zu sein.«

Ob Männchen oder Weibchen, ist auch für die BCG-Beraterin Miki Tsusaka nicht ernsthaft ein Kriterium bei der Frage, was gute Führung ausmacht: »Vielleicht gibt es bestimmte Muster, ich bin mir da nicht so sicher. Die paar Topmanagerinnen sind als statistische Gruppe einfach viel zu klein, um signifikante Schlüsse aus ihrem Verhalten zu ziehen. Manchmal glaube ich ein paar Unterschiede zu spüren, aber letztlich bin ich der Meinung, dass – ganz unabhängig vom Geschlecht – die Klarheit über die eigenen Stärken und Schwächen das wichtigste Erfolgskriterium ist.«

Jeanette Wagner mag ebenfalls nicht über den Zusammenhang zwischen Geschlecht und Management nachdenken. Einen »weiblichen« Führungsstil gibt es nicht in ihrer Welt, höchstens guten und schlechten. »Es gibt hervorragenden Stil, ziemlich mittelmäßigen und schlechten. Ich habe die internationalen Aufgaben bei Estée Lauder seinerzeit von einem Mann übernommen, und damals war die Stimmung im Team schrecklich. Der Umsatz war mau und die Gewinne schrumpften seit Jahren. Ich habe niemanden gefeuert, stattdessen haben wir gemeinsam einen Turnaround durchgezogen und wurden der größte und profitabelste Bereich im Unternehmen. Das ging nur, weil wir jede Menge Energie freisetzen konnten, die vorher von Leuten gezügelt wurde, die eine andere Qualitätsvorstellung hatten und dafür auch noch belohnt wurden. Die Persönlichkeit des Chefs ist der Knackpunkt, das Geschlecht ist egal.«

Auch Isabel Aguilera findet, dass es tausend wichtigere Themen gibt als Geschlecht: »Im Job nehme ich gar nicht wahr, ob mein Gegenüber ein Mann ist oder eine Frau, ich behandele die Leute ja nicht unterschiedlich. Das geht auch gar nicht, denn ich muss jeden seiner Persönlichkeit entsprechend ansprechen, aber ich kann nicht zwei Management-Stile entwickeln, einen für Frauen und einen für Männer. Der Stil muss allen gerecht werden, alt und jung, analytischen Leuten ebenso wie intuitiven, kreativen Köpfen und Controllingtypen. Gutes Management akzeptiert verschiedene Kulturen, Altersgruppen, Religionen. Management hat auch mit Berechenbarkeit und Schlüssigkeit zu tun. Man muss eine Atmosphäre schaffen, die das Beste in einem selbst und allen anderen zum Vorschein bringt. Die Unterschiede zwischen älteren und jüngeren Leuten oder zwischen engagierten und unerfahrenen Leuten sind oft größer als die zwischen Männern und Frauen. Im Team brauchen wir alle, und da gibt es beileibe wichtigere Themen als Geschlecht.«

»Nein. Jeder hat seinen eigenen«, sagt auch Barbara Kux auf die Frage nach dem weiblichen Führungsstil. »Wir haben gerade mit der Personalberatung Egon Zehnder ein großes Assessment gemacht. Auch bei unseren regelmäßigen Mitarbeiterbefragungen kommt heraus: Jeder Manager ist anders, jeder hat Stärken und Schwächen, an denen er oder sie arbeiten muss. Wichtig ist nur, dass man regelmäßig in den Spiegel guckt und das adjustiert. Wenn ich an die letzten zehn Jahre denke, habe ich viel gelernt. Ich musste mich ja immer wieder in neue Unternehmenskulturen einarbeiten, das lehrt Zuhören. Man muss die Kultur studieren und sie akzeptieren und dann versuchen, aus dem Bestehenden mehr zu machen. Das ist nicht weiblich oder männlich, sondern erfolgreiches Management.« In dieselbe Kerbe haut Patricia Barbizet: »Am Ende ist natürlich Führung Führung – manche Menschen sind Anführer, andere nicht, und das ist bei weitem wichtiger als die Geschlechterfrage.«

TEIL III

UND WAS JETZT?

Was in der Familienpolitik passieren müsste
Bessere Bedingungen für Frauen und Kinder

»Deutschland ist Weltmeister in sozialer Ungerechtigkeit«
Wilfried Bos

In Deutschland ist mordswas los. Eva Herman, die außer als Tagesschau-Moderatorin auch durch Bücher wie »Vom Glück des Stillens« und »Mein Kind schläft durch« aufgefallen ist, veröffentlicht ein antifeministisches Manifest. Leicht völkisch angehaucht schreibt sie im Magazin *Cicero*, der Platz der Frau sei zu Hause. »Der Mann steht in der Schöpfung als der aktive, kraftvolle, starke und beschützende Part.« Die Frau daneben sei der »empfindsamere, mitfühlende, reinere und mütterliche Teil« der Familie. Dass Frauen sich in den Führungsetagen der Wirtschaft kaum durchsetzen konnten, ist für sie nicht ein veränderungswürdiges Ärgernis, sondern Beweis für die These, dass ihre Talente ganz woanders liegen. Offenbar nicht im Kopf, sondern im Unterleib – oder wie sollen wir das sonst verstehen? Ob sie selbst plant, nun ihren Job an den Nagel zu hängen, schreibt sie leider nicht.[92]

Derweil sank die Geburtenrate mit knapp 700 000 Kindern im Jahr auf ein historisches Tief, die Medien bejammern kollektiv das »Aussterben der Deutschen«, starten ein Kesseltreiben gegen Kinderlose, die schon mal als »bevölkerungspolitische Blindgänger« beschimpft werden. Harald Schmidt fordert daraufhin einen »Bundesbefruchtungswart«, die *taz* ätzt »Alles Schlampen außer Mutti« und *Stern*-Autor Wolfgang Röhl kontert mit der Polemik »No Kidding!«, die beschreibt, warum kinderlose Steuermalocher keinen Grund haben, sich zu entschuldigen.[93] Typisch

---

[92] *Cicero*, 5/2006
[93] *Stern*, 13/2006

deutsch – zwei verfeindete Lager knurren sich an und vom eigentlichen Kasus knaxus – den Kindern – ist kaum noch die Rede. 40 Prozent der Westdeutschen ohne Nachwuchs geht der »Mythos der Mutterschaft« offenkundig gewaltig auf die Nerven.

Mehr oder weniger zeitgleich kommt in der *Wirtschaftswoche* eine promovierte Ernährungswissenschaftlerin mit zwei Kindern zu Wort, die sich mit Schrecken an den Moment erinnert, als sie nach beruflich bedingten Auslandsaufenthalten zurück in den Großraum Frankfurt/Main versetzt wurde. Mit dem öffentlichen Angebot an Kinderbetreuung war nichts anzufangen. Entnervt engagierte die Frau schließlich eine Kinderfrau und holte sich ein Au-pair ins Haus. Ihr Fazit: »Nirgendwo ist es so schwierig, Job und Kinder zu vereinbaren, wie in Deutschland.«[94] Man muss nicht Hamlet sein, um angesichts dieser Stimmen zu ahnen: Es ist was faul im Staate!

Und ob – schließlich war Familienpolitik doch jahrzehntelang das Stiefkind der Politik, wie Exkanzler Gerhard Schröder unfreiwillig zutreffend bestätigte, als er das entsprechende Ministerium zuständig für »Frauen, Jugend und Gedöns« nannte. Die rot-grüne Antwort auf die sinkenden Geburtenraten war denn auch nicht besonders substanziell: Die einen setzten auf Gleichstellungsbeauftragte in allen Ämtern, die anderen betonen die Selbstverwirklichung der Frau. Familienpolitik ist Sozialpolitik und die ist links der Mitte traditionell eine Angelegenheit von Transferleistungen im Sinne von Kinderfreibeträgen, Erziehungs- und Kindergeld.

Währenddessen wollen auf der anderen Seite des politischen Spektrums weite Teile der Union die moderne Frau am liebsten als Hexe verbannen: Viele Konservative halten nach wie vor die Werte der fünfziger Jahre hoch, idealisieren das Heimchen am Herd und verweisen in Sachen Kinderbetreuung auf die Familie. Ende der neunziger Jahre hieß es bei der Hessen-CDU noch: »Das Recht des Kindes auf Betreuung in der Familie muss Vorrang haben vor der ›Selbstverwirklichung‹ der Eltern im Beruf.«

---

[94] *Wirtschaftswoche,* 5/2006

Fatalerweise tun sich mit dieser Sichtweise auch Nachwuchskonservative hervor, etwa einige Mitglieder der bayerischen »Junge Union«, und drängen darauf, das »traditionelle Familienbild« als Leitbild hochzuhalten. Dass solche Lebensmodelle Frauen dazu bringen, die mickrige Geburtenrate von 1,36 Kindern zu steigern, können wir nicht glauben.

Den Schaden hat dann nicht nur die gesamte Gesellschaft, weil das Rentensystem implodiert. Die niedrige Geburtenrate ist auch eine »echte Wachstumsbremse«, prognostiziert Michael Hüther, Direktor des Instituts der Deutschen Wirtschaft in Köln. Wenn sich nicht bald etwas ändere, könne die Wirtschaft nur noch 1 Prozent im Jahr wachsen. »Deshalb müssen wir eine höhere Erwerbsbeteiligung von Älteren und qualifizierten Frauen schaffen – sonst nimmt der Fachkräftemangel schon bald bedrohliche Ausmaße an«, so der Chef des IW.[95]

Mehr Betreuungseinrichtungen und flächendeckend Ganztagsschulen

Während die Deutschen sich um die Zukunft sorgen, gebären die Amerikanerinnen statistisch gesehen 2,1 Kinder, Französinnen 1,9, Norwegerinnen 1,8 und Schwedinnen oder Britinnen 1,7 Kinder pro Frau. Gleichzeitig ist die Erwerbsquote der Mütter kleiner Kinder in Skandinavien um 10 Prozent höher als bei uns – was nicht ernsthaft verblüffen kann, schließlich gibt beispielsweise Norwegen 1 Prozent seines Bruttoinlandsprodukts für vorschulische Bildung aus und wir nur 0,5 Prozent. In Frankreich oder Italien werden 100 Prozent der Drei- bis Sechsjährigen in vorschulischen Einrichtungen betreut, bei uns nur bei 71 Prozent. Um Geburtenraten und Frauenanteile im Beruf zu erhöhen, muss es demnach Krippen und Vorschulen geben wie in Frank-

---

[95] *Wirtschaftswoche,* 13/2006

reich, Kindergärten mit Öffnungszeiten wie in Skandinavien und vor allem auch Ganztagsschulen wie in den USA, England oder bei unseren Nachbarn links des Rheins. Denn Erkenntnisse der OECD belegen, dass kein anderer Faktor die Berufstätigkeit von Frauen stärker beeinflusst als das Angebot an – oder die Abwesenheit von – verlässlicher, qualitativ hochwertiger Kinderbetreuung.

Damit unsere Gesellschaft auch wirtschaftlich weiter wachsen kann, brauchen wir alle Leistungsträger – also muss den Leuten geholfen werden, Job und Familie zu verbinden. Eine ganz wesentliche Einsicht moderner Politik muss daher lauten: Vernünftige Frauen- und Familienpolitik ist eigentlich Wirtschaftsförderung. Die Deutschen halten eine gedeihliche Kombi aus Kind und Karriere für Frauen zwar für unmöglich, aber Studien des Instituts für Bevölkerung und Entwicklung weisen ganz eindeutig nach: Frauen motiviert die Möglichkeit, zu Hause zu bleiben, nicht dazu, Kinder zu kriegen. Das Gegenteil ist der Fall: *Je mehr Frauen in einem Land berufstätig sind, desto mehr Kinder kommen dort zur Welt!* Island beispielsweise hat mit die höchste Geburtenrate Europas und mit knapp 90 Prozent auch die höchste Erwerbstätigenquote unter den Frauen. Norwegen und Schweden liegen knapp dahinter.

Die notwendige Spirale zu beschreiben, die Frauen berufliche Chancen verschafft *und* der Gesellschaft Kinder, ist ganz einfach: Erst wenn die Betreuungseinrichtungen (und später auch die Ganztagsschulen) flächendeckend so gut sind, dass die Mütter sich nicht zu sorgen brauchen, bleibt eine kritische Masse auch nach der Geburt des ersten Kindes berufstätig. Erst wenn eine kritische Masse berufstätig bleibt, ändert sich das Klima in der Gesellschaft und in den Unternehmen. Erst wenn sich das Klima ändert, wird es vielen Frauen leichter fallen, im Unternehmen zu bleiben. Erst wenn mehr Frauen trotz Kindern im Betrieb bleiben, wird der Pool an vorhandenem Talent größer, aus dem die Personalchefs Führungskräfte rekrutieren. Gleichzeitig entscheiden auch erst dann mehr Frauen: »Wenn ich hier schon den ganzen Tag am Ball bin, dann will ich auch mitreden und gestalten.« So entstehen am Ende weibliche Chefs und auch die bislang so bitter vermissten weiblichen Rollenmodelle.

Weg mit dem Ehegattensplitting

Diese Spirale tatsächlich in Gang zu setzen ist offenbar wesentlich diffiziler. Denn bislang unterstützt der deutsche Staat das Alleinverdienermodell von anno Piependeckel wie kein Zweiter in Europa. Nehmen wir nur die Steuerpolitik: In der Steuerklasse V – mit besonders hohen Abgaben – arbeiten fast ausschließlich Frauen. Brüssel findet: Das ist unfair und gehört abgeschafft. Und wir sind ausnahmsweise mal mit den Bürokraten einer Meinung. Der deutsche Klassiker sieht nämlich so aus: Sie arbeitet Teilzeit und verdient nur ein paar Kröten, zahlt aber den gleichen Steuerbetrag wie er, der viel besser verdient. Das Ergebnis ist bestenfalls ein Taschengeld für Mutti – mit verheerenden Folgen für die Höhe ihrer Altersversorgung. Ulrike Spangenberg, Autorin einer entsprechenden Studie für die Hans-Böckler-Stiftung, schreibt, das Splitting sei »steuerrechtlich fragwürdig, familienpolitisch ohne Nutzen und mit Blick auf die Gleichstellung der Frau sogar schädlich.«[96] Folglich tragen Ehefrauen in Deutschland gerade mal 18 Prozent zum Familieneinkommen bei. In den USA schaffen sie fast das Doppelte.

Durch das Ehegattensplitting gehen dem Staat jährlich rund 20 Milliarden Euro an Steuereinnahmen durch die Lappen. Davon profitieren zu mehr als einem Drittel Paare, die gar keine Kinder haben. Deswegen gibt es jetzt erste Diskussionen, das Ehegatten- in ein Familiensplitting umzubauen, das heißt den Steuervorteil tatsächlich an das Vorhandensein von Kindern zu binden. Für die Frauen würde das jedoch gar nichts ändern, denn die Steuerersparnis – für 2005 maximal 7914 Euro im Jahr – hängt ja nach wie vor an der Bedingung, dass die Frau wesentlich weniger verdient als ihr Mann.[97] Unter finanziellen Gesichtspunkten – diese 7914 Euro nach Steuern muss die Gattin ja erst

---

[96] Ulrike Spangenberg: »Neuorientierung der Ehebesteuerung: Ehegattensplitting und Lohnsteuerverfahren«, Hans-Böckler-Stiftung, Düsseldorf 2005
[97] *Spiegel.de,* 20. Juni 2006

mal herbeischaffen – macht das eine wie das andere den Frauen den Wiedereinstieg ins Berufsleben nicht gerade schmackhaft. Ob man das Hausfrauenideal nun steuerlich lieber unter der Rubrik ›Ehe‹ oder unter dem Begriff ›Familie‹ zementiert, ist bestenfalls eine kosmetische Frage.

Weg mit der dreijährigen Elternzeit

Auch die drei Jahre Elternzeit – von der damaligen CDU-Ministerin Claudia Nolte stolz als »frauenpolitische Errungenschaft des Jahrhunderts« gefeiert – erweisen sich für viele Frauen als Bumerang. Laut sagt das zwar keiner, aber besonders Mittelständler, die in Deutschland den Löwenanteil der Arbeitsplätze stellen, überlegen es sich dreimal, eine Frau im gebärfähigen Alter anzustellen, wenn sie damit rechnen müssen, dass diese dann der Kinder wegen auf Jahre verschwindet und der Betrieb ihr derweil die Stelle freihalten muss. Von frauenpolitischer Errungenschaft kann also nicht die Rede sein, bedeutet diese Politik doch nur, den Staat aus seinen Pflichten zu entlassen. Seit 1996 nämlich haben Kinder ab dem vollendeten dritten Lebensjahr einen Rechtsanspruch auf einen Kindergartenplatz. Dass diese Garantie nur heiße Luft war, ist bekannt. Faktisch handelte es sich bei der Dreijahreslösung wohl eher um den Versuch, Frauen vom Arbeitsmarkt zu locken, um die Arbeitslosenstatistik zu entlasten. Aus all diesen Gründen betrachten viele Familienforscher unseren Staat als einen extrem konservativen, der die Ernährer-Ehe zu zementieren versucht.

Mehr Betreuungseinrichtungen statt Kindergeld

Eine weitere wesentliche These lautet: Geld allein zeugt keine Kinder. In Deutschland werden bei familienpolitischen Belangen traditionell Transferzahlungen geleistet, anstatt das Dienstleistungsangebot für Eltern auszubauen, wie das beispielsweise die Skandinavier gemacht haben. 2005 gab die Bundesregierung 34 Milliarden Euro für Kindergeld aus, hinzu kamen noch rund 60 Milliarden an Steuererleichterungen.[98] Im internationalen Vergleich zahlen die Deutschen relativ viel Kindergeld – mit geringer Wirkung. Die anderen Nationen setzen hingegen auf die Subvention von Betreuungseinrichtungen – offenbar mit guter Resonanz. Birgit Fix, eine Wissenschaftlerin am Mannheimer Zentrum für Europäische Sozialforschung, schreibt deswegen: »Die Vernachlässigung des Ausbaus der öffentlichen Betreuungssysteme in der Bundesrepublik hat gravierende Folgen: Zum einen wird damit versäumt, Investitionen in die Zukunft der Gesellschaft zu tätigen, nämlich in die Erziehung und Bildung unserer Kinder. Zum anderen wird dem erziehenden Elternteil versagt, sich am Erwerbsleben zu beteiligen. Damit entgeht den sozialen Sicherungssystemen für längere Perioden eine große Menge von Beitragszahlungen. Darüber hinaus verliert Deutschland wichtiges Humankapital, da die heutige Müttergeneration über immense Bildungskapazitäten verfügt. Es wird Zeit, auch in Deutschland die richtigen Weichen zu stellen.«[99]

Das will die Große Koalition unter Angela Merkel in Angriff nehmen: Der Bund plant, den Kommunen jährlich mit 1,5 Milliarden Euro für den Ausbau von Betreuungseinrichtungen unter die Arme zu greifen, um bis 2010 die flächendeckende Betreuung auch von Kleinkindern sicherzustellen. Derzeit gibt es

[98] Bundesministerium für Familie, Senioren, Frauen und Jugend: »Die Betreuungssituation für Kleinkinder in Europa«, 2005
[99] Birgit Fix: »Familienpolitik im internationalen Vergleich: Von Europa lernen«, www.familienhandbuch.de

nämlich in den westlichen Bundesländern nur für 2,4 Prozent der unter Dreijährigen überhaupt Krippenplätze. (Zum Vergleich: In Dänemark stehen für 64 Prozent der Dreikäsehochs dieses Alters Betreuungsplätze zur Verfügung.) Ansonsten ist leider wieder nur der weitere Ausbau von Transferleistungen geplant: Mit einer Milliarde Euro jährlich soll von 2007 an ein Elterngeld in Höhe von 67 Prozent des bisherigen Gehalts (bis maximal 1800 Euro) bezahlt werden, das im ersten Jahr nach einer Geburt einen Teil des Verdienstausfalls abfedert. Ursprünglich sollten sich zwei Monate davon die Väter um den Nachwuchs kümmern, sonst würde die Leistung nur 10 Monate bewilligt. Dagegen liefen weite Teile der Union Sturm – die Herren verbaten sich die Einmischung des Staates ins Allerheiligtum Familie. Die meisten von ihnen haben ja auch ein Frauchen zu Hause, das ihnen den Rücken freihält. Nach langem Gezeter wurde schließlich ein Elterngeld für zwölf Monate beschlossen, das auf 14 Monate verlängert werden kann, wenn der Vater mindestens für diesen Zeitraum zur Kinderbetreuung zu Hause bleibt. Der Ansatz immerhin ist richtig – in Schweden wurden ähnliche Modelle, die auch die Männer am Erziehungsurlaub beteiligen, schon vor über zehn Jahren eingeführt. Dort sind sowohl die Geburtenraten als auch die Quoten an berufstätigen Müttern wesentlich höher als hier und die Nordlichter ätzen zu Recht: »Die Diskussion, die jetzt in Deutschland abläuft, hatten wir schon vor 30 Jahren.«

Väter in die Erziehungsarbeit einbinden

Inzwischen verschwindet jeder zweite schwedische Vater in die Elternzeit, und hierzulande überlegt nur jeder fünfte Papa, sich ernsthaft an der Erziehung zu beteiligen, wie eine Untersuchung des Bamberger Staatsinstituts für Familienforschung ergab. Und diejenigen, die sich dann tatsächlich dafür entscheiden, sind mit 4,9 Prozent noch immer eine Minderheit. Für die überwiegende Mehrheit der Männer gilt also immer noch, was der Soziologe

Ulrich Beck schon vor Jahren als »verbale Aufgeschlossenheit bei weitgehender Verhaltensstarre« beschrieb.[100] Dazu passt, dass dem neuen Familienbericht der Bundesregierung zufolge auch in Doppelverdienerhaushalten Hausarbeit und Kinderbetreuung nach wie vor überwiegend von den Frauen geleistet werden und dass Männer nach der Geburt ihres ersten Kindes plötzlich mehr Zeit im Büro verbringen als vorher. Kein Wunder, da brüllt ja auch kein Baby.

Echte Steuervorteile für private Kinderbetreuung

Apropos Haushalt: Weitere 460 Millionen Euro will die Merkel-Regierung nun dafür aufwenden, dass doppelverdienende Eltern den Aufwand für Kinderfrau oder Kindergarten als Werbungskosten bei der Einkommensteuer geltend machen dürfen. Neuerdings können also Betreuungskosten von bis zu 4000 Euro von den Einkünften abgezogen werden – sofern sie bei Kindern unter sechs Jahren mindestens 1000 Euro betragen. Für Kids zwischen sieben und 14 können die Ausgaben vom ersten Cent an abgeschrieben werden, ebenfalls bis zu 4000 Euro im Jahr. Unsere Meinung dazu? Dieser Betrag ist lächerlich. Bislang beschäftigen nur etwa 110 000 deutsche Haushalte Personal – bei geschätzten drei Millionen Haushalten mit einer »schwarzen« Putzfrau. Der Bedarf an Hilfe ist also ganz offensichtlich vorhanden – aber 4000 Euro sind zu wenig, um Anreize für legale Beschäftigungsverhältnisse zu schaffen. Man muss kein Wahrsager sein, um festzustellen, dass dieses Geld vermutlich sowohl familien- wie auch arbeitsmarktpolitisch weitgehend verpuffen wird. Die Franzosen sind da schlauer: Bei ihnen ist Personal, das sich um Kinder kümmert, weitgehend steuerlich absetzbar, außerdem gibt es Zuschüsse für angemeldete Tagesmütter.

---

[100] *Der Spiegel,* 17/2006

Eine Familien- und Bildungspolitik aus einem Guss

Da der internationale Vergleich deutlich macht, dass in Transferleistungen gestecktes Geld nicht dazu führt, dass mehr Kinder
gezeugt werden, gibt es die ersten Überlegungen in der SPD,
Steuerfreibeträge und Kindergeld ganz in Frage zu stellen und
stattdessen gebührenfreie Krippen und Vorschulplätze anzubieten. Noch ist jedoch das Kindergeld verfassungsrechtlich ge-
schützt – obwohl die Erfahrung im Ausland lehrt, dass den Familien mit Dienstleistungen eher geholfen ist als mit hohen
»Gebärprämien«.[101] Das ganze Kindergeld ändert nämlich nichts
an den Öffnungszeiten der Kindertagesstätten in Deutschland,
die meilenweit von den beruflichen Realitäten der Frauen entfernt sind. Knapp 80 Prozent der westdeutschen Einrichtungen
schließen über Mittag, was für viele Frauen selbst eine Teilzeit-
stelle unmöglich macht. Die Mehrheit der Kindergärten macht
spätestens um fünf Uhr nachmittags dicht und freitags oft schon
um zwei.

Die Systeme in all den Ländern, wo hohe Geburtenraten und
hohe Frauenerwerbsquoten zusammenfallen, sind deutlich intelligenter. Eine weitere unserer Thesen lautet daher: Frauen-
und Bildungspolitik sind zwei Seiten derselben Medaille und
müssten viel stärker miteinander verwoben werden. In Frankreich beispielsweise gibt es den Vorläufer der heutigen Vorschule, die école maternelle, schon seit 1881; nach dem Zweiten
Weltkrieg ist ihre Nutzung explodiert. Heute besuchen nahezu
alle französischen Kinder zwischen zwei und sechs diese für die
Eltern kostenlose Einrichtung. Davor gehen sie in die crèche, also
die Krippe, die entweder von Kommunen, Unternehmen oder El-
ternverbänden betreut wird. Für jeweils acht Kinder im lauffä-
higen Alter steht ein Erzieher zur Verfügung. Alternativ dazu
können Eltern auch eine Tagesmutter anstellen; wer im eigenen
Haushalt einen Arbeitsplatz schafft, bekommt einen Steuergut-

---

[101] *Welt am Sonntag,* 19. Februar 2006

schein. Ab Schulbeginn gehen die kleinen Franzosen in Ganztagsschulen, danach gibt es Freizeitangebote durch professionelle Animateurs auf dem Schulgelände. Im gesamteuropäischen Vergleich bietet Frankreich die größte Vielfalt an staatlich geförderten Betreuungsmöglichkeiten.

In Finnland haben alle Kinder bis zum Schulbeginn mit sechs Jahren einen Rechtsanspruch auf Betreuung. Eltern können dabei wählen zwischen einer Kindertagesstätte, der Betreuung durch eine Tagesmutter oder durch ein Familienmitglied. Dadurch findet jede Familie die ihrer Situation angemessene Lösung. Für die Betreuungshilfe außer Haus stehen 250 Euro im Monat zur Verfügung, was einkommensabhängig noch mal mit bis zu 168 Euro im Monat bezuschusst werden kann. Die meisten Kinder gehen in Kindertagesstätten, die in der Regel von den Kommunen getragen werden. Die Öffnungszeiten liegen bei mindestens zehn Stunden am Tag, die Kinder können dort auch frühstücken und zu Mittag essen. Das Niveau der Betreuung ist phantastisch – für jeweils vier Kinder unter drei Jahren oder jeweils sieben Kinder zwischen drei und sechs Jahren steht ein Erzieher zur Verfügung. Für Schulkinder gibt es nachmittags öffentlich bezuschusste Spielzentren, die von 60 Prozent aller Kids besucht werden. Die Eltern müssen 15 Prozent der Kosten selbst tragen – dafür sind diese Einrichtungen auch während der Sommerferien geöffnet.

Die Zahl der arbeitenden Mütter wächst in den Niederlanden am stärksten. Da das Angebot an Kindergärten und Tagesmüttern den Bedarf nicht decken kann, organisieren Eltern gemeinsam mit den Arbeitgebern zusätzliche Betreuungsangebote. Ab vier gehen die kleinen Holländer – ebenso wie beispielsweise auch die kleinen Briten – in eine Vorschule, wo sie den ganzen Tag verbringen. Auch sind in Holland zahlreiche Initiativen entstanden, die den Frauen das Leben erleichtern: beispielsweise so genannte Community Schools, die eine Betreuung nach der Schulzeit bis in den Abend hinein garantieren.

Die Schweden schreiben den Vätern schon seit 1995 vor, sich mindestens zwei Monate am Erziehungsurlaub zu beteiligen. Die Kommunen sind verpflichtet, für alle Kinder zwischen eins und zwölf einen Platz in einer Tageseinrichtung bereitzustellen, falls beide Eltern arbeiten oder studieren. Die Vorschule ist gebührenfrei. Sonst ist das Angebot ähnlich strukturiert wie das der Finnen: Kindertagesstätten sind elf Stunden am Tag geöffnet, die Eltern beteiligen sich an der Finanzierung, deren Höhe von Kommune zu Kommune und je nach Familieneinkommen variiert. Auf 15 Kinder unter drei kommen zwei Vorschulpädagogen und ein Kinderpfleger, in den Gruppen der über Dreijährigen arbeiten drei Erzieher pro 20 Kids.

Deutschen Müttern bleibt jetzt schon wieder die Spucke weg – und wir hören die alte Leier: »Ich kriege doch keine Kinder, um sie sofort wieder wegzuorganisieren!« Einer Umfrage des Bundesinstituts für Bevölkerungsforschung zufolge sagen doch tatsächlich 50 Prozent der Befragten, eine Mutter schade ihrem Kind, wenn sie arbeiten geht. Dieses Denken kommentiert unsere neue Familienministerin Ursula von der Leyen dankenswerterweise sehr deutlich: »Wo steht eigentlich geschrieben, dass die Jugend in Skandinavien oder Frankreich verwahrlost, missraten, vereinsamt, dumm, kriminell, auf dem absteigenden Ast ist, weil die Mütter arbeiten? Nirgends. Kinder dort haben die gleichen Probleme wie Kinder hier, und sie haben mindestens die gleiche Kraft.«[102] Die berühmte PISA-Studie (Program for International Student Assessment) belegt von der Leyens Stellungnahme: Im Jahr 2000 nahmen 180 000 rund 15-jährige Schüler aus 28 OECD-Staaten an der Untersuchung zum Ausbildungsstand teil. Die Studie ergab, dass in den Disziplinen »Lesefähigkeit«, »Mathematik« und »naturwissenschaftliches Verständnis« die Kinder aus Finnland, Schweden und Frankreich ebenso deutlich über dem OECD-Durchschnitt liegen wie deutsche Kinder darunter.

Das war übrigens kein einmaliges Ergebnis; in der neuen Studie von 2003 lag Finnland bei Mathe weltweit auf Platz zwei, Deutschland hingegen nur auf Platz 19. Beim Lesen und in den Wissenschaften machten die kleinen Finnen jeweils den ersten Platz – unsere Kurzen kamen nur auf den 21. beziehungsweise

---

[102] *Stern,* 27/2005

den 18. Rang. Fast jeder vierte Schüler in Deutschland produzierte so schlechte Testergebnisse, dass ihn die Forscher zu einer so genannten Risikogruppe zählen, der massive Probleme auf dem Arbeitsmarkt vorausgesagt werden.[103] Wir erinnern in diesem Kontext noch einmal höflich an die vorne bereits zitierten Pädagogen vom Max-Planck-Institut für Bildungsforschung und ihre Aussage, dass Vollzeitmütter »keine optimale Lernumgebung« darstellen. Gut gemachte Außerhausbetreuung hingegen schon. Schon deswegen müsste eigentlich jedem einleuchten, dass eine Familien- und Bildungspolitik aus einem Guss hermuss.

Erziehen ist nicht nur eine extrem wichtige Aufgabe, sondern überdies eine schwierige. Natürlich gibt es Mütter, die das drauf haben, doch die Empirie lehrt: Viele Eltern sind fundamental überfordert, wenn es darum geht, ihren Nachwuchs zu fröhlichen, interessierten, sozialen Menschen zu erziehen. Das denkt auch Heiner Thorborg – immerhin Vater von vier Kindern. Nach vielen Begegnungen in Kindergarten und Schule fragt er sich immer wieder, warum es so viele verstörte, traurige und unerzogene Kinder gibt und warum viele schon als Grundschüler so übergewichtig sind, dass sie nicht mal einen Purzelbaum machen können. Solchen Kindern wäre die Ganztagsbetreuung durch ausgebildete Erzieher und Lehrer nur zu wünschen.

Professionalisierung des Betreuungspersonals

Die Skandinavier und Franzosen sind da Pioniere. Deshalb vertrauen sie das Wertvollste, was wir haben, nur Profis an. In Finnland absolvieren Erzieher ein dreijähriges Universitätsstudium mit starker Praxisorientierung. Auch in Frankreich hat das Personal in den Betreuungseinrichtungen ein pädagogisches Hochschulstudium für den Vorschul- und Primärschulbereich, das

---

[103] *Süddeutsche Zeitung*, 4. November 2005

auch jede Menge praktisches Training umfasst. Ihnen stehen Hilfskräfte zur Seite, die entweder eine Ausbildung als Krankenschwester mitbringen oder eine pädagogische oder heilpädagogische Ausbildung. Auch die Schweden nehmen Kinderbetreuung sehr ernst, das zeigt sich auch an der Zeit und Mühe, die auf die Ausbildung von Lehrern und Erziehern verwendet wird. Schon in den Horts für die Kleinsten arbeiten an Hochschulen ausgebildete Pädagogen; das Personal in den Kindertageseinrichtungen absolviert ein dreijähriges Studium, bei dem Vorschulerzieher so ähnlich geschult werden wie die Primärschullehrer.

Die Franzosen haben bereits im Umgang mit Vorschulkindern einen bildungspolitischen Anspruch, ganz bewusst werden die sozialen, emotionalen und kognitiven Fähigkeiten trainiert. Bereits gegen Ende der école maternelle wird spielerisch Schreiben, Rechnen und Lesen unterrichtet. Die Franzosen betreiben Frühpädagogik mit Sinn und Verstand: Kinder, die in der Vorschule waren, tun sich in der Schule nämlich viel leichter als Kinder, die zu Hause oder bei einer Tagesmutter waren, wie Untersuchungen zeigen. In Frankreich ist die Zahl der Jahrgangswiederholer unter ehemaligen Kindergartenkindern deutlich geringer als unter den Mama-Kindern.

Die Briten setzen traditionell auf ein privat finanziertes System von Nannys. Daneben wird jedoch derzeit konsequent und für alle Schichten ein System von so genannten Children's Centres ausgebaut, die sich die bestmögliche Förderung schon der Kleinsten auf die Fahnen geschrieben haben. Eigentlich kann die Schlussfolgerung nur sein: Auch wir brauchen dringend eine bessere Ausbildung für unsere Erzieher und Lehrer. Wenn wir es nicht sehr schnell schaffen, unseren Jüngsten eine auch im internationalen Vergleich erstklassige Erziehung und Ausbildung angedeihen zu lassen, ist es bald aus mit der Wissensökonomie made in Germany. Wer glaubt, ein gutes Bildungssystem sei teuer, möge bitte darüber nachdenken, wie unendlich teuer uns ein schlechtes zu stehen kommt.

Kinder wollen lernen!

Aus der Sicht vieler Deutscher ist allerdings auch das ein Unding: schon kleine Menschlein derart zu fordern! Viele Leute sind der Meinung, Kindheit werde »versaut«, wenn schon Vorschulkindern Bildung eingetrichtert wird. Das ist vermutlich richtig, wenn man dabei an eine Drillschule mit Stillsitzen und Frontalunterricht denkt. Die ist jedoch weder in Frankreich noch in Skandinavien üblich. Vielmehr werden lediglich der ohnehin vorhandene kindliche Forscherdrang, die natürliche Neugier der Kinder bedient. Leistungsprinzip, Elite, Überlegenheit ... – alle diese Wörter haben für viele Deutsche einen negativen Beiklang. Eine »freizeitorientierte Schonhaltung« prägt das Land, wie der Münchener Wirtschaftspsychologe Dieter Frey diagnostiziert.[104] Aus dieser Distanz zur Anstrengung heraus betreiben wir auch weitgehend unser Bildungssystem.

Die Brandmarkung des Leistungsdenkens als »kreativitätszerstörend« durch die Linken vermischte sich auf seltsame Weise mit dem idealisierten Familienbild der Rechten. Lange Zeit galten Ganztagsschulen insbesondere in unionsgeführten Ländern wie Bayern als staatliche Attacke auf die heile Familie. Immer wieder wurde auf die DDR verwiesen und das dort vorhandene, ausgezeichnete Betreuungssystem als Versuch des Staates abqualifiziert, schon die Jüngsten zu indoktrinieren.

Dann wurden im Dezember 2001 die Ergebnisse der ersten PISA-Studie veröffentlicht, und die Deutschen starrten entsetzt auf ihre schlechten Ergebnisse – Rang 25 unter 32 Staaten. Nationen mit einem Ganztagsschulsystem schnitten deutlich besser ab. Die naheliegende Erkenntnis kann nur sein: Wer Kindern mehr Zeit zum Üben und Lernen einräumt, versaut ihnen nicht etwa die Jugend, er gibt ihnen eine Zukunft! Seitdem öffnet sich das Land allmählich für die Idee der Ganztagsschule. 2001 gab es ganze 2015 Stück im Land, Ende 2005 waren es nach Angaben

---

[104] *Manager Magazin*, 9/2003

des Bundesministeriums für Bildung und Forschung schon 4905. Natürlich verbirgt sich hinter diesem Wachstum bei leeren Kassen so manche herkömmliche Schule, an die einfach ein ziemlich mediokres Freizeitprogramm transplantiert wurde. Doch viele der Einrichtungen nehmen den neuen Auftrag als Tagesschule sehr ernst, inzwischen bilden sich auch erste Qualitätszirkel zu der Frage, wie man Unterrichts- und Hortfunktionen am sinnvollsten verzahnt, damit die Kids Spaß haben und lernen.

Im Herbst 2005 schließlich erschien die Auswertung der deutschen PISA-Tests für die einzelnen Bundesländer, und mit ihr erlitt das Land einen weiteren Schock: Kein anderer Industriestaat versagt in der Förderung von Arbeiter- und Mitgrantenkindern so fundamental wie Deutschland. Selbst bei gleichem Wissensstand hat ein 15-jähriger Schüler aus einem reichen, akademisch gebildeten Haushalt eine viermal so große Chance, das Gymnasium mit Abitur abzuschließen, wie ein Gleichaltriger aus einer ärmeren Familie. »Deutschland ist Weltmeister in sozialer Ungleichheit«, kommentiert Bildungsforscher Wilfried Bos vom Dortmunder Institut für Schulentwicklungsforschung. Ein Ganztagsschulsystem könnte helfen, die offenbar höchst unterschiedliche Förderung der Kinder in den einzelnen Einkommens- und Bildungsschichten abzufedern.

All das sollte Anlass sein, darüber nachzudenken, dass Familien-, Frauen- und Bildungspolitik stärker miteinander verzahnt werden müssen. Denn wie schon wiederholt gesagt: Dass Mütter arbeiten, ist keine Frage einer abstrakten Gleichstellungsethik mehr, sondern eine ökonomische Notwendigkeit und eine Chance für deren Kinder. Die Mittel der Wahl auf diesem Weg heißen also nicht etwa »Kindergeld und Steuerprivileg«, sondern »Krippe, Kindergarten und Ganztagschule«. Den Kindern wiederum wird da nicht »die Jugend mit überzogenem Leistungsdenken versaut«, sondern sie bekommen die Förderung, die sie für einen gelungenen Start ins Leben brauchen.

Der Fisch stinkt immer vom Kopf
Diversity ist Aufgabe
des Topmanagements

»Die Phantasie der Männer reicht bei weitem
nicht aus, um die Realität der Frauen zu begreifen.«
Franca Magnani

Kulturwandel dauern lange. Das beste Beispiel dafür ist die deutsche Wiedervereinigung – 17 Jahre nach dem Fall der Mauer diskutieren wir immer noch Unterschiede und Schuldfragen, weshalb Ost und West keineswegs in dem Maß zusammengewachsen sind, wie das wünschenswert wäre. In einer Jammerkultur sind Paradigmenwechsel offenbar schlecht durchzusetzen. Viele Ostdeutsche beklagen sich immer noch über die »Besatzungsmacht«, die da imperialistisch über sie gekommen sei; viele Westdeutsche trauern um das viele Geld, das in den Osten fließt. Diese typisch teutonische Larmoyanz beherrscht leider auch die Frauenfrage.

Die deutschen Frauen jammern, dass alles besser wäre, wenn es in den Unternehmen, Universitäten, Kliniken, Parteien und Ämtern mehr weibliche Chefs gäbe, legen aber selbst mit 35 erleichtert den Griffel weg, um Kinder und Rosen zu pflegen. Ein paar Jahre später jammern sie dann, weil es ihnen als Hausfrau und Mutter langweilig wird, aber nach zehn Jahren Babypause kein Job mehr zu finden ist. Ein paar weitere Jahre später maulen sie erst recht, weil ihre Altersversorgung so miserabel ist, dass es zum Leben kaum reicht. Das gilt insbesondere dann, wenn der Gatte sich verdrückt hat – und in deutschen Ballungsgebieten wird bekanntlich jede zweite Ehe geschieden.

Das ist die Seite der Frauen. Bei den Unternehmen sieht es nicht viel besser aus. Die stellen zwar heute viele junge Frauen ein, stellen aber fest, dass die nach ein paar Jahren oft ins Privatleben verschwinden. Dann wird gejammert, dass man die Biolo-

221

gie leider nicht ändern könne, anstatt darüber nachzudenken, wie
man die Firmenstrukturen so in den Griff kriegt, dass mehr
Frauen ein Interesse haben, ihre Karriere trotz Mutterschaft
fortzusetzen. Wenn die Damen dann mehrheitlich in die Mutterrolle oder in die Selbständigkeit vertrieben sind, jammern die
Unternehmen, dass es schwierig sei, Frauen mit genug Manage-
ment-Erfahrung für eine Führungsposition zu finden.

Für eine Feminisierung der Wirtschaft

Kurz: Die Frauen sagen: »Die Unternehmen sind schuld« und die
Unternehmen sagen: »Die Frauen sind schuld«. Da das in Zeiten
der politischen Korrektheit nicht so eindeutig formuliert werden
darf, wird die übliche Rhetorik bemüht. Die klingt seitens der
Frauen wie folgt: »Ich wäre ja eigentlich auch eine Karrierefrau,
aber ich habe meine Ambitionen zugunsten der Familie geopfert.« Seitens der Unternehmen ist zu hören: »Wir suchen händeringend nach einem weiblichen Aufsichtsrat, aber leider, leider
wir finden keinen.« In diesen Schuldzuweisungen und der allgemeinen Selbstgefälligkeit des Wohlstandsstaates ist die Frauenfrage steckengeblieben – und das schon vor ungefähr 20 Jahren.
Es wäre höchste Zeit, das Genörgel sein zu lassen und den Karren aus dem Dreck zu ziehen. Nicht nur wegen der Chancengleichheit, sondern auch aus ökonomischen Gründen.

Derer gibt es zwei: Talentierte Leute werden rar und gemischte
Teams sind besser. Niedrige Geburtenraten und eine wirtschaftlich gesehen denkbar dumme Immigrationspolitik, die nicht die
Klügsten, sondern die Ärmsten ins Land lockt, verknappen den
qualifizierten Nachwuchs. Die Unternehmen spüren den Fach-
und Führungskräftemangel schon längst. Das Institut für Ar-
beitsmarkt- und Berufsforschung erwartet schon für 2010 einen
erheblichen Anstieg der Nachfrage nach fähigen Leuten für Organisation, Management, Forschung, Beratung und Lehre. Heute
schon ist klar, dass der Arbeitskräftepool nicht reichen wird, um

das Topmanagement der Konzerne zu stellen. Die Herren in den Chefetagen sollten also in die Hufe kommen und sich überlegen, wie sie weibliche Talente fördern und halten können.[105]

Catalyst, die große amerikanische Forschungs- und Lobbyorganisation für Frauen im Management, prämiert seit 1987 jährlich große Unternehmen für »hervorragende Initiativen, um Frauen im Business voranzubringen«. Die bisher 53 preisgekrönten Organisationen können auf eine Investitionsrendite verweisen, die um 50 Prozent höher liegt als die der in Frauenfragen ignoranten Unternehmen, wie Catalysts Präsidentin Ilene Lang stolz vermeldet.[106] Der global agierende Mineralölkonzern British Petroleum BP war 2006 einer der Preisträger. Zwischen 2000 und 2005 ist es gelungen, den Frauenanteil in den 600 höchsten Positionen des Unternehmens von 9 auf 17 Prozent zu heben.

Auch weil bunte Teams einfach überlegene Resultate erzielen, wie Fabiola Arredondo feststellt: »Wenn ich an alle die Teams zurückdenke, die ich aufgestellt habe, besteht kein Zweifel, dass mehr Diversity besser ist als weniger. Gemischte Teams führen zu mehr Diskussionen und überlegenen Entscheidungen. Immer.« Was aber muss passieren, damit die »Feminisierung der Wirtschaft« auch in Deutschland ausbrechen kann? Nach vielen Gesprächen dazu lauten unsere Thesen dazu wie folgt:

– Die Unternehmen müssen begreifen, was ihnen blüht, wenn sie weiterhin auf die Hälfte des Führungspotenzials verzichten.
– Die innerbetrieblichen Systeme und die Arbeitskultur der Organisationen müssen deutlich menschenfreundlicher werden.
– Dazu muss künftig vor allem der Mehrwert gemessen werden, den jemand schafft, und nicht nur die Stunden gezählt, die einer im Büro verbringt.
– All das geht nur, wenn entsprechende Initiativen von ganz oben angestoßen werden.
– Funktionieren werden sie nur dann, wenn auch die Anreizsys-

---

[105] Peninah Tompson/Jacey Graham: »A Woman's Place is the Boardroom«, Palgrave Macmillan, 2005
[106] *Financial Times*, 29. März 2006

teme einer Organisation deutlich machen, dass Chancengleichheit wirklich erwünscht ist.

Viele Personalverantwortliche werden jetzt scharf die Luft durch die Zähne ziehen und sagen: »Aber wir haben doch alle technischen Systeme zur Frauenförderung installiert! Wir wollen wirklich – aber so einfach ist das nicht!« Lassen wir Regine Stachelhaus darauf antworten, die sich als Mitglied der Geschäftsführung von Hewlett-Packard seit Jahren mit dem Thema »frauenfreundlicher Arbeitsplatz« beschäftigt, auch weil HP Deutschland im globalen Konzern jahrelang das Schlusslicht bildete. »Ich kenne Frauen, die mir erzählen: ›Ich werde für jeden Job, auf den ich mich bewerbe, eingeladen – aber ich kriege trotzdem keinen Vertrag.‹ Das kommt daher, dass am Ende gerne eine Frau in der Endrunde gesehen wird, um Toleranz und Weltläufigkeit zu demonstrieren, aber letztlich entscheidet man sich dann doch für einen Mann. Solche Dinge sind teuflisch. Denn da passiert Folgendes: Die Verantwortlichen sagen ›Jederzeit gerne eine Frau, und wenn es ein Schönwetterjob wäre, würden wir das ja auch mal riskieren, aber jetzt, wo es hart auf hart geht und wir so kämpfen müssen …‹ Das passiert ständig, auch weil weibliche Führungskompetenz von vielen Managern nie wirklich erlebt wurde. Das sind die subtilen Mechanismen, die den früher so viel offensichtlicheren Glasdecken-Effekt ersetzt haben: In der Endauswahl ist immer eine Frau dabei, den Job kriegt aber trotzdem ein Mann.«

Frauen nachhaltig aufbauen

Führungskräfte fallen nicht vom Himmel, sie müssen in Ruhe wachsen und gedeihen. Beileibe nicht jeder oder jede hat das Zeug zum Chef. Wer also weibliche Führungskräfte will, muss zunächst mal genug Frauen einstellen, um überhaupt einen ausreichend großen Pool zu schaffen, in dem nach Talent gefischt werden kann. Wolters-Kluwer-Chefin Nancy McKinstry beschreibt die Problematik: »Organisationen sind Pyramiden; die Spitze ist also von vorneherein kleiner als die Basis. Solange Frauen jedoch nicht mal im mittleren Management einigermaßen gleichberechtigt vertreten sind, ist es geradezu unlogisch, mehr von ihnen an der Spitze zu fordern. Aus meiner Sicht müssen also erst mal deutlich mehr Frauen ins mittlere Management, bevor wir über den Angriff aufs Topmanagement auch nur nachdenken können. Wenn uns das gelänge, würden wir im Zeitverlauf auch mehr Frauen durch die Ränge aufsteigen sehen.«

Hewlett-Packard-Geschäftsführerin Regine Stachelhaus hält den Mangel an Frauen in vielen Betrieben auch für eine Frage der Glaubwürdigkeit: »Natürlich muss ein Unternehmen verfolgen, ob es auch genügend Frauen ins System stellt, ob genügend eingestellt werden. Wenn sich Frauen in meinem Unternehmen nicht bewerben, muss ich mir die Frage gefallen lassen, warum das so ist. Das liegt in der Regel nicht an den Frauen, sondern am Unternehmen – nur wer glaubhaft signalisiert, dass Frauen erwünscht sind, kriegt auch gute Bewerberinnen.«

Frauen-Unis und technische Studiengänge nur für Frauen etablieren

Mittlerweile verlassen genug weibliche Kaufleute und Juristen die Hochschulen – die Frauenquoten nähern sich in diesen Fächern den 50 Prozent. Bei den technischen Disziplinen sieht es leider noch deutlich anders aus, hier dümpelt der Frauenanteil zwischen verschwindend wie im Maschinenbau und rund 20 Prozent in anderen Ingenieurwissenschaften. Deswegen hat ein technikorientiertes Unternehmen wie HP es besonders schwer, den Frauenanteil im Management zu erhöhen. Um die Einstiegsbasis zu verbreitern, engagiert sich das Unternehmen also an den Hochschulen, beispielsweise an der FH Furtwangen. »Wir haben da die Patenschaft übernommen für einen auf technische Fächer spezialisierten Frauenstudiengang«, erläutert Stachelhaus. »Ich finde das super! Da können die Frauen sich durchsetzen, und sie haben plötzlich Spaß an diesen Fächern. Übrigens bin ich auch dafür, Jungs und Mädchen in den naturwissenschaftlichen Fächern getrennt zu unterrichten. Das beste Argument für getrennten Unterricht sind für mich die Frauen-Unis in den USA: So viele der erfolgreichen Mangerinnen und Politikerinnen waren auf einer amerikanischen renommierten Frauen-Uni.«

In Furtwangen gab es jedoch zunächst Schwierigkeiten, alle Studienplätze zu füllen, denn am Anfang haben die Mädels gesagt: »Huch, da habe ich dann so einen Femi-Stempel! Das ist so ähnlich wie ›Glucke‹ oder ›Rabenmutter‹. Dann heißt es überall mit so einem komischen Unterton: ›Ach, Sie haben einen Frauenstudiengang gemacht …‹« Erst mit dem Engagement von HP hat sich das verändert. Stachelhaus berichtet: »Das hat mit unserer Hilfe ganz gut geklappt, jetzt gibt es genügend Nachfrage. Dank HP setzte sich die Vorstellung durch: Mit dieser Ausbildung kann man hinterher einen Arbeitsplatz finden, und wenn die in der Industrie das für gut halten, kann das ja nichts Falsches sein. Das hat geholfen.«

Doch es kommt nicht nur darauf an, bei den Trainee-Programmen 50 Prozent Absolventinnen einzustellen, was ohnehin schon passiert. Wie es danach für die weiblichen Talente weitergeht, ist entscheidend, denn leider legt sich Hans meistens für Hänschen ins Zeug und nicht etwa für Hannah. Das ist auch eine Beobachtung, die Nancy McKinstry umtreibt: »Die meisten Leute neigen dazu, sich selbst zu klonen. Nach den vielen Jahren, in denen ich einstelle und anderen bei Einstellungsentscheidungen zusehe, muss ich sagen: Die meisten wollen jemanden, der daherkommt wie sie selbst. Das ist wohl ein menschlicher Grundzug. Nur ein sehr erfahrener Chef wird jemanden befördern, der eher die eigenen Eigenschaften ergänzt. Richtig gute Führungskräfte allerdings tun genau das: Sie umgeben sich mit Menschen, die sie ergänzen statt ein Klon ihrer selbst zu sein. Denn nur so entsteht am Ende ein starkes Team. Aber gucken wir uns doch um: In den meisten Organisationen wird das nicht gemacht.«

Wer das nicht glaubt, der setze sich in einen beliebigen Business-Bomber, von Frankfurt nach London beispielsweise, und begucke sich die ersten Reihen: graue Gesichter, graue Anzüge. Fast fühlt man sich in den Film »Matrix« versetzt, wo immer derselbe Bursche in tausendfacher Ausfertigung auftritt.

Über eine ähnlich gelagerte Problematik denkt BCG-Personalchefin Martina Rißmann nach. Das Unternehmen verfolgt sehr genau, wer aus welchen Gründen wie beurteilt wird und daher vorankommt oder das Unternehmen verlassen muss. Dass etwa doppelt so viele Frauen wie Männer kündigen, hat »verschiedene Gründe, einer davon liegt meiner Meinung nach aber auch in der Personalauswahl selbst: In unseren Bewerbungsgesprächen prüfen wir sehr stark die analytischen und konzeptionellen Fähigkeiten. Andere, die eine Frau in unserem Job haben muss, werten wir noch zu gering. Meine These ist: Je älter die Bewerberinnen, je mehr die schon gesehen haben von der Welt und je extrovertierter sie sind, desto eher schaffen die das. Unsere Trainer sagen, BCG hat eine sehr analytische Denkerkultur und das gelte besonders für die Frauen. Wir müssten also mehr extrovertierte, durchsetzungsfähige Frauen einstellen, auch wenn die in den Bewerbungsgesprächen eher einen Tick zu laut oder zu frech wahrgenommen werden.«

Systeme frauenfreundlicher machen

Wenn genug Frauen – und die richtigen Frauen – an Bord sind, gehen die Probleme jedoch meist erst richtig los. Die Sicht von Regine Stachelhaus auf die deutschen Verhältnisse gibt zu denken: »Berufstätige Mütter werden bei uns immer noch sehr stark hinterfragt: Haben die das denn organisiert? Klappt das denn? Wenn bei einer Einstellung oder Beförderung die Entscheidung wieder für einen männlichen Kandidaten fällt, ist schwer nachzuweisen, dass diese Überlegungen eine Rolle gespielt haben. Vielleicht fällt die ja doch öfter aus? Vielleicht ist sie ja doch nicht für jede Dienstreise verfügbar?« Das ist die eine Seite – die andere Seite ist der Personalchef, der schon so viele Aussteigerinnen erlebt hat, die nach der Kinderpause nie mehr wiederkommen, dass er keinerlei Motivation mehr verspürt, in Mütter Zeit oder Geld zu investieren.

»Dann muss man eben die Systeme frauenfreundlicher machen«, sagt Regine Stachelhaus. »Wir haben deswegen schon vor zwanzig Jahren unseren Betriebskindergarten durchgesetzt. Mit folgendem Vergleich: Was investiere ich heute in eine Mitarbeiterin – und was passiert, wenn sie dann nach vier, fünf Jahren weggeht? Und was kostet so ein Kindergarten? Das war eine sehr überzeugende Rechnung. Im Übrigen wünsche ich mir mal eine Statistik über die Fluktuationswilligkeit bei Männern und Frauen. Typischerweise gehen die Männer mit Mitte 30 auf den Karrieretrip und wechseln das Unternehmen alle zwei bis drei Jahre. Eine Frau Mitte 30 hingegen, die endlich eine Situation gefunden hat, die es ihr erlaubt, Kind und Karriere zu verbinden, ist der loyalste Mitarbeiter der Welt. Die schlechte Reaktion auf berufstätige Mütter ist also oft nicht durch Fakten belegt. Ich selbst habe viele Mütter im Team, die ihre Doppelbelastung in der Regel hervorragend organisieren. Ich spüre das gar nicht, wobei das bei uns schon thematisiert werden darf: Mein Kind ist krank, können wir das heute per Telefonkonferenz erledigen? Und dann geht das halt am Telefon statt im persönlichen Gespräch.«

Wie frauenfreundliche Systeme aussehen, kann man sich beispielsweise von BCG erklären lassen. »Als Unternehmen bieten wir vieles, was Frauen brauchen, die Beruf und Familie vereinbaren wollen«, erklärt Martina Rißmann. »Schon in der Schwangerschaft können die Beraterinnen bei Bedarf auf 50 Prozent gehen, damit stellen wir sicher, dass sich keine übernimmt. Wir setzen sie auf lokalen Projekte ein oder auf internen, wir führen Gespräche, wann und wie sie wiederkommen wollen. Es gibt Teilzeitprogramme mit 60 oder 80 Prozent. Zur Überbrückung, wenn die Kinder noch sehr klein sind, auch in administrativen Rollen.« Dennoch quält sich Boston Consulting, um 30 Prozent Berufseinsteigerinnen zu rekrutieren. Doch wer einmal da ist, sich bewährt und bleiben möchte, kann das auch – und das sehr erfolgreich: In Deutschland sind von 80 Partnern immerhin sechs weiblich. Gäbe es ähnliche Verhältnisse im Vorstand des M-Dax, sähe die Welt schon ganz anders aus.

Denn was unter Umständen passiert, wenn eine kritische Masse an Frauen mit Einfluss existiert, erzählt Miki Tsusaka aus dem New Yorker BCG-Büro. Dort gab und gibt es Frauen, die positiv diskriminieren. Sandy Moose zum Beispiel, offenbar ein Geschenk des Himmels für alle Frauen bei BCG, leitete lange Zeit die Women's Initiative. »Sandy war vermutlich die erste Frau, die je von BCG in den sechziger Jahren eingestellt wurde. Sie hat einen Doktortitel in Wirtschaft von Harvard, und als ich von der Business School kam, leitete sie hier in New York das Büro. Sie war ein wunderbares Vorbild, nicht nur für mich, sondern für viele von uns, die durch die Ränge kamen. Sie hat sich sehr um uns gekümmert, sie besitzt quasi ein Paar Extra-Augen und -Ohren, mit denen sie auf uns aufgepasst hat. Unsere Entscheidungen mussten wir selbst treffen, aber sie hat uns entsprechend gecoacht.« Das Ergebnis? BCG New York hat den höchsten Frauenanteil in der ganzen Beratung.

Zweisprachig werden

Zum Thema, ob Diversity- und Anti-Diskriminierungstrainings ein Unternehmen tatsächlich frauenfreundlicher machen, gehen die Meinungen auseinander. Wer Frauen und Minderheiten immer nur als besonders schützenswerte Spezies darstellt, provoziert die Haltung: Mit diesen Mimöschen ist auf die Dauer nichts anzufangen. So weit sind wir in Deutschland jedoch noch lange nicht, findet Regine Stachelhaus und hält es mit der Journalistin Franca Magnani, die sagte:»Die Phantasie der Männer reicht bei weitem nicht aus, um die Realität der Frauen zu begreifen.« Die Managerin hält Bewusstseinstrainings für wichtig. »Die Manager müssen verstehen lernen, warum ihr Unternehmen auf Diversity setzt. Es geht ja nicht darum, dass man jetzt Frauen bevorzugt, sondern darum, den wirtschaftlichen Erfolg zu sichern. Denen muss klar werden: Wenn ich den Konsumenten-Bereich verantworte, muss ich die weiblichen 50 Prozent meiner Käufer auch im Management repräsentieren. Das ist kein soziales Anliegen, sondern ökonomische Notwendigkeit.« Außerdem müsse man den Männern in Trainings die unterschiedlichen Haltungen von Frauen und Männern klarmachen. Was sie beispielsweise tun sollen, wenn sie einer Frau einen Job anbieten und die sagt: »Ich kann das nicht.« Stachelhaus dazu: »Ein Mann versteht: Wenn die sich das schon selbst nicht zutraut, wieso soll ich ihr das zutrauen? Er muss lernen, dass da nicht jemand einen Job ablehnt, sondern dass er um Unterstützung bei der Bewältigung der neuen Aufgabe gebeten wird.«

Auch die Themen Sprechverhalten und Meetings müssen offen diskutiert werden, findet Stachelhaus. »Chefs müssen kapieren, dass Frauen verstummen, wenn man sie nicht ernst nimmt. Trainings helfen, denen klarzumachen: Es ist mein Job, die verbalen Dominanzgesten der Männer abzustellen und eine neutrale Arbeitsatmosphäre zu schaffen.« Für ähnlich wichtig hält sie Frauentrainings, damit die sich ihrerseits über ihr eigenes Kommunikationsverhalten klar werden. »Frauen reden per se weniger in Meetings. Und ich sage das heute den Chefs: Guck dir mal an, wer was sagt, und überlege dir, warum die Frauen sich vielleicht nicht äußern. Wird ihre Meinung bei euch vielleicht sowieso nicht ernst genommen? Frauen kommunizieren anders, hört ihr denen denn überhaupt zu? Gleichzeitig muss man die Frauen trainieren, dass die zweisprachig werden und lernen zu sagen ›ich will!‹. Dabei dürfen sie aber ihre Authentizität nicht verlieren, denn es gibt auch Frauen, die Männern noch was vormachen mit ihrem männlichen Auftreten. Da kriegt man erst recht Gänsehaut. Mit diesen Frauen haben wir nichts gewonnen, die sind zwar weiblich, bringen uns aber in Sachen Diversity kein Stück weiter. Ich persönlich kann inzwischen beide Sprachen. In meinem eigenen Team kommuniziere ich so, wie ich kommuniziere, und die kennen und respektieren mich. Aber wenn ich außerhalb unterwegs bin und merke, hier werde ich nicht ernst genommen, kann ich inzwischen auch sehr schnell, sehr männlich und sehr fordernd werden. Ich bin bilingual. Das müssen einfach mehr Frauen lernen.«

Mentorensysteme tun ein Übriges, insbesondere in einem

Land wie Deutschland, wo Rollenvorbilder so selten sind. BCG hat damit gute Erfahrungen gemacht, wie Martina Rißmann erklärt: »Wir haben unser Mentoringsystem verändert. Und zwar kriegen die Beraterinnen nicht den Mentor, den sie sich aussuchen, weil sie den so nett finden, sondern sie kriegen den, der in ihrem Feld am erfolgreichsten ist. Der hat nämlich ein starkes Eigeninteresse, dass sie für ihn arbeitet, lehrt sie Tipps und Tricks und nimmt sie richtig in die Pflicht. Eine bessere Frauenförderung kann ich mir nicht vorstellen.« Auch hier fällt uns wieder auf: Wenn es funktionieren soll, muss es ökonomische Anreize geben, moralische nimmt sowieso kein Mensch ernst.

Bewertungssysteme umkrempeln

Begucken wir uns doch mal Ogilvy & Mather Worldwide, das nach der legendären Chefin Charlotte Beers mit Shelly Lazarus schon die zweite Vorstandsvorsitzende hat. Warum das so ist? »Ogilvy & Mather Worldwide wird von Frauen geführt, weil wir echte Meritokratie pflegen. Das ist ein Beweis für die These, dass Frauen auch CEOs werden, wenn das Spielfeld ebenerdig ist. Frauen haben überall da Erfolg, wo sie ohne Vorurteile antreten können, weil es heißt: Wir beurteilen alle nur nach ihren Fähigkeiten und ihrer Leistung, wir sind geschlechterblind, farbenblind und blind für den sonstigen Hintergrund«, erklärt Lazarus.

Das Unternehmen hat heute 30 Prozent weibliche Senior Executives. Lazarus erzählt: »Das ist entstanden, weil David Ogilvy einen Ort geschaffen hat, wo Menschen nur nach ihren Fähigkeiten und ihrem Beitrag gemessen werden. Bei ihm spielte es keine Rolle, ob einer in Harvard war oder Oxford, insbesondere deswegen, weil er selbst nach einem Jahr sein Studium geschmissen hat. Dein Hintergrund hat ihn nicht interessiert, auch nicht dein Geschlecht oder dein Kleidungsstil. Er wollte nur wissen, was du tatsächlich leistest, und danach werden hier die Menschen beurteilt. 1973 wurde ich hier zum ersten weiblichen Account Supervisor befördert, und damals war ich im fünften Monat schwanger. Jeden Abend um sechs stand David bei mir im Türrahmen und wartete, bis ich ihn hereinbat, er war nicht die Person, die einfach so hereinplatzt. Wir haben immer über alles Mögliche geredet, und er hatte nie Probleme damit, offen auszusprechen, was er dachte. Er fragte beispielsweise: ›Ist das nicht unbequem?‹ Damit meinte er meinen dicken Babybauch, und dann haben wir das diskutiert. Ich war nicht nur die erste Frau im Rang eines Account Supervisors, sondern auch noch schwanger. Eigentlich wäre es gerechtfertigt gewesen zu sagen: Wir warten mal ab und sehen, ob die überhaupt wiederkommt. Stattdessen haben sie mich und meinen schwangeren Bauch befördert.«

Bei Ogilvy & Mather, BCG und vielen anderen Beratungen wird die Arbeit streng, aber fair bewertet. Martina Rißmann beobachtet daher auch: »Frauen tun sich leichter, wenn ihre Leistung ganz klar messbar ist. Genau wie im Sport: Die Kriterien müssen klar sein und überprüfbar.« Dasselbe sagt beispielsweise auch Anne Mulcahy, heute CEO von Xerox, ein Unternehmen, das Fotokopierer herstellt und viele Dienstleistungen rund um die Dokumentenverwaltung anbietet: »Mich hat meine Performance vorangebracht.« Sie startete ihre Karriere 1976 im Vertrieb. Ihre Zahlen waren so eindrucksvoll, dass ihre Vorgesetzten auf sie aufmerksam wurden. Man sagte der zweifachen Mutter: »Wir glauben, dass du hier einen echten Karrierepfad vor dir hast, und möchten, dass du den so schnell wie möglich beschreitest.« Das hat sie dann gemacht, bis sie 2001 – in einer schweren Finanzkrise – oberster Boss wurde. Sie kürzte die Belegschaft von 79 000 auf 58 000 Mitarbeiter und kümmerte sich um eine neue Produktlinie. Vier Jahre später war der Aktienkurs um 65 Prozent gestiegen.[107]

Wenn die Unternehmen selbst nicht messen, wer welchen Beitrag leistet, sollten sich Frauen eben Funktionen wählen, in denen die Resultate klar zutage treten, findet Nancy McKinstry und empfiehlt den Vertrieb. »Das ist eines der wenigen Gebiete,

---

[107] *Newsweek*, 24. Oktober 2005

wo man Ergebnisse nicht wegdiskutieren kann. Deswegen rate ich jungen Frauen oft: Geh in einen funktionalen Bereich, wo deine Leistung eindeutig ist und wo du beweisen kannst, dass du Wert schaffst.«

Arbeitskultur verändern

»Wenn 50 Prozent der Einsteiger weiblich sind, es aber im Senior Management keine Frau gibt, dann stimmt irgendwas nicht«, beschreibt Shelly Lazarus und meint damit die Unternehmenskultur. »Auf die gute Gesinnung kommt es dabei nicht an, sondern nur auf das, was tatsächlich passiert. Das kann subtil sein, man muss den Frauen gar nicht ins Gesicht sagen ›euch wollen wir hier nicht‹ – die kapieren die Botschaft auch so. Ich habe schon Branchen gesehen, wo die Jungs sich bei Erfolg gegenseitig einen Klaps auf den Hintern gaben. Was machst du da mit einer Frau? Über solche Themen muss man nachdenken.«

Viele Männer machen ihre Dominanzgesten gar nicht mal mit böser Absicht. Chefs tappen einfach in die Fallen, die sie sich durch eigene Denkfehler selbst aufgestellt haben. Regine Stachelhaus beschreibt, wie das abläuft: »Als Leiterin der Rechtsabteilung hatte ich drei Stellen zu vergeben und denke: In dem Laden ist keine Frau, also stell ich eine ein. Aus 250 schriftlichen Bewerbungen habe ich alle Frauen, die sich gemeldet haben, zum Interview eingeladen. Das war eine Megaarbeit – und trotzdem habe ich drei Männer eingestellt, was mir natürlich zu denken gab. Am Ende kam ich dahinter, dass ich ein völlig männliches Profil gesucht habe. Das passiert oft für Führungsjobs. Ich habe mir gesagt: Ich brauch einen Juristen, der mit allen Bereichsleitern klarkommt, der muss sich durchsetzen können. Der muss dastehen können und sagen: ›Das, was ihr vorhabt, ist nicht okay‹ – egal ob auf der anderen Seite des Tisches der oberste Chef sitzt. Und sehr häufig wird in diesen harten Zeiten nach dem großen starken Mann mit der tiefen Stimme und der Durchsetzungskraft gesucht. Dabei zeigt sich Durchsetzungskraft bei Frauen nur anders. Ich habe Terrierfrauen im Team, die sind härter als jeder Mann mit lauter Stimme. Und die kriegt auch keiner so leicht davon ab, wenn die was wollen. Vom Ergebnis her sind die super, aber die haben ein anderes Profil.«

Denkfehler und atmosphärische Fragen sind nur ein Teil des Problems. Ganz wesentlich geht es auch um die Arbeitskultur. Die Harvard-Professorin Myra Hart meint: »Ich persönlich glaube nicht, dass man 80 Stunden in der Woche arbeiten muss, um die gewünschten Resultate zu erzielen. Ein Großteil der Zeit im Büro wird völlig unproduktiv verbaselt. Aber wir messen halt immer noch nicht den Output einer Person, sondern vor allem ihren Input. Das motiviert viele Leute nicht gerade, Verantwortung zu übernehmen. Insbesondere nicht Frauen, denen die Gesellschaft ja immer noch die Verantwortung für den Haushalt zuschreibt, auch wenn sie Vollzeit arbeiten. Wenn man die Talente bei der Stange halten will, geht es meinen Erkenntnissen nach vor allem um Kontrolle und Flexibilität. Die Frauen wollen eine Umgebung, in der sie gerne arbeiten, in denen die Regeln und Werte ihre persönlichen Überzeugungen spiegeln und in der sie geschätzt werden für das, was sie leisten, nicht nur für die Stunden, die sie anwesend sind.«

Die große Frage in vielen Unternehmen lautet also: Wie realisieren wir das? Dabei werden die Verantwortlichen nicht etwa von ihrem schlechten Gewissen getrieben, sondern von ökonomischen Notwendigkeiten, wie Hart beobachtet: »Viele Chefs verstehen, dass sie ihre Arbeitsstrukturen anpassen müssen und ihre Kultur neu definieren, damit beispielsweise auch Leute in Teilzeit führende Aufgaben übernehmen können. Die Wirtschaftsprüfung Deloitte Touche macht da gerade interessante Erfahrungen. Sie hat jetzt zum ersten Mal eine Frau mit einem Teilzeitvertrag zum Partner befördert. Früher war das nicht möglich, Frauen mussten erst Partner werden und konnten dann um einen Teilzeitvertrag bitten. Deloitte ist ein gutes Beispiel für ein Unternehmen, das hart daran arbeitet, frauenfreundlicher zu werden. Viele andere Unternehmenslenker sagen, sie wollen diesen Weg auch beschreiten, wissen aber nicht, wie sie das anstellen sollen. Wann

immer ich also mit den CEOs von Investmentbanken und Beratungen rede, sagen die: ›Wir werden alles tun, damit die gut ausgebildeten Frauen bei uns bleiben.‹ Und wenn das heißt, dass die
mit kleinen Kindern mehr von zu Hause aus arbeiten wollen oder
dass sie nur Drei-Viertel-Verträge möchten oder maximal einen
Tag in der Woche auf Reisen sein, dann ist das eben so.«

Doch selbst wenn der oberste Kopf begriffen hat, worum es
geht, bleibt es schwierig, Diversity auf den unteren Rängen
durchzusetzen. Myra Hart beschreibt: »Der CEO kann lange reden, aber er trifft ja nicht selbst die Einstellungsentscheidungen,
und er verteilt auch nicht die tägliche Arbeit. Er sagt vielleicht:
›Wir sind wild entschlossen. Schickt uns die tollen Frauen und
wir finden einen Weg, dass die so arbeiten können, wie es ihnen
passt.‹ Aber die konkrete Frau muss ja für einen konkreten Manager arbeiten und der muss ebenfalls bereit sein, dass sie nur
vier Tage die Woche arbeitet oder jeden Tag um vier nach Hause
geht. Viele Führungskräfte finden das zu anstrengend. Sie wollen nicht dauernd über diese Einschränkungen nachdenken müssen, wenn die Mitarbeiterin eigentlich wegen irgendwelcher Probleme nach Miami oder sonst wohin reisen müsste, aber wegen
der Kinder nicht weg kann. Das Problem ist also nicht nur, den
Kopf einer Organisation zu motivieren, sondern die Leute, die
tatsächlich vor Ort arbeiten, die Männer, die junge Frauen ausbilden und mit ihnen kooperieren.«

Diese zementierten Verhältnisse zu verändern, in denen An-
wesenheit am Arbeitsplatz alles bedeutet, ist eine Herkulesauf-
gabe. Für Random-House-Chefin Gail Rebuck ist daher die entscheidende Frage: Wie gehen Organisationen generell mit ihren
Mitarbeitern um? »Um einflussreiche Positionen zu ergattern,
müssen die Frauen sich immer noch der Organisation anpassen
und nicht andersherum. Das bleibt schwierig, wenn die Kultur
nach dem Idealbild eines Mitarbeiters geprägt ist, der eine Gattin zu Hause hat und sich außer um den monatlichen Gehalts-
scheck um nichts kümmern muss. Die übliche Reaktion der
Frauen ist, solche Unternehmen zu verlassen. Offenbar geht es
ihnen besser, wenn sie als Unternehmerinnen ihren eigenen Betrieb nach eigenen Regeln und selbst gewähltem Tempo auf-

bauen und führen können. Doch diese einseitige Antwort ignoriert das große Ganze und die Rolle, die Frauen als Katalysatoren für einen Paradigmenwechsel im Unternehmen spielen müssten. Nur wenn sie in den Firmen bleiben und kämpfen, können sie den Weg für die kommende Generation leichter machen. Wir Business Leader müssen endlich alle begreifen, dass es um mehr geht als um die Frage, wie viele Frauen an der Spitze unserer größten Unternehmen zu finden sind. Es geht nicht nur um Gleichberechtigung am Arbeitsplatz zwischen Mann und Frau, sondern um die Qualität des Arbeitslebens für uns alle. Die entscheidende Frage ist: Wie gehen die Organisationen generell mit ihren Mitarbeitern um? Werden sie als Quelle kreativen Potenzials behandelt – oder als ersetzliche Ware? Insgesamt muss die Balance zwischen Arbeiten und Leben neu austariert werden. In dieser arbeitsbesessenen Kultur des immer härter, immer länger mag der Eindruck vorherrschen, dass mehr geschafft wird, aber tatsächlich blockiert diese Haltung Produktivität.«

Und dann berichtet sie von Untersuchungen, wonach Alkoholprobleme, Herzkrankheiten und psychische Schwierigkeiten zu rund einem Drittel dem Arbeitsstress geschuldet sind. Studien des britischen Institute for Management hätten ergeben, dass sich vier von fünf befragten Managern über Stress beschweren und über lange Arbeitstage, die ihr Familienleben ruinieren. »Noch vor zehn Jahren wären Männer, die mehr Zeit für ihre Familien wollen, in keiner Statistik aufgetaucht«, unterfüttert Rebuck die Argumente für einen grundlegenden Wandel im Arbeitsleben. »Dass sie das heute tun, zeigt zweierlei: Einmal, dass der Stress im Büro tatsächlich wächst – und dass die Forderungen der Frauen es den Männern erlauben, ebenfalls Entlastung zu fordern, ohne dafür bestraft zu werden. Unter den Nachwuchsführungskräften sagt jeder Zweite, das Privatleben sei so wichtig wie der Job. Wir Unternehmenslenker sollten das zur Kenntnis nehmen.«

Das ist eine ziemliche Philippika aus berufenem Munde. Die Balance für Männer und Frauen zu verbessern bringt nicht nur den Angestellten was, auch die Arbeitgeber profitieren. Es gibt eindrucksvolle Untersuchungen, die belegen, dass eine familienfreundliche Politik die Moral und Motivation im Unternehmen hebt, gleichzeitig sinken die Krankenzeiten. Eine amerikanische Studie im Auftrag von Johnson & Johnson zeigte, dass Mitarbeiter in einer direkten Reaktion auf familienfreundliche Maßnahmen nicht nur aktiver wurden, sondern auch loyaler mit dem Arbeitgeber. Wenn die Kündigungsraten sinken, spart das Rekrutierungs- und Trainingskosten.

Gleichzeitig veröffentlichte die britische Regierung eine Studie, die belegt, dass Topmanager den Versuch torpedieren, die Kultur der exzessiven Überstunden einzudämmen. Dazu Rebuck: »Weil sie selbst schrecklich lange Tage abdienen mussten, um befördert zu werden, sollen jetzt die jüngeren Kollegen ebenfalls durch die Mühle gedreht werden. Dabei ist jetzt schon klar, dass die Unternehmen sich mit den Bedürfnissen ihrer Angestellten auseinandersetzen müssen, wenn sie florieren wollen.« Organisationen, die das nicht einsehen, werden demnächst ziemlich alt aussehen – und wir meinen das wörtlich.

Chefs müssen die Initiative ergreifen

All diese Äußerungen bestätigen uns in der Überzeugung: Es bedarf der fokussierten Intervention von ganz oben über einen langen Zeitraum, um in Sachen Diversity nachhaltig zu gewinnen. Das ist auch die Einschätzung der Bankerin und Juristin Lady Barbara Judge: »Insbesondere wenn es auf die höheren Etagen geht, muss jemand da sein, der an dich glaubt. Es muss einer da sein, der Frauen nach vorne schiebt.« Zunächst mal müssten die Männer auf den Topetagen Frauen in ihren Reihen wirklich wollen. Oder wollen sie nur aus Prestigegründen sagen können »Ich habe die erste Frau im Aufsichtsrat«? Wenn sie es damit ernst meinen, ein paar gute Frauen ins Unternehmen zu holen, dann müssten sie erst mal ihre Old-Boys-Verhaltensweisen in den Sitzungen ablegen und lernen, mit der Kritik einer Frau umzugehen.

Regine Stachelhaus sagt daher: »Gefragt ist ein Rundum-Diversity-Programm. Wenn man nur an einzelnen Stellen reinpiekst, passiert gar nichts. Das Committment muss von oben kommen. Früher sagten Chefs noch, dass sie glauben, Frauen könnten dieses oder jenes nicht. Damit konnte man sich auseinandersetzen. Heute ist das politisch nicht mehr korrekt, also wird es nicht mehr gesagt, aber es wird natürlich immer noch gedacht. Da ist der oberste Chef gefragt. Von ganz oben müssen klare Statements kommen. Wenn der Meister spricht, gucken auch alle genau hin: Zuckt er, grinst er dabei oder meint der das wirklich ernst? Sagt er das nur oder meint er das? Der Chef muss sein Anliegen glasklar machen und von oben nach unten durchdelegieren: Ich erwarte von euch, dass ihr bei dem Thema aus dem Quark kommt. Nur dann wird das klar verstanden und dann geht auch ein Ruck durch die Organisation, und das Thema bekommt ein anderes Gewicht.«

Nur mit Worten ist es allerdings nicht getan. Myra Hart ist überzeugt, dass die Frauenförderung mit Boni oder Strafpunkten verknüpft werden muss, denn alle Unternehmen, die in dem Bereich je erfolgreich waren, haben genau das gemacht. Dasselbe sagt Stachelhaus: »Klare Ziele ausmachen und dann deren Einhaltung verfolgen wie bei jedem anderen Projekt. Und genauso hart damit umgehen, wenn diese Ziele nicht erreicht werden, wie wenn ein Businessziel nicht erreicht wird. Dann gibt es halt einen Malus beim Jahresgespräch und auch mal einen Nachteil beim Gehalt.«

Wenn sonst nichts hilft, muss zur Not die Quote helfen, wie Noël Harwerth nach langen Jahren im Topmanagement der Citibank in England findet. Sie verweist auf die skandinavischen Gepflogenheiten und sagt: »Wir brauchen einen neuen Mechanismus. Wenn es in den nordischen Ländern ein politisches Amt oder einen Listenplatz für einen Parlamentssitz zu besetzen gilt, muss ein bestimmter Prozentsatz der Kandidaten auf der Liste weiblich sein. Vielleicht vier von zehn – dann können die Wähler immer noch für die Männer stimmen, aber sie haben dann wenigstens auch Frauen zur Wahl. So ähnlich müsste das in den Unternehmen auch zu lösen sein. Sie wären dann schon mal gezwungen, die Frauen zur Kenntnis zu nehmen.«

Shelly Lazarus ist anderer Meinung: »Quotenfrauen sind immer die falsche Antwort. Frauen zu befördern, die diesen Schritt nicht verdient haben, ist Unsinn, das wirft ein Unternehmen um zehn Jahre zurück. Interessanter finde ich folgenden Ansatz, den ich bei einem Unternehmen erlebe, das ich gut kenne. Der Vorstand war völlig verzweifelt, weil sie keine Frauen ins Senior Management befördern konnten. Auf der Einstiegsebene allerdings gab es jede Menge junger Frauen. Deswegen sagte der CEO eines Tages: ›Wann immer irgendwo eine Stelle frei wird und ihr mit Vorschlägen zu mir kommt, will ich drei Kandidaten sehen, einer davon muss weiblich sein. Falls ihr im Moment keine Frau habt, will ich wissen, was ihr zu tun gedenkt, damit das nächstes Jahr anders ist. Kommt mir nicht an und sagt, es gibt keine wundervolle Frau bei euch. Und dann bring mir den Plan, wie du sie fördern willst, damit sie zum Kandidaten wird für diesen Job.‹ Dieser CEO schwört, das habe alles verändert. Innerhalb von zwei Jahren hatte er die erste weibliche Führungskraft im Senior Management. Er hat seinen Leuten vermittelt: ›Ich gebe euch genug Raum und Zeit, um das umzusetzen, aber umsetzen müsst ihr es.‹«

Quoten bleiben ein haariges Thema, denn natürlich lösen sie immer Sorgen aus, dass so die falschen Leute nach oben gehievt werden. Andererseits kann so eine kritische Masse erreicht werden, eine Art »Positivspirale«, wie Shelly Lazarus sagt.

Wie eine solche funktioniert, zeigt beispielsweise Xerox. Vor ungefähr 40 Jahren begann das Unternehmen sich einzugestehen, dass es schwarze Mitarbeiter nicht wirklich fair behandelte. In den frühen siebziger Jahren begann das Management, bewusst Schwarze einzustellen. Als schließlich der Feminismus aufkam, hatte Xerox genug gute Erfahrungen mit ›Minderheiten‹, um auch diesen Wandel für sich zu nutzen und Frauen aktiv zu fördern. Entscheidend für diese Offenheit war der CEO – David Kearns leitete das Unternehmen von 1982 bis 1991 und berief sich weder auf Altruismus noch Fairness, sondern seine Überzeugung, dass ein größerer Pool an Talenten gut für die Wettbewerbsfähigkeit des Unternehmens wäre. Heute sind unter den 32 Topmanagern acht Frauen und rund 30 Prozent im mittleren Management.

Eine ähnliche Geschichte gibt es von Avon zu erzählen. Anlässlich einer Konferenz des »Women in Business«-Clubs der Wharton Universität erzählte die Avon-Chefin Andrea Jung von Jim Preston – demjenigen ihrer Vorgänger, von dem sie eingestellt worden war: »Er hatte eine Plakette hinter seinem Schreibtisch hängen«, erinnert sie sich. »Darauf war der Fußabdruck von einem Affen zu sehen, dann der eines barfüßigen Menschen, dann der Abdruck eines Männerschuhs und schließlich der eines hochhackigen Pumps. Darunter stand ›The Evolution of Leadership‹. Ich habe Jim gefragt, ob er daran glauben würde, und er sagte: ›Absolut. Noch zu meinen Lebzeiten wird eine Frau dieses Unternehmen führen.‹« Tatsächlich wurde Avon 1991 der erste Fortune-500-Konzern mit einem weiblichen Boss. Der heißt seither Andrea Jung.

Unser Fazit passt in vier Grundthesen: Erstens muss den Unternehmensführern klar werden, dass sie dramatische Probleme bekommen, wenn ihre Organisationen weiterhin der weiblichen Hälfte der Führungsbegabungen nicht gerecht werden. Da Vorstände nicht als solche zur Welt kommen, müssen die Unternehmen sehr viel dezidierter, als das bisher in den Förder- oder Gender-Mainstreaming-Programmen vorgesehen ist, damit anfangen, begabte Frauen zu erkennen und ans Unternehmen zu binden. Das geht – zweitens – nur, wenn die innerbetrieblichen Systeme und die Arbeitskultur deutlich frauenfreundlicher werden. Dazu muss drittens künftig vor allem der Output gemessen werden und weniger der Input einer Person, also der echte Mehrwert, den jemand schafft und nicht nur die Stunden operativer Hektik, die im Büro zur Schau gestellt werden. Die Voraussetzung für all das ist, dass die Unternehmensleitung weibliche Führungskräfte über die bisher vorherrschende Gleichstellungsrhetorik hinaus auch wirklich will. Daher müssen – viertens – entsprechende Initiativen von ganz oben angestoßen werden. Funktionieren werden sie nur, wenn auch die Anreizsysteme einer Organisation deutlich machen, dass Diversity wirklich erwünscht ist. Oder, um es ganz deutlich zu sagen: Wer in seiner Abteilung oder seinem Bereich keine Frauen vorweisen kann und keine Anstalten macht, diese Situation zu verändern, sollte künftig damit rechnen müssen, dass ihm ein Teil des Bonus gestrichen wird.

Aus berufenem Munde
Empfehlungen an die Frauen

»Nicht die Dinge an sich beunruhigen den Menschen,
sondern seine Sicht der Dinge!«
Epiktet

Kinder, Küche und Karriere sind möglich – sogar eine große Karriere, wie das Leben unserer Gesprächspartnerinnen beweist. Am Ende aller Interviews haben wir die Damen gefragt, was sie denn anderen, jüngeren Frauen raten würden. Die Antworten sind ein gutes Schlusswort für dieses Buch.

Keine Frage, die Eintrittskarte in jeden vernünftigen Job ist eine gute Ausbildung, idealerweise ein Diplom von einer anständigen Hochschule. Die Verlegerin Nancy McKinstry sagt daher: »Das Wichtigste ist eine hervorragende Ausbildung. Danach sollte man sich einen Arbeitgeber suchen, der seine Leute wirklich nur nach Ergebnis beurteilt und wo keiner einen Erfolg wegdiskutieren kann. Denn in einer Umwelt, in der die Resultate nicht offensichtlich und messbar sind, werden Frauen oftmals übersehen, weil sie für sich selbst in der Regel keine Werbung machen. In einer Umgebung mit messbaren Ergebnissen – im Vertrieb beispielsweise – ist das weniger problematisch.«

Ihre Londoner Kollegin Gail Rebuck formuliert ihre Segenswünsche ein wenig persönlichkeitsbezogener und klingt dabei wie eine gute Fee: »Mein Rat ist ganz einfach: Sei zuversichtlich und mutig. Mach deine Hausaufgaben, bereite dich darauf vor, extrem hart zu arbeiten. Lerne schnell, freu dich über die Herausforderung und trau dich, deine Meinung zu sagen. Jede Branche sucht händeringend nach Ideen, das gilt besonders für die kreativen Felder. Fürchte dich nicht vor Fehlschlägen – das sind aufregende Zeiten, in denen alles möglich zu sein scheint.«

Ähnlich gute Ratschläge sind von der Chefin der Groupe Artémis, Patricia Barbizet zu hören: »Den jungen Frauen wünsche ich Vertrauen und Selbstvertrauen. Vor allem mehr Selbstvertrauen. Damit meine ich insbesondere, keine Angst zu haben, unter lauter Männern zu existieren. Versteck dich nicht hinter dem Vorhang, sei einfach normal und professionell. Fürchte dich nicht davor, Fragen zu stellen, hart zu arbeiten und dich zu engagieren.«

Auch der Rat der finnischen Topmanagerin Sari Baldauf zielt darauf ab, sein Licht nicht unter den Scheffel zu stellen. Ihre Botschaft lautet: Es geht nicht nur darum, etwas zu wissen und zu können, sondern auch darum, seine Fähigkeiten angemessen zu präsentieren. »Mein Ratschlag für alle jungen Frauen hat sicher damit zu tun, dass ich schon früh mit dem Senior Management zusammengearbeitet habe – und das ist nun mal immer ein Trupp von Kerlen: Ich habe mich immer sehr bemüht, extrem analytisch und gut artikuliert rüberzukommen. Sorgt also dafür, dass alles, was ihr sagt, logisch und sinnvoll ist. Dann werdet ihr nicht unter der Rubrik ›weibliche Intuition‹ abgelegt. Ich habe das die ersten zwei Jahre lang gemacht und muss geklungen haben wie ein Computer. Danach war ich entspannter, konnte mehr ich sein und meine Intuition nutzen. Die hatte ich nämlich immer. Aber ich habe darauf geachtet, nicht zu sagen: ›mein Gefühl sagt mir‹, sondern meine Auffassung immer rational zu erklären. Nach einer Weile wird es dann leichter zu sagen ›ich habe den starken Eindruck, wir sollten uns in diese Richtung bewegen, lasst uns das mal diskutieren.‹«

Am Ende ist alles eine Frage der Dosis, das gilt für die Preisgabe der eigenen Intuition offenbar ebenso wie für das Ausmaß des Selbstbewusstseins. Sari Baldauf predigt ebenfalls: Erkenne dich selbst. »Alles hat im Grunde mit der Frage zu tun, wer du bist. Wenn du Schuldgefühle hast oder meinst, dass du zu große Opfer bringst, dann machst du etwas falsch. Manche Leute glauben, dass man im Leben alles haben kann. Das stimmt nicht. Deswegen musst du herausfinden, was für dich wichtig ist, und dich fragen: Warum ist das wichtig für mich? Außerdem sollte dir klar sein, dass sich die Prioritäten mit den verschiedenen Phasen im Leben verändern. Und dann lebe danach – und nicht nach den Erwartungen anderer.«

Auch Lady Barbara Judge kommt noch einmal auf das Riesenthema Schuldgefühle zurück und rät, sich davon auf keinen Fall ins Bockshorn jagen zu lassen. Auf die Frage, was sie im Leben wirklich wichtig findet, sagt sie: »So viele Kinder zu kriegen wie möglich! Und dann alles Geld in vernünftige Betreuung stecken, denn jede Frau braucht ein eigenes Leben. Die Kinder gehen irgendwann aus dem Haus. Nehmt jede Chance wahr, denn es kommen nicht beliebig viele eures Weges. Lasst nicht zu, dass die Gesellschaft euch Schuldgefühle einredet. Eure Kinder machen euch keine Vorwürfe, das sind nur die Leute! Ich war viel weg, aber immer dann präsent, wenn mein Sohn mich brauchte – beispielsweise als ich mit der Schulbehörde in Eton kämpfen musste, damit er als Legastheniker einen Computer benutzen durfte. Das habe ich für ihn durchgefochten und er verbesserte sich von Rang 150 in seinem Jahrgang auf Rang 50. Das macht mich glücklich, genauso wie die Tatsache, dass er bis heute kaum eine wichtige Entscheidung trifft, ohne sich vorher mit mir zu beraten.«

Mütter und Kinder! Alle Frauen sind letztlich der Meinung, sich auf eine Entweder-oder-Entscheidung zwischen Kind und Karriere einzulassen sei Wahnsinn und unmenschlich. Also kann es nur darum gehen, Wege zu finden, beides auf möglichst unkomplizierte Weise zu verbinden. Vermutlich deswegen gibt uns Agenturchefin Shelly Lazarus statt eines Ratschlags für die Frauen eine wahre Geschichte zum Besten: »Eines Morgens beguckte ich mir meinen jüngsten Sohn. Er war auf dem Weg in die Grundschule und hatte keine Knöpfe an seiner Schuluniform. Ich meine das wörtlich: keinen einzigen Knopf, alle abgerissen. Ich sah ihm in die Augen und er wusste, was ich dachte, und sagte: ›Ach Mama! Ich wünschte, Brooks Brothers würde bessere Schuluniformen machen.‹ So war es weder sein Fehler noch meiner – Brooks Brothers müsste einfach mal herausfinden, wie man Knöpfe ordentlich annäht«, sagt sie und schüttelt sich heute noch vor Lachen.

»Ich habe eine Freundin, die immer sagt: Staub hat keine Gefühle«, fährt sie fort. »Soll heißen: Reg dich nicht auf, wenn das Haus staubig ist. Oder wenn die Kinder eigentlich zum Friseur müssten. Das ist alles nicht wichtig. Man muss Prioritäten setzen, und sobald man das gelernt hat, wird alles viel bequemer. Deswegen habe ich auch immer Sachen gemacht, vor denen die Frauen heute sich zu fürchten scheinen. Ich habe Kunden gesagt, dass ich jetzt zur Schulaufführung gehe oder zur Lehrersprechstunde. Viele Frauen trauen sich das nicht. Sie fürchten, dass sie rausfliegen oder nicht befördert werden, weil man ihnen mangelndes Interesse an ihrem Job unterstellt. Selbst bei 30 Prozent weiblichen Mittelmanagern in einem Unternehmen gibt es immer noch diese Ängste. Wir könnten so viel mehr Managerinnen in den Jobs halten, wenn wir ihnen nur endlich vermitteln würden, dass sie sich nur tapfer hinstellen müssen und diese Notwendigkeit durchfechten, dann würden sie sich nicht so zerrissen und schuldig fühlen. Deswegen versuche ich immerzu, den Frauen Mut zu machen, und sage ihnen: Talent ist eine so seltene Ressource! Wenn du wertvoll bist für das Unternehmen, wirst du dich wundern, was sie alles möglich machen, um dich zu halten. Wenn du ihnen die Wahl gibst, dich entweder zu verlieren oder dich zu deinen Bedingungen zu behalten, werden sie eine Menge anstellen, damit du bleibst.« Auch ihre Botschaft ist also: nur Mut!

Dann erzählt sie von einer Bekannten, Shirley Tilghman, eine Mikrobiologin und die Präsidentin der altehrwürdigen Princeton-Universität, eine der renommiertesten Bildungseinrichtungen der USA. »Shirley hatte keinerlei Interesse an der Verwaltung ihrer Uni, sie wollte einfach nur Professorin sein. Dann jedoch wurde sie gebeten, wichtige Aufgaben im Fakultätsbeirat zu übernehmen. Dieser altehrwürdige Kreis, in dem für die eigene Fakultät zu sprechen eine Ehre ist, traf sich nun aber seit hundert Jahren an einem bestimmten Wochentag morgens um halb acht. Als Shirley nun dazugebeten wurde, fragte sie: ›Der Treffpunkt ist immer noch mittwochs um halb acht?‹ Und als die Herren das bestätigten, da sagte sie: ›Dann kann ich da leider nicht dabei sein.‹ Große Verblüffung! Aber wieso denn das? Darauf Shirley: ›Ich sitze mittwochs um halb acht im Auto, weil ich meine Kinder zur Schule bringe. Wenn ihr euch unbedingt dann treffen müsst – ohne mich.‹ Und wissen Sie was? Der Fakultätsbeirat von Princeton änderte nach hundert Jahren den Zeitpunkt seiner wöchentlichen Sitzung.«

Gelernt hat Lazarus ihre Botschaft witzigerweise von einem Mann. »Ich war Ende zwanzig und zufällig gerade im Büro meines Chefs, als eine Mediaplanerin hereinstürzte und anfing, wild im Kreis zu rennen. Es war ein Uhr mittags und um zwei sollte sie vor Kunden präsentieren. Nun war aber der Computer abgestürzt und sie hatte keine Chance, an ihre Daten zu kommen. Sie war völlig aufgelöst und flatterte herum wie ein Huhn – da trat mein Chef ihr in den Weg, packte sie an den Schultern und sagte: ›Was glaubst du, werden sie mit dir machen? Werden sie dir die Kinder wegnehmen?‹ Bis heute höre ich die Stimme dieses Mannes, seine provokative Frage mindestens einmal in der Woche. Also überlegen wir doch alle mal, was die schlimmste Konsequenz wäre, wenn wir für unsere Bedürfnisse eintreten, unsere Meinung äußern, widersprechen, anderen Leuten sagen, was sie tun sollen, oder zur Schulaufführung gehen? Die Kinder können sie uns nicht wegnehmen, höchstens einen Teil des Bonus. Also entspannt euch und seid tapfer. Werdet gelassen und genießt eure Arbeit. Denn nur Leute, die ihren Beruf genießen, haben auch Erfolg.«

Die Suche nach dem Lebensglück

Touché. In den vorangegangenen Kapiteln haben wir viel über Geld geredet, über Erfolg, Karriere und wirtschaftliche Notwendigkeiten. Das sind wichtige Themen, aber Spaß und Lebensfreude sind vielleicht ein wenig zu kurz gekommen. Am Ende des Tages wollen seelisch gesunde Wesen ja nicht Geld, sondern Erfüllung.

Was also macht Menschen glücklich? Wo ist der Weg zu einem erfüllten Leben? Derzeit sind allein im deutschen Sprachraum über 700 Bücher zu dieser Frage erhältlich, weshalb wir den Teufel tun werden, dem ein weiteres hinzuzufügen. Das Wesentliche haben nämlich schon die Alten hinterlassen. Epikur gilt bis heute als der Philosoph der Lebenskunst. Er sagte: »Sowie einmal der im Entbehren liegende Schmerz beseitigt ist, nimmt die Freude im Fleisch nicht zu, sondern wird nur mannigfaltiger.« Übersetzt heißt das etwa: Wir können unser materielles Wohl ins Unendliche steigern – aber sobald wir einmal satt sind und ein Dach über dem Kopf haben, bleibt die Glückssteigerung begrenzt. Weiterer Wohlstand macht uns nicht glücklicher, sondern erhöht nur den Einfallsreichtum, mit dem wir versuchen, uns zu amüsieren. Das belegt auch die Arbeit des britischen Ökonomieprofessors Richard Layard: Die Amerikaner sind heute doppelt so reich wie 1970, aber kein bisschen glücklicher; die Japaner sind sogar sechsmal so reich wie in den fünfziger Jahren des vergangenen Jahrhunderts, geben sich aber auf der Rangliste des persönlichen Wohlbefindens auch nicht mehr Punkte als seinerzeit.[108]

Um Reichtum geht es also nicht. Das wusste schon Aristoteles, für den das Glück nicht im Zufall lag und schon gar nicht im Materiellen, sondern in einer erfüllenden Betätigung, die unserem Geist und unserem Wesen entspricht. Die moderne Version dieser Prämisse findet sich bei dem ungarisch-amerikanischen Glücksforscher Mihaly Csikszentmihalyi (sprich: »Chick, send me high«), der in gigantischen Reihenuntersuchungen feststellte, dass die meisten Menschen ihre Glücksmomente beim Arbeiten erleben. »Flow«[109] nennt er das, dieses Gefühl, wenn ein Arzt den lebensrettenden Schnitt setzt, ein Manager beim Verhandeln den Durchbruch erreicht oder ein Restaurateur endlich dieses besondere Blau hinkriegt, das ein Renaissance-Maler verwendete. Zu diesen Erkenntnissen passt, dass Nichtstun die Leute offenbar völlig fertigmacht. Arbeitslosigkeit etwa verschlechtert nach allen bekannten Untersuchungen das Wohlbefinden der Betroffenen ganz erheblich, so stark wie sonst nur Todesfälle oder eine Scheidung.[110]

---

[108] Richard Layard: »Happiness – Lessons from a New Science«, Penguin Press, 2005
[109] Mihaly Csikszentmihalyi: »Flow – Das Geheimnis des Glücks«, Klett Cotta, Stuttgart 1999
[110] *Welt am Sonntag,* 25. Dezember 2005

Moment mal! Wir leben in einer Gesellschaft, die ständig auf uns einhämmert, es käme darauf an, immer weniger zu arbeiten und immer mehr Freizeit zu erleben. Viele wünschen sich mehr Geld, um endlich ihre Zeit in der Hängematte verbringen zu können, Tausende träumen von Frühverrentung oder Sabbatjahren. Csikszentmihalyi wollte wissen, was uns wirklich glücklich macht: Er stattete im Lauf der Zeit Zehntausende Menschen mit einem Piepser aus, der sie zu willkürlichen Tageszeiten aufforderte, aufzuschreiben, was sie gerade tun und wie es ihnen dabei geht. Die Probanden mussten bewerten, wie glücklich, konzentriert und motiviert sie gerade sind und wie hoch ihre Selbstachtung ist. Es kam heraus, dass fast alle Menschen in der Freizeit eher Langeweile, Stress oder unerfüllte Erwartungen erleben als Glücksmomente. Aristoteles hatte Recht: Tiefes Wohlbehagen erleben wir, wenn wir etwas Sinnerfüllendes tun, das unseren Anlagen und Möglichkeiten entspricht.

Am besten geht es uns, wenn wir etwas tun, was wir gut können. Csikszentmihalyi beschreibt eine feine Linie zwischen Herausforderung und Überforderung. Glücklich sind wir mit einer kniffeligen Aufgabe, die uns an den Rand unserer Leistungsfähigkeit bringt – aber noch nicht so überfordert, dass wir die Kontrolle zu verlieren drohen. Das muss man sich wie einen steilen Tiefschneehang vorstellen, den ein guter Skifahrer gerade noch so meistert, ohne hinzufallen. Oder wie eine Schachpartie mit einem richtig cleveren Gegner, die noch eben so zu gewinnen ist. Die meisten Menschen erleben nämlich Routine und geistige Unterforderung als ebenso anstrengend wie Überforderung und Kontrollverlust – was vielen nicht bewusst ist.

Hier sind wir wieder bei den von uns interviewten Frauen angelangt. Wie Sie bereits gelesen haben, betonen alle übereinstimmend, wie wichtig ihnen ihre anspruchsvolle Aufgabe, ihre innere Unabhängigkeit und die Freiheit ist, die ein eigenes Einkommen mit sich bringt. Was sie damit im Grunde sagen, ist: Ich möchte Kontrolle über mein Schicksal – als Mutter *und* als berufstätiges Wesen, damit ich mich auf die wirklich wichtigen Dinge im Leben konzentrieren kann: Glücklichsein nämlich. Alle unsere Interviewpartnerinnen empfinden durch ihre Kinder

Glück. Sie sind bereit, dafür jede Menge aufzugeben, zuvörderst die persönliche Zeit für sich selbst. Keine Frage, die Doppelbelastung bringt sie manchmal an den Rand ihrer Leistungsfähigkeit, aber umso größer ist auch das Glücksgefühl, wenn wieder mal ein schwieriger Tag bewältigt ist. Gedanklich spielen sie immer mal wieder mit dem Rückzug in die Hängematte, letztendlich leben aber alle aus der Überzeugung heraus, dass weder sie noch ihre Familien glücklicher wären, wenn sie ihre gesamte Zeit im Haushalt zubringen würden.

Auch dafür liefert uns Csikszentmihalyis Forschung den empirischen Beweis: Kochen, Einkaufen, Familienangehörige durch die Gegend kutschieren oder Kinder beaufsichtigen löst bei der überwältigenden Mehrheit der Menschen nur mittelmäßige Gefühle aus. »Das Putzen des Hauses, das Reinigen der Küche, die Wäsche zu versorgen, die Reparatur verschiedener Dinge und das Führen des Haushaltskontos stellt generell die negativsten Erfahrungen im Tagesverlauf dar«, so der Forscher von der University of Chicago. Das bestätigen Umfragen: In 52 Prozent der deutschen Paarhaushalte mit Kindern unter 15 Jahren arbeitet sie gar nicht außer Haus, er dagegen Vollzeit. Gleichzeitig sagen nur 6 Prozent, dass sie diese Konstellation gut finden. Das klassische Rollenmodell aus dem 19. Jahrhundert hat ganz offensichtlich persönliche Risiken für die Frauen, die weit über ökonomische Fragen hinausgehen.[111]

Es gibt sicher Menschen, die als Hausfrau und Mutter tiefste Erfüllung finden. Ebenso wie es Leute gibt, die sich pudelwohl fühlen, wenn sie ihr Leben ausschließlich ihrer Karriere widmen. Die Mehrheit jedoch erfährt nach allen empirischen Erfahrungen diese Entweder-oder-Kiste nicht als positiv. Warum lassen sich dann immer noch so viele Frauen darauf ein, zwischen Karriere und Kindern zu wählen? Tja, warum? Wir ersparen Ihnen und uns eine weitere Tirade gegen die in unserem Land so beliebte Lüge von der arbeitenden Rabenmutter und verweisen stattdessen erneut auf die Alten: »Nicht die Dinge an sich beun-

---

[111] Helga Lukoschat/Kathrin Walter: »Karrierk(n)ick Kinder«, Bertelsmann-Stiftung, 2006

ruhigen den Menschen, sondern seine Sicht der Dinge!«, wusste schon Epiktet. Soll heißen: Wer sich eher mit der Realität befasst, als sich von gesellschaftlich beliebten Vorurteilen innerlich unter Druck setzen zu lassen, wird schnell feststellen, dass Letztere sich in Luft auflösen. Die Realität beweist: Menschen, die ein inneres Leben – eine Familie – und ein äußeres – eine Profession – unter einen Hut kriegen, sind in der Regel glücklicher als Leute, die sich eines von beidem verbieten.

Die gute Nachricht ist: Die Realität in der nicht-deutschsprachigen Welt beweist, dass Mütter selbst einen hochrangigen Job mit ihren Familienaufgaben verbinden können, ohne dass die Kinder darunter leiden. Die schlechte lautet: Die Deutschen wollen das in der Regel nicht glauben. Einen wichtigen Beitrag zur Klärung der Frage, ob notwendigerweise eines leiden muss – Kinder oder Karriere –, leisten deswegen Helga Lukoschat und Kathrin Walter mit ihrer von der Bertelsmann-Stiftung unterstützten Studie »Karrierk(n)ick Kinder«. Dafür befragten sie knapp 500 Frauen mit hoher Führungsverantwortung per Online-Fragebogen und in Tiefeninterviews nach ihren Strategien und Überzeugungen. Zwei der wichtigsten Ergebnisse der Studie aus unserer Sicht lauten: Erstens, familienbezogene Fähigkeiten und Führungskompetenzen greifen ineinander. Die befragten Frauen fanden mehrheitlich, dass sie zwar schon vor ihrer Mutterschaft gelassen, gut organisiert und pragmatisch waren, dass sich diese Kompetenzen durch die Mutterschaft aber noch deutlich fortentwickelt hätten. Umgekehrt kommen im Büro erworbene Qualitäten wie Kommunikations- und Motivationsfähigkeit auch dem Familienmanagement zugute. Kinder schärfen den Blick fürs Wesentliche, zwingen ihre Mütter, ihre Arbeit besser zu organisieren und mehr zu delegieren. Dazu die Autorinnen der Studie: »Entgegen landläufiger Annahmen können also gerade Mütter in Führungspositionen zentrale Akteurinnen sein, um die Arbeitsproduktivität im Unternehmen zu steigern.«

Zweitens ergab die Befragung, dass sich aus Sicht der Karriere-Mütter ihre familiäre Konstellation positiv auf die Entwicklung ihrer Kinder auswirkt, insbesondere auf die Selbständigkeit und Kontaktfähigkeit des Nachwuchses. Der sei stolz auf seine Mami und sehe in ihr ein Vorbild. Qualitativ hochwertige Kinderbetreuung sei dafür allerdings die Voraussetzung, so die Befragten, wobei sie häufig auf das vergleichsweise hohe Familieneinkommen verweisen, das eine fördernde Umgebung ermöglicht. Unter diesen Bedingungen, das sagen die Frauen übereinstimmend, sei Betreuung kein notwendiges Übel, sondern positiv für die Entwicklung der Kids.

Doch anstatt sich mit diesen Stimmen auseinanderzusetzen, hängen in Deutschland viele Frauen erbittert ihren überkommenen Vorstellungen an, die da lauten: 1. Berufstätige Mütter schaden ihren Kindern. 2. Nicht ausschließlich von den Eltern betreute Kinder werden neurotisch. 3. Kinder arbeitender Frauen sind schlechter in der Schule. 4. Mein Mann ist für Kinderbetreuung völlig ungeeignet – oder alternativ dazu: 5. Beruflich viel zu eingespannt. 6. Hausfrau ist ein sehr schöner Beruf, Frechheit eigentlich, dass es dafür keine öffentlich finanzierte Rente gibt. 7. Karriere interessiert mich nicht, ich werde meinen Job nicht vermissen. 8. Mütter, die ihren Job vermissen, sind eiskalte Biester und haben das Glück der Empfängnis nicht verdient. 9. Mein Mann kümmert sich um meine Altersversorgung. 10. Meine Ehe ist unantastbar. Im Ergebnis arbeiten bei uns Hunderttausende von teuer ausgebildeten Akademikerinnen gar nicht oder in Teilzeitjobs, für die sie überqualifiziert sind. Ihre Männer, und seien sie noch so medioker, machen gleichzeitig als Entscheider Karriere.

Der angenehme Nebeneffekt dieser Haltung für die Frauen ist, dass sie nicht Gefahr laufen, die Fehler der Männer zu machen. Deren Lebensferne, Kälte, Aggression und Egoismus im Job kann dann genüsslich gegeißelt werden – ebenso wie das Versagen des stets abwesenden Ehemanns als Vater. So sitzt die »Ich habe meine Karriere den Kindern geopfert«-Fraktion mit Gleichgesinnten beim Kaffee, beklagt die herrschenden, angeblich frauenfeindlichen Verhältnisse in der Wirtschaft und vemeidet es unter allen Umständen, diese Wahrnehmung auf den Prüfstand der Realität zu stellen.

Ob dieses blecherne Mantra glücklicher macht als ein guter

Job? Wir wissen es nicht. Allerdings ist uns klar, dass die Alternative zur dieser Weinerlichkeit sehr viel aufreibender ist, besteht sie doch im Marsch durch die Institutionen. Wer Veränderungen will, muss sie selbst vorantreiben. Denn mal im Ernst: Wer soll die Frauen in Wirtschaft und Gesellschaft repräsentieren, wenn nicht die Frauen selbst?

Econ ist ein Verlag der Ullstein Buchverlage GmbH

ISBN-13: 978–3-430-30002-5
ISBN-10: 3-430-30002-9

Umschlaggestaltung: Etwas Neues entsteht, Berlin
Umschlagfoto: Stefan Klonk
Autorenfotos Umschlagklappe: © Andreas Henry (Bierach);
Martin Joppen (Thorborg)
Gesetzt aus der Aldus Roman und Trade Gotik
bei LVD GmbH, Berlin
Druck und Bindung: Bercker, Kevelaer
Printed in Germany

Die heimliche
Wirtschaftsmacht der Frauen

Diana Jaffé · **Der Kunde ist weiblich**
Was Frauen wünschen und wie sie bekommen was sie wollen
328 Seiten, Hardcover mit Schutzumschlag
€ [D] 24,90 · € [A] 25,60 · sFr 42,70
ISBN-13: 978-3-430-15003-3
ISBN-10: 3-430-15003-5

Die wenigsten Firmen nehmen Frauen als Kundinnen wirklich ernst.
Ein Fehler: Sie treffen 80 Prozent aller Kaufentscheidungen.
Wie aber können Firmen, die immer noch zum Großteil von Männern
geleitet werden, ihre Kundinnen verstehen? Diana Jaffé plädiert für einen
Perspektivenwechsel im Marketing. Sie kritisiert klischeehafte Werbung
und fordert Produkte und Dienstleistungen, die Frauen gerecht werden.
Anhand vieler spannender Beispiele zeigt sie, wie Produkte, Preise und
Service für Frauen gestaltet werden müssen, um sie als Kundinnen
zu gewinnen und zu behalten.

Econ

Vom Weltenbummler zum Mitsubishianer!

Niall Murtagh · **Blauäugig in Tokio**
Meine verrückten Jahre bei Mitsubishi
292 Seiten · Klappenbroschur
€ [D] 16,00 · € [A] 16,50 · sFr 28,50
ISBN-13: 978-430-20002-8
ISBN-10: 3-430-20002-4

Essen Sie Brot, Reis oder beides zum Frühstück?
Haben Sie je an einer der folgenden 62 Krankheiten gelitten? Haben Sie anderen
zufolge Mundgeruch? Wie lange brauchen Sie abends im Bad?
Mit diesen und anderen kuriosen Fragen sah sich der irische Weltenbummler
Niall Murtagh konfrontiert, als er bei Mitsubishi in Tokio anheuerte.
Seine europäische Sicht auf Japan und die Firmenkultur des Technologie-Riesen
präsentiert er in einer gekonnten Mischung aus spannendem Wirtschaftsbuch,
amüsantem Tatsachenroman und ungewöhnlicher Reisegeschichte.

Econ

Networking ist out – dem Clan Value gehört die Zukunft!

Elisabeth Heller · **Clan Value**
So machen Sie aus Ihrer Familie ein Unternehmen
und aus Ihrem Unternehmen eine Familie
247 Seiten, zweifarbig · Klappenbroschur
€ [D] 16,00 · € [A] 16,50 · sFr 28,50
ISBN-13: 978-3-430-14258-8 · ISBN-10: 3-430-14258-X

In der Wirtschaft ist der Shareholder Value das Maß der Dinge.
Ein Fehler, meint Elisabeth Heller. Ihr Gegenkonzept lautet:
Clan Value! Zusammenhalt, Familienwerte und die Einzigartigkeit
des Clans sind nicht nur wichtig für die Zufriedenheit der Mitarbeiter
und Geschäftspartner, sondern steigern auch den Umsatz.
Mit Beispielen aus dem Wirtschaftsleben und der Welt berühmter
Sippen wie Bahlsen, Henkel oder dem Denver Clan zeigt Heller,
wie durch Clan Value Synergien genutzt, Talente
erkannt und Stärken gebündelt werden.

Econ